Alexandre Uhlein
Gabriel Jubé Uhlein

sedimento
logia rochas e ambientes sedimentares

Copyright © 2024 Oficina de Textos

Grafia atualizada conforme o Acordo Ortográfico da Língua Portuguesa de 1990, em vigor no Brasil desde 2009.

CONSELHO EDITORIAL Aluízio Borém; Arthur Pinto Chaves; Cylon Gonçalves da Silva; Doris C. C. K. Kowaltowski; José Galizia Tundisi; Luis Enrique Sánchez; Paulo Helene; Rosely Ferreira dos Santos; Teresa Gallotti Florenzano

CAPA E PROJETO GRÁFICO Malu Vallim
DIAGRAMAÇÃO E PREPARAÇÃO DE FIGURAS Thiago Cordeiro
PREPARAÇÃO DE TEXTOS Natália Pinheiro
REVISÃO DE TEXTOS Joelma Santos
IMPRESSÃO E ACABAMENTO Mundial gráfica

Dados Internacionais de Catalogação na Publicação (CIP)
(Câmara Brasileira do Livro, SP, Brasil)

Uhlein, Alexandre
  Sedimentologia : rochas e ambientes sedimentares / Alexandre Uhlein, Gabriel Jubé Uhlein. -- São Paulo : Oficina de Textos, 2024.

  Bibliografia.
  ISBN 978-85-7975-382-4

  1. Rochas 2. Sedimentos (Geologia) - Brasil
I. Uhlein, Gabriel Jubé. II. Título.

24-222675   CDD-552.1

Índices para catálogo sistemático:
1. Rochas ígneas : Geologia 552.1
         Tábata Alves da Silva - Bibliotecária - CRB-8/9253

Todos os direitos reservados à Editora Oficina de Textos
Rua Cubatão, 798
CEP 04013-003 São Paulo SP
tel. (11) 3085-7933
www.ofitexto.com.br   atendimento@ofitexto.com.br

apresentação

Em 1978, ao finalizar minha graduação em Geologia, a Sedimentologia no Brasil se restringia a estudos de ambientes de sedimentação recentes com foco na distribuição granulométrica e aspectos texturais dos sedimentos. Ao iniciar meu mestrado, em 1979, professores provenientes de outros centros de pesquisa e/ou países, em especial R. R. Andreis, R. A. Medeiros e C. Della Fávera, no meu caso, introduziram nas universidades brasileiras abordagens já consolidadas no exterior na década de 1960. Foi quando entendi o conceito de fácies sedimentares em sua plenitude e a Lei de Walther em toda a sua extensão e aprendi a reconhecer paleoambientes no registro geológico através da obtenção e análise de perfis verticais. Nesse momento, a forma e a distribuição dos grãos passavam então a ser apenas um elemento a mais para uma análise completa. Naquela época, para encontrar a base teórica que abordasse os processos físicos, químicos e biológicos que atuam na superfície da Terra e, assim, entender seus produtos, da origem ao destino final dos sedimentos (*source-to-sink*), fazia-se necessário recorrer a livros publicados, via de regra, em língua inglesa. Ser iniciado dessa forma em assunto tão complexo, com toda a sua terminologia técnica específica, era, e ainda é, um grande desafio. Até hoje, passados mais de 40 anos, muito poucos livros de Sedimentologia e Geologia Sedimentar foram produzidos no Brasil, ressalvando as obras de K. Suguio sobre rochas sedimentares (1983) e Geologia Sedimentar (2003) e, mais recentemente, o livro organizado por

Silva, Aragão e Magalhães (2009) centrado na descrição de ambientes de sedimentação siliciclásticos e seus registros.

É dentro desse contexto que fiquei muito grato ao me deparar com o livro que ora apresento, escrito por meu colega de graduação Alexandre Uhlein e seu filho, Gabriel J. Uhlein, ambos professores da Universidade Federal de Minas Gerais (UFMG), com a colaboração de diversos ex-alunos e com o intuito inicial de responder aos frequentes questionamentos desse público. Ao ler a obra, não tive como não identificar meu amigo Alexandre e mesmo seu filho, pelo pouco que já o conheço. Tanto os criadores como a criatura primam por serem simples, diretos e, ao mesmo tempo, profundos, na medida certa para alcançar seu objetivo. A simplicidade e a forma direta de abordar os temas não são fraquezas, mas as virtudes que fornecem a essa obra o didatismo necessário para repassar, de modo eficiente, a mensagem para aqueles que estão iniciando nessa temática ou que procuram uma visão sistêmica sobre o assunto.

Entendo que se trata de um livro didático, bem escrito, de linguagem simples e direta, com conteúdo abrangente e, ao mesmo tempo, profundo e atualizado, que propicia a um aluno de graduação, ou mesmo de pós-graduação, uma bagagem teórica básica e que fornece os fundamentos para que ele possa então avançar pelos meandros mais especializados, que foram abordados de forma introdutória neste livro devido a seu amplo escopo.

Assim, vejo este livro como uma obra de inestimável valor para todos aqueles que necessitem de um conhecimento sistêmico, qualificado e atualizado sobre Geologia Sedimentar, e que certamente deverá servir de obra de referência para cursos de Sedimentologia e Geologia Sedimentar ministrados no Brasil e em países de língua portuguesa.

Bom proveito a todos.

Paulo S. G. Paim
Agosto de 2024

prefácio

Apresentamos aqui o livro *Sedimentologia: rochas e ambientes sedimentares*, que deriva da experiência dos autores no ensino de graduação e pós-graduação no Departamento de Geologia do Instituto de Geociências da Universidade Federal de Minas Gerais (IGC-UFMG). Nosso desejo é apresentar um livro didático em português, bem organizado e bem elaborado, para estudantes de graduação e também, eventualmente, para estudantes de pós-graduação em Geologia e áreas afins, assim como para estudantes que desejam se especializar em Geologia Sedimentar. A inspiração para a elaboração desta obra foram as dúvidas e os questionamentos dos estudantes de graduação em Geologia.

Este livro teve origem numa apostila bem organizada por dois estudantes de graduação do curso de Geologia da UFMG, que reuniram diversas cópias xerox de transparências projetadas em aulas de 2007 a 2009. Assim, nossos agradecimentos aos na época estudantes Guilherme Labaki Suckau e Julio Carlos Destro Sanglard, hoje profissionais destacados. Em 2023, já na esperança de transformar a apostila de sucesso em livro, contamos com a colaboração muito eficiente dos graduandos Luis Gustavo Lima de Farias e Gabriela Veitenheimer Costa e, ainda, do doutorando Samuel Amaral Moura Silva na editoração parcial e, principalmente, na elaboração de figuras.

Agradecimentos especiais são necessários aos colegas e amigos Roland Trompette e Paulo Sergio Gomes Paim, que, gentilmente, leram uma versão inicial deste livro. Ao colega de turma na Universidade Federal do Rio Grande do Sul

(UFRGS) Paulo Paim, agradecimentos especiais também pela elaboração da apresentação.

À Oficina de Textos, pelo profissionalismo na editoração e na diagramação do livro. Ao Departamento de Geologia (IGC-UFMG), pelo apoio nas atividades didáticas e de pesquisa.

Por fim, agradecimentos especiais a Wedia, Moema, Janaína, Laila, Clara e Vitor, assim como a nossas famílias gaúcha e goiana!

Gabriel Jubé Uhlein
Alexandre Uhlein
Belo Horizonte, agosto de 2024

sumário

Introdução – Origem e natureza dos sedimentos e das rochas sedimentares 9
- I.1 Importância das rochas sedimentares 12
- Leitura complementar 14

1 Intemperismo e ciclo sedimentar 15
- 1.1 Intemperismo 15
- 1.2 Ciclo sedimentar 18
- Leitura complementar 28

2 Classificação de rochas sedimentares 29
- 2.1 Rochas siliciclásticas (clásticas, terrígenas ou detríticas) 31
- 2.2 Rochas carbonáticas 41
- 2.3 Rochas evaporíticas 47
- 2.4 Rochas sedimentares ricas em ferro: formação ferrífera bandada (BIF) 50
- 2.5 Fosforitos: rochas sedimentares fosfáticas 53
- 2.6 Rochas sedimentares silicosas (silexito ou chert) 54
- 2.7 Depósitos ricos em matéria orgânica 55
- 2.8 Depósitos vulcanoclásticos 56
- Leitura complementar 61

3 Texturas, mineralogia e diagênese de rochas sedimentares 63
- 3.1 Textura de rochas sedimentares 63
- 3.2 Mineralogia de rochas sedimentares 72
- 3.3 Diagênese e litificação de rochas sedimentares 77
- Leitura complementar 88

4 Transporte e estruturas sedimentares 89
- 4.1 Noções de hidráulica e transporte de grãos sedimentares 89

  4.2 Estruturas sedimentares 94
    Leitura complementar 106

5 Fácies sedimentares: conceitos, geometria, mobilidade, perfil colunar e paleocorrentes 107
  5.1 Conceito de fácies sedimentar e
    geometria de depósitos 107
  5.2 Mobilidade de fácies no registro sedimentar:
    a Lei de Walther 108
  5.3 Análise e interpretação de fácies sedimentares
    e construção de perfis colunares 111
  5.4 Análise de paleocorrentes 114

6 Ambientes sedimentares continentais 119
  6.1 Ambientes e fácies sedimentares 119
  6.2 Leque aluvial 122
  6.3 Ambiente fluvial 126
  6.4 Ambiente desértico (eólico) 135
  6.5 Ambiente lacustre 141
  6.6 Ambiente glacial 147
    Leitura complementar 158

7 Ambientes sedimentares transicionais 159
  7.1 Ambiente deltaico 159
  7.2 Ambientes litorâneos (costeiros) 167
    Leitura complementar 178

8 Ambientes sedimentares marinhos 179
  8.1 Plataforma continental (ambiente marinho raso) 181
  8.2 Leque submarino (ambiente marinho profundo) 185
  8.3 Ambiente marinho profundo pelágico 193
  8.4 Ambientes de sedimentação de carbonatos 194
    Leitura complementar 201

9 Bacias sedimentares: origem e evolução 203
  9.1 Noções de tectônica de placas 203
  9.2 Classificação de bacias sedimentares 205
    Leitura complementar 212

Exercícios de integração 213
Referências bibliográficas 223
Documentação fotográfica 229
  A versão colorida das fotos está disponível em:
  www.ofitexto.com.br/sedimentologia/p

introdução

Origem e natureza dos sedimentos e rochas sedimentares

As rochas sedimentares formam-se na superfície da Terra, em ambientes sedimentares variados (fluvial, lacustre, marinho etc.), pela acumulação de sedimentos (cascalho, areia e argila) e posterior litificação desses sedimentos, ou pela precipitação química de íons dissolvidos na água. Em geral, as rochas sedimentares apresentam estratificação (disposição em camadas ou lâminas), grãos ou clastos que foram transportados, estruturas sedimentares variadas e organismos fósseis. A partir do processo de formação dessas rochas, elas são divididas em dois grupos principais: (i) rochas sedimentares siliciclásticas (detríticas, clásticas ou terrígenas) e (ii) rochas sedimentares químicas-bioquímicas.

As rochas sedimentares detríticas, clásticas ou siliciclásticas formam-se a partir da litificação de grãos ou sólidos granulares, como cascalho, areia, silte e argila. A origem desses sedimentos é associada a uma área-fonte elevada e à ação de intemperismo físico, erosão e transporte de grãos (Fig. I.1). Os agentes transportadores, como água, gravidade, vento ou gelo, carregam os sedimentos até uma bacia sedimentar (região rebaixada da crosta da Terra), onde os grãos podem depositar ou sedimentar quando a energia do agente transportador se reduz. Assim, os grãos em movimento depositam por causa das forças físicas que atuam sobre eles, em especial a força peso. Nas bacias sedimentares, diversas camadas, com diferentes granulometrias, vão depositar. Progressivamente, devido ao peso das camadas superpostas, ocorre o endurecimento dos sedimentos, ou litificação, e a formação de rochas a partir de sedimentos granulares inconsolidados. Dessa forma, areia se transforma em arenito, cascalho em conglomerado ou brecha, e sedimentos de argila e silte em argilitos, siltitos, lamitos etc.

As rochas sedimentares químicas-bioquímicas se formam a partir de íons extraídos dos minerais da área-fonte, então o intemperismo químico é fundamental (Fig. I.2). Com relevo baixo e aplainado, a área-fonte sofre intensa lixiviação devido à maior percolação de águas superficiais e subterrâneas. Nesse contexto, a água percolante fica enriquecida em íons extraídos de minerais atacados quimicamente pelo intemperismo, formando um soluto. Esse soluto (íons em solução) é transportado até lagos e mares, onde produz maior salinidade no ambiente. Com a variação das propriedades químicas nesses lagos e mares, pode ocorrer a precipitação de cristais em meio aquoso, por vezes com a intervenção de organismos que facilitam a cristalização. Eh (potencial de oxirredução), pH (potencial de hidrogênio), temperatura e coeficiente de solubilidade são importantes variáveis químicas e físicas que favorecem e controlam a sedimentação química. Como exemplos de rochas sedimentares químicas, podem ser citados os calcários, evaporitos, jaspelitos e silexitos.

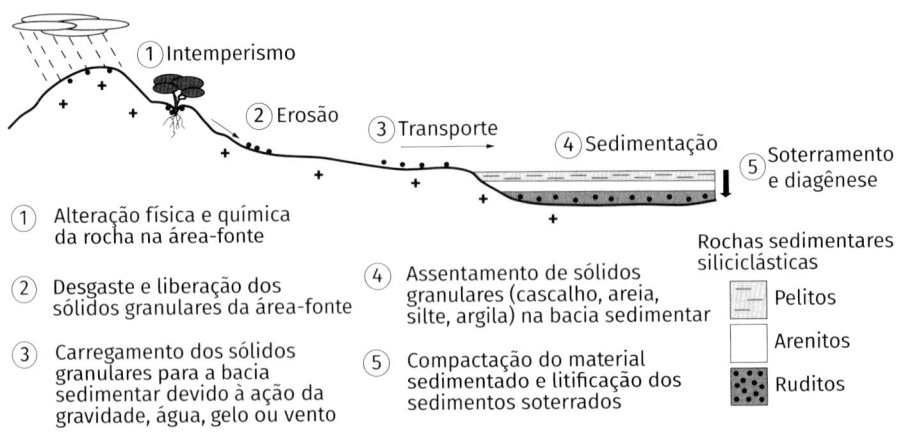

FIG. I.1 *Formação de sedimentos siliciclásticos (clásticos ou detríticos) e rochas sedimentares*

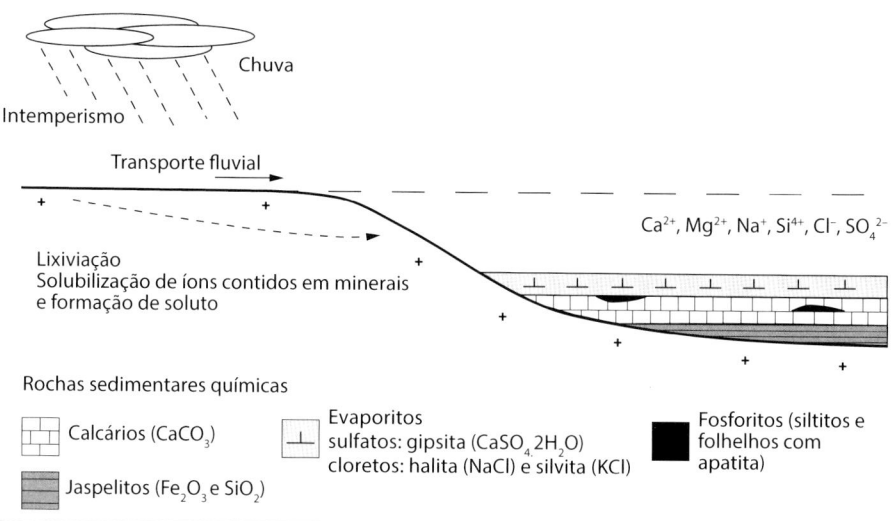

Fig. I.2 *Formação de soluto (íons em solução) por lixiviação devido à ação de águas superficiais e subterrâneas, transporte pelos rios, com enriquecimento da água do mar em sais e formação de rochas sedimentares químicas em meio subaquoso (lago ou mar)*

Observando com atenção as Figs. I.1 e I.2, é possível comparar os dois modelos gerais para a formação de sedimentos e rochas sedimentares, em especial os seguintes aspectos:

* Relevo da área-fonte:

    Fig. I.1: área-fonte elevada, que favorece a formação de partículas sólidas, grãos e sedimentos detríticos;

    Fig. I.2: área-fonte plana, que favorece a lixiviação e infiltração de águas, gerando soluto (íons em solução) e possibilitando a formação de sedimentos químicos.

* Mecanismo de transporte:

    Fig. I.1: grãos (sólidos granulares) são transportados por agentes diversos, seguindo as leis da física;

    Fig. I.2: íons (soluto) são transportados em solução.

* Mecanismo de sedimentação:

    Fig. I.1: com a diminuição da velocidade das partículas, há a ação da força peso sobre grãos com diferentes densidades, causando a sedimentação de sólidos granulares;

    Fig. I.2: variações do potencial de oxirredução (Eh), potencial de hidrogênio (pH), temperatura e solubilidade levam à precipitação química em meio aquoso.

* Produto gerado na bacia sedimentar:
  Fig. I.1: a deposição de sólidos granulares em camadas produz, a partir da litificação, rochas sedimentares detríticas (ruditos, arenitos, pelitos);
  Fig. I.2: a precipitação química em meio subaquoso gera, depois da litificação, jaspelitos, calcários, fosforitos, evaporitos etc.

I.1 Importância das rochas sedimentares

As rochas sedimentares predominam na superfície da Terra, sendo as rochas mais abundantes em área em vários países do mundo, inclusive no Brasil. Em nosso País, destacam-se as rochas sedimentares fanerozoicas (Paleozoico, Mesozoico e Cenozoico) das bacias intracratônicas, que formam bacias sedimentares de grandes dimensões. Como exemplos, citam-se a bacia do Paraná, na Região Centro-Sul do Brasil, a bacia do Parnaíba, nos Estados do Maranhão e Piauí, e as bacias do Solimões e do Amazonas, na Região Norte. Sobressaem-se também as bacias sedimentares mesocenozoicas de grande expressão na margem continental brasileira, quase sempre submersas, como as bacias de Santos, Campos, Sergipe-Alagoas e Potiguar, as quais possuem reservas muito importantes de petróleo e gás natural. São citadas, ainda, as bacias sedimentares proterozoicas com rochas sedimentares sub-horizontais ou suavemente dobradas, às vezes com baixo grau de metamorfismo superimposto.

A partir de rochas sedimentares, obtém-se a extração de minerais e elementos químicos importantes para a sociedade. Nesse caso, rochas sedimentares especiais são passíveis de mineração a céu aberto ou mineração subterrânea e extração do bem mineral ou, ainda, do recurso natural (petróleo, gás natural). Algumas finalidades das rochas sedimentares são apontadas na sequência:

* Recursos minerais energéticos, como petróleo e gás natural (hidrocarbonetos), são encontrados em rochas sedimentares porosas, geralmente recobertas por rochas selantes impermeáveis, e têm origem na decomposição de matéria orgânica microbial (em especial fitoplâncton e zooplâncton). Carvão mineral, formado a partir da decomposição e acumulação de restos vegetais em antigos pântanos, pode ser encontrado em camadas ou lentes em bacias sedimentares paleozoicas.
* Algumas rochas sedimentares, a exemplo de arenitos e calcários, podem ser utilizadas como rochas ornamentais e rochas de revestimento na construção civil. Também na construção civil, calcário calcítico, gipsita (gesso) e argilominerais como silicato de Al-Fe são insumos fundamentais na fabricação do cimento, que é muito utilizado para fazer o concreto. Pode-se ressaltar ainda a exploração de argilominerais nas rochas sedimentares,

como caulinita, ilita, bentonita e montmorillonita, que são importantes na produção de tijolos, telhas, cerâmicas, lama de perfuração etc. A areia também é muito utilizada na construção civil e na indústria do vidro.
* Pedras preciosas são encontradas em camadas de cascalhos e areia grossa em diversos locais do Brasil, às vezes com ouro, diamante e gemas (pedras semipreciosas).
* Elementos químicos importantes para a indústria farmacêutica, produtos químicos em geral e de fertilizantes são obtidos a partir de rochas sedimentares químicas, sobretudo evaporitos, como halita (NaCl), gipsita e anidrita ($CaSO_4$), silvita (KCl) e enxofre (S). Os fertilizantes, fundamentais para a produção de alimentos, são comumente extraídos de rochas sedimentares como fosforitos (rocha sedimentar enriquecida em fósforo), silvita e carnalita (evaporitos contendo minerais de potássio).
* Extração de ferro a partir de rochas sedimentares ferríferas (jaspelito) e rochas sedimentares metamorfizadas, como o itabirito. Importantes minas de extração de ferro a partir do itabirito e do jaspelito existem na região do Quadrilátero Ferrífero, em Minas Gerais, e em Carajás, no sul do Pará, respectivamente. Manganês também pode ser extraído de fontes sedimentares, assim como sulfetos de chumbo e zinco, extraídos especialmente de calcários.

Além da evidente importância econômica das rochas sedimentares, também há que se destacar o papel dessas rochas na compreensão da evolução da superfície terrestre ao longo do tempo geológico. Muitas das mudanças químicas e físicas sofridas pela hidrosfera, atmosfera e biosfera terrestre ao longo dos últimos 4,5 bilhões de anos ficaram registradas nas rochas sedimentares. Por exemplo, a formação de rochas como jaspelitos indicam antigos oceanos anóxicos ricos em ferro reduzido (Fe^{2+}), enquanto a presença de evaporitos em bacias sedimentares aponta momentos em que lagos e mares tiveram águas com níveis altíssimos de salinidade. Regiões que hoje estão no interior do continente mas possuem rochas calcárias claramente já foram mar há milhões de anos.

Rochas sedimentares são como livros que preservam informações fundamentais para o entendimento da evolução da superfície da Terra. Cabe ao geólogo especializado em sedimentologia saber decifrá-las.

Exercícios de fixação
1. Quais são os dois tipos de sedimentos que formam as rochas sedimentares?
2. Quais são os dois tipos de rochas sedimentares?

3. Compare os processos formadores das rochas sedimentares em relação ao relevo da área-fonte e aos mecanismos de transporte e sedimentação.
4. Apresente cinco fatores que determinam a importância das rochas sedimentares.
5. O que é uma bacia sedimentar? Pesquise sobre as bacias sedimentares do Paraná e do Amazonas, fazendo um pequeno resumo sobre bacias sedimentares paleozoicas e mesozoicas. Da mesma forma, pesquise sobre a bacia sedimentar de Santos, que é a principal bacia sedimentar do Brasil, com grandes reservas de petróleo e gás natural.

Respostas
1. Grãos clásticos ou sólidos granulares (cascalhos, areia, silte, argila), e íons dissolvidos no soluto, lixiviados de rochas-fonte sob ataque químico.
2. Rochas sedimentares clásticas ou terrígenas e rochas sedimentares químicas-bioquímicas.
3. Rochas clásticas são formadas por grãos (cascalhos, areias, silte e argila) retirados da rocha-fonte, transportados, depositados e litificados numa bacia sedimentar. Já rochas químicas são formadas por precipitação química de íons dissolvidos na água do mar ou de um lago, e depois litificados em bacias sedimentares.
4. As rochas sedimentares são importantes para a extração de recursos minerais, como areia, cascalho, chumbo-zinco, ferro, cloreto de potássio, fosfato etc., e para a exploração de recursos energéticos, como petróleo, gás natural e carvão mineral.
5. Bacia sedimentar é a região subsidente da crosta onde se acumulam sedimentos que, ao litificar, formam rochas sedimentares. A bacia sedimentar do Paraná se estende desde o Mato Grosso até o Uruguai, e foi preenchida por sedimentos paleozoicos e mesozoicos. A bacia de Santos, no litoral do Estado de São Paulo, é submersa e recebeu sedimentos desde o Cretáceo até o Cenozoico (Recente), possuindo grandes reservas de petróleo.

Leitura complementar

PRESS, F.; SIEVER, R.; GROTZINGER, J.; JORDAN, T. H. Sedimentos e rochas sedimentares. *In*: PRESS, F.; SIEVER, R.; GROTZINGER, J.; JORDAN, T. H. *Para entender a Terra*. Tradução: Rualdo Menegat *et al.* (UFRGS). 4. ed. Porto Alegre: Bookman, 2006. Cap. 8, p. 195-224.

Intemperismo e ciclo sedimentar

1.1 Intemperismo

O intemperismo é um importante processo que ocorre na superfície da Terra e gera sedimentos (Fig. 1.1). Constitui-se em um conjunto de modificações de ordem física (desagregação da rocha-fonte em grãos) e química (decomposição da rocha e formação de soluto e de solo) que afeta rochas preexistentes ao aflorarem na superfície da Terra. As rochas ígneas e metamórficas são formadas nas altas temperaturas do interior do planeta e, quando elas são expostas na superfície, ficam instáveis e tendem à desagregação e decomposição por ação do intemperismo, formando sedimentos (grãos ou íons em solução).

FIG. 1.1 *Sedimentos formados por ação do intemperismo e ciclo sedimentar*

Alguns fatores influem no intemperismo, como:
* *Clima*: é a variação de temperatura e distribuição das chuvas de uma região. O clima seco favorece o intemperismo físico (desagregação), enquanto o clima úmido favorece o intemperismo químico (decomposição da rocha em solo e formação de argilominerais).

- *Relevo*: controla o regime de infiltração das águas superficiais. Um relevo acidentado diminui a infiltração, aumentando o escoamento da água e, dessa forma, favorecendo o intemperismo físico. Já um relevo plano favorece a infiltração da água, o que intensifica o intemperismo químico.
- *Cobertura vegetal*: a matéria orgânica vegetal acelera reações químicas, reduzindo o pH das águas subterrâneas e tornando-as um melhor solvente. Além disso, a presença de cobertura vegetal facilita a infiltração da água.
- *Tipo de rocha*: algumas rochas são mais resistentes ao intemperismo, enquanto outras são mais suscetíveis.
- *Tempo geológico*: é o tempo em que são desenvolvidos os processos de desagregação e decomposição das rochas.

1.1.1 Tipos de intemperismo

Existem dois tipos de intemperismo: o físico e o químico. O intemperismo físico causa a desagregação da rocha em partículas, ou seja, sólidos granulares (cascalho, areia, silte). Como exemplos de processos que contribuem para o intemperismo físico, podem-se citar:

- *variações de temperatura*: causa dilatação e contração das rochas;
- *congelamento de água em fissuras*: gera o aumento do volume do gelo e o fraturamento de rochas;
- *cristalização de sais*: nesse processo, há a ocupação de espaço vazio e o consequente aumento de volume;
- *formação de juntas de alívio*: trata-se de fissuras que se formam quando uma rocha se desloca de regiões de alta para baixa pressão;
- *penetração de raízes através de fraturas nas rochas*: ação biológica que auxilia a quebra de material rochoso;
- *ação do vento e da água*: impacto físico que causa fragmentação da rocha com o tempo.

Já o intemperismo químico envolve a ação da água da chuva. Combinada com CO_2 atmosférico, a água da chuva forma ácido carbônico e adquire caráter ácido, tornando-se um importante solvente de rochas, atuando na dissolução e hidrólise de minerais primários.

$$H_2O + CO_2 \rightarrow H_2CO_3 \text{ (reduz o pH das águas subterrâneas: solvente)}$$

Assim, com um pH levemente ácido, a água da chuva infiltra nas rochas fraturadas e as decompõe, provocando reações de lixiviação de elementos químicos. Esses elementos, por sua vez, liberam íons solúveis e formam os argilominerais, como caulinita, montmorillonita e ilita, dependendo das condições de drenagem (Fig. 1.2). Após esse processo, os elementos insolúveis (imóveis) e pouco solúveis, como Fe e Al, ficam concentrados no solo e podem enriquecer o horizonte B (Fig. 1.2), formando lateritas ou lateritos (crosta ferruginosa ou aluminosa no perfil do solo).

Os principais minerais formadores de rochas (silicatos), quando em contato com água da chuva com ácido carbônico (H_2CO_3), sofrem hidrólise, ou seja, liberam soluto (íons de K, Na, Ca, Mg, SiO_2). Além disso, a água da chuva provoca reações de hidratação e oxidação dos minerais das rochas. Em relação a este último processo, alguns elementos são encontrados em diferentes estados de oxidação, como o ferro, que ocorre em minerais primários (biotita, piroxênio) como Fe^{2+}. Quando liberado em solução, ele oxida para Fe^{3+} e precipita como goethita, um importante óxido-hidróxido de ferro constituinte de solos lateríticos.

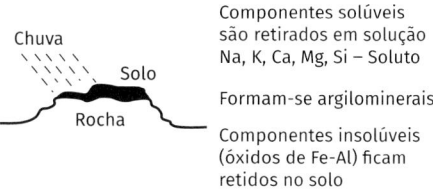

Fig. 1.2 *Ação do intemperismo químico sobre rochas, em região plana com clima úmido. Ocorre lixiviação intensiva e formação de soluto, com íons retirados em solução. Gera-se resíduo na forma de solo, rico em argilominerais e, eventualmente, crostas de Fe-Al (elementos pouco solúveis)*

1.1.2 Intemperismo e formação do sedimento e da rocha sedimentar

A partir do intemperismo, rochas preexistentes expostas no continente são desagregadas e decompostas, resultando em sólidos granulares (grãos) e íons em solução (soluto), que constituem os sedimentos detríticos e químicos, respectivamente. Esses sedimentos são transportados para bacias sedimentares, regiões deprimidas da crosta da Terra, onde se depositam, formando camadas.

Áreas continentais (áreas-fonte) estão sujeitas ao intemperismo e fornecem sedimentos variados (Fig. 1.3). Por exemplo, em áreas planas e com vegetação sob ação predominante de intemperismo químico, existe grande lixiviação e formação de soluto, enriquecendo as águas fluviais e subterrâneas em íons dissolvidos que poderão intensificar a sedimentação química e a formação de rochas sedimentares químicas em bacias sedimentares.

Em áreas continentais sujeitas ao intemperismo físico, como as regiões de clima árido ou relevo acidentado (escarpado), grãos detríticos de fragmentos de rochas e de minerais são continuamente liberados, na forma de cascalhos, areia, silte ou argila. Nesse contexto, sedimentos detríticos são abundantes nas bacias sedimentares adjacentes.

As rochas sedimentares podem refletir diretamente eventos geológicos nas áreas-fonte e variações climáticas no tempo geológico. Através da análise detalhada de rochas sedimentares antigas, é possível identificar a evolução de paleoclimas atuantes nos continentes, fases de soerguimento do relevo (devido à tectônica, por exemplo, como a ação de falhas) e até mesmo fases de aplainamento do relevo.

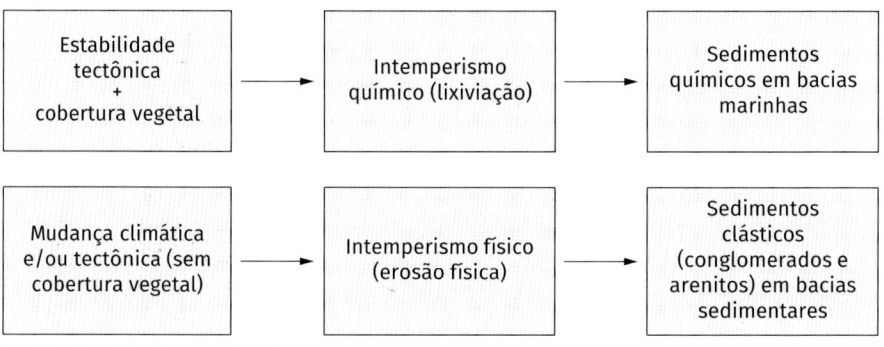

Fig. 1.3 *Alternância climática e de tipos de intemperismo sobre o ciclo sedimentar, gerando diferentes sedimentos e rochas sedimentares*

Com isso, depreende-se que a erosão dos continentes é uma consequência da erosão mecânica e das alterações químicas, que se combinam para resultar na peneplanização lenta e gradual dos relevos continentais. Pelo balanço realizado a partir dos aportes dos grandes rios, nota-se que a erosão mecânica é de três a quatro vezes mais eficaz para a erosão continental do que a alteração química e o transporte de solutos. No entanto, essa relação é fortemente influenciada pelo clima e pela altitude média dos continentes, esta última intrinsecamente relacionada à taxa de erosão mecânica.

1.2 Ciclo sedimentar
1.2.1 Agentes geológicos da superfície da Terra

A superfície da Terra é constituída por áreas continentais (áreas-fonte) e áreas oceânicas (grandes bacias receptoras).

Nas áreas continentais, os principais agentes geológicos operantes são os rios, ventos, geleiras e águas superficiais e subterrâneas. Rios são importantes agentes no transporte de sedimentos para os oceanos; eles erodem a montante e transportam a jusante, para construir deltas na desembocadura (ou foz) com lagos ou oceanos. Já os ventos erodem as áreas montanhosas, arrancam grãos e transportam cascalho fino, areia e poeira.

Expressivas em áreas montanhosas e baixas latitudes, as geleiras têm grande poder erosivo e arrancam clastos do embasamento, transportando sedimentos imersos no gelo. Com o degelo, elas liberam sedimentos variados, muito mal selecionados, nos mares próximos ou nas bordas de continentes e lagos.

Águas superficiais (chuvas, rios) e subterrâneas modelam o relevo e transportam carga sedimentar clástica e iônica significativa. A gravidade favorece a formação de fluxos gravitacionais de solos e sedimentos, que podem resultar em diversos tipos de avalanches.

Ressalta-se que intemperismo e erosão predominam em áreas continentais, enquanto a sedimentação é mais localizada em planícies aluvionares e lagos (Fig. 1.4).

Nos oceanos predominam diferentes agentes geológicos, como ondas, correntes de marés e correntes oceânicas, que são importantes agentes erosivos e de transporte de sedimentos. As ondas que rebentam no litoral raso erodem rochas preexistentes, espalhando e transportando sedimentos para novas áreas. As correntes de maré periodicamente avançam sobre os continentes, transportando e sedimentando em áreas litorâneas, enquanto as correntes oceânicas, estabelecidas por diferenças de temperatura e densidade, também transportam sedimentos e carga iônica expressiva.

Decantação de material biogênico, como carapaças de foraminíferos e diatomáceas, é frequente no mar profundo. Fluxos gravitacionais e correntes de turbidez são importantes na bacia oceânica profunda e também em ilhas vulcânicas. Magmatismo (vulcanismo), fluidos hidrotermais e material piroclástico e vulcanoclástico podem ser agentes importantes, sobretudo quando próximos de cadeias mesoceânicas (planícies abissais).

Portanto, nas bacias marinhas rasas e profundas, ocorre a sedimentação de grãos (areia, silte e argila); na plataforma continental, há a precipitação de sedimentos químicos e material biogênico; e, nas planícies abissais, predomina a decantação de material biogênico, sedimentos pelágicos e também vulcanoclásticos (cinzas vulcânicas) (Fig. 1.4).

1.2.2 Erosão, transporte e sedimentação

O ciclo sedimentar compreende o intemperismo, que altera as rochas física e quimicamente, a erosão, que libera as partículas produzidas pelo intemperismo, o transporte, que consiste no carreamento dessas partículas por diferentes distâncias, e a sedimentação ou deposição, que é o assentamento de grãos ou a precipitação química de novos minerais. O intemperismo, a erosão e o transporte predominam nas áreas continentais, com sedimentação localizada (em planícies aluviais, lagos etc.). Nas bacias oceânicas prevalecem a sedimentação e o transporte de grãos e de material químico dissolvido. Erosão é subordinada, em falésias no litoral ou através de avalanches submarinas.

Com a sedimentação constante ao longo do tempo, diversas camadas sedimentares vão se sobrepor, seja em áreas continentais, seja em bacias marinhas. O aumento de camadas sedimentares superpostas gera um gradual aumento de pressão e temperatura no interior da Terra. Esse soterramento crescente também leva à litificação, com incremento da diagênese (por exemplo, cimentação, reações químicas e compactação), formando rochas sedimentares litificadas e compactas (Fig. 1.4).

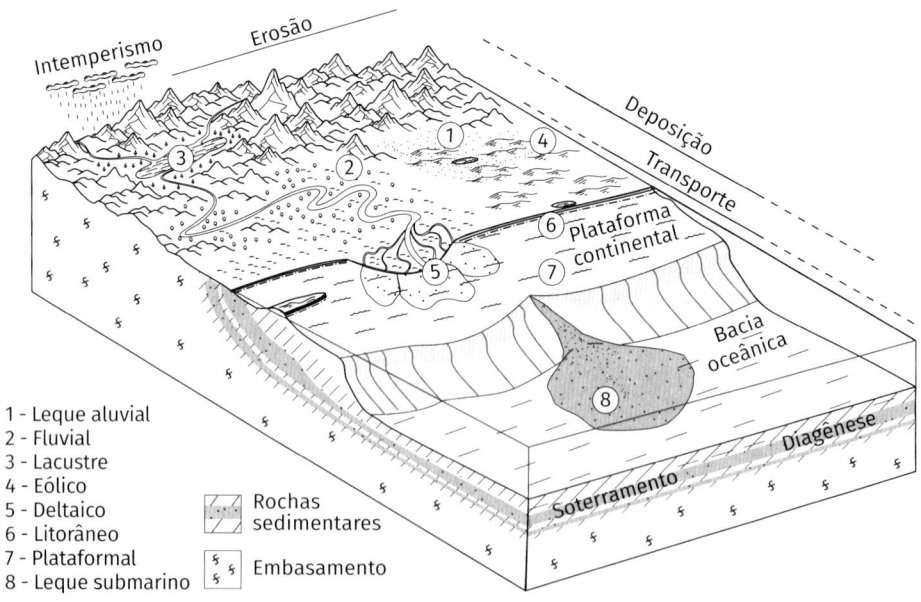

FIG. 1.4 *Bloco-diagrama do ciclo sedimentar, com intemperismo, erosão e transporte predominando em áreas continentais e sedimentação e transporte prevalecendo em bacias marinhas. Soterramento e diagênese ocorrem até a litificação das rochas sedimentares. Os principais ambientes sedimentares na superfície também estão representados*
Fonte: modificado de Suguio (2003) e Pomerol et al. (2013).

Erosão

A erosão é o desgaste da superfície da Terra por processos físicos, químicos e biológicos, em que ocorre a remoção dos detritos formados pela ação do intemperismo, que desagrega e decompõe as rochas preexistentes (área-fonte). Em relação aos agentes, existem vários tipos de erosão, como a pluvial (água da chuva), fluvial (erosão por rios), marinha (erosão costeira), eólica, glacial, entre outras. Em relação ao processo, a erosão pode ser separada em erosão mecânica, que é a liberação e o arraste de sólidos granulares, como cascalhos, areia, silte e argila, e erosão química, que é a decomposição de rochas, liberação de solutos, formação de solos etc.

Transporte mecânico (fluxos fluido e denso) e químico

O transporte representa o carreamento ou remoção dos produtos do intemperismo e da erosão por distâncias variáveis. O transporte homogeneíza as frações granulométricas: quanto maior o transporte, ou seja, maior a distância percorrida, mais homogêneas ficam as frações granulométricas e mais finos e arredondados ficam os grãos em transporte.

Vários agentes transportadores operam na superfície da Terra em ambientes continentais e marinhos, sendo quatro os principais: água, vento, gelo e gravidade. Exemplos da ação desses agentes são os movimentos de massa (fluxos gravitacionais, como avalanches), a ação da água de chuva e de rios, a ação do vento em desertos e zonas litorâneas, as geleiras, que transportam grandes quantidades de sedimentos por longas distâncias, e as ondas, marés e correntes marítimas no oceano.

Existem dois mecanismos de transporte que geram diferentes tipos de rochas sedimentares (Fig. 1.5):
* transporte mecânico de sólidos granulares (cascalho, areia, silte, argila);
* transporte químico de carga iônica dissolvida (soluto).

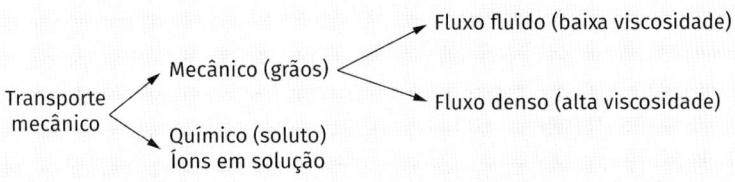

FIG. 1.5 *Tipos de transporte sedimentar*

O transporte mecânico ainda pode ser dividido em dois tipos, com características bem diferentes: por fluxo fluido ou fluxo denso. O fluxo fluido apresenta baixa densidade, com grãos soltos, enquanto o fluxo denso é gravitacional, com grãos presos na lama.

Os grãos sedimentares, a exemplo de cascalho, areia, silte e argila, são transportados por diversos agentes transportadores na superfície da Terra, como água, vento, gravidade e gelo. Diferentes forças atuam sobre os grãos em fluxos de viscosidades distintas.

Fluxos fluidos

No caso de fluxos fluidos, isto é, com baixa viscosidade, o transporte é realizado pela água (rios, ondas e marés) ou vento (massas de ar). Como os grãos estão soltos, eles são transportados conforme sua granulometria, densidade e forma (morfometria) (Fig. 1.6).

Rios, ondas, marés e vento são exemplos de transporte para fluxo de baixa viscosidade. Grãos como cascalhos (seixos, calhaus e matacões) são transportados por arraste e rolamento, e os grãos menores por saltação e suspensão, dependendo da velocidade da corrente. Siltes finos e argilas são transportados por suspensão, favorecida pela forma tabular dessas partículas (hábito do argilomineral, com estrutura em camadas). Grãos mais densos, como hematita, cassiterita e ouro, ficam perto da fonte, enquanto grãos menos densos, como o quartzo, concentram-se nas bordas dos continentes e nos mares.

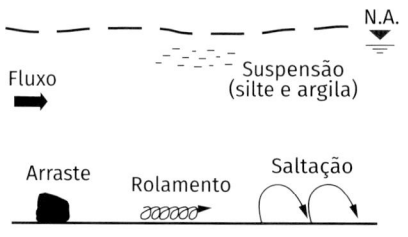

FIG. 1.6 Transporte sedimentar mecânico (de grãos) por fluxo fluido, em água ou vento
Fonte: adaptado de Giannini e Riccomini (2000).

Fluxo denso (alta viscosidade)

O transporte mecânico por fluxo denso ocorre em áreas continentais e marinhas a partir de avalanches, devido à ação da gravidade em massas de sedimentos variados, desde cascalhos até argila e lama. Assim, uma grande concentração de sedimentos é mantida em suspensão no fluido pela ação de mecanismos diversos (coesão das argilas, choque de grãos, movimento ascendente da água, alta densidade da mistura), e a gravidade atua diretamente sobre a mistura fluido (água e ar) e sedimentos suspensos. As avalanches apresentam grande concentração de sedimentos, com maior coesão entre grãos e lama (argila com quantidades variáveis de água) e alta viscosidade. Essas massas de sedimentos tornam-se instáveis e deslocam-se com velocidade, em rampas e taludes, por muitos quilômetros, tanto no continente como no ambiente subaquoso (lagos e mares, oceanos).

Ocorrem avalanches em declives, isto é, encostas e taludes, quando o peso do material é maior do que a resistência do atrito (Fig. 1.7). Assim, superada a resistência do atrito, inicia-se a avalanche pelo plano inclinado ou talude. Com a progressiva diminuição do gradiente de inclinação e a desaceleração do fluxo sedimentar denso, ocorre a sedimentação. Esses fluxos possuem caráter episódico, ou seja, são eventos descontínuos no tempo, na forma de avalanches esporádicas; em consequência, esse mecanismo implica uma sedimentação descontínua e episódica.

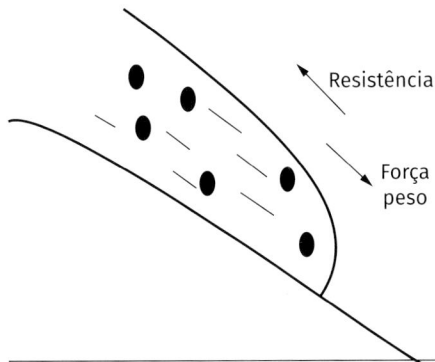

Fig. 1.7 *Formação de fluxo denso do tipo avalanche em rampas íngremes. O deslocamento rápido ocorre quando a componente da força peso supera a resistência do atrito*

Os fluxos densos podem ser classificados em (Fig. 1.8):

* *Deslizamentos e escorregamentos*: ocorrendo principalmente em encostas e vertentes, como voçorocas, ou então em rampas submarinas (taludes), podem acontecer de duas formas: ou o material movimentado mantém a estrutura original, como em deslizamentos de rochas, ou o material escorrega, ainda pouco litificado, e se deforma por falhas e dobras, mas mantendo ainda parte da estrutura original. Representam deslocamentos de pequena a média magnitude.
* *Fluxos de lama e detritos*: formam avalanches em vários ambientes, continentais e marinhos, com grande poder para transportar material sedimentar. Apresentam predomínio de fluxo laminar devido à alta viscosidade e sustentação dos clastos grosseiros (matacões, calhaus, seixos) pela matriz altamente argilosa e lamosa. Depois da avalanche ocorre a sedimentação do fluxo gravitacional, com formação de brechas e conglomerados, geralmente diamictitos (paraconglomerados), mas também ortoconglomerados.
* *Corrente de turbidez*: é a transformação da avalanche em ambiente subaquoso, com acréscimo de água do meio, em avalanche diluída, formando uma corrente subaquosa com sedimentos e água, com alta turbulência.

Essa corrente subaquosa gravitacional forma turbiditos, que são depósitos arenopelíticos em ambientes como mares (oceano) e lagos. A corrente de turbidez perde velocidade no meio aquoso e decanta diferentes frações granulométricas de cascalho, areia, silte e argila. A base mostra estratificação gradacional (Ta), depois areia com estratificação plana (Tb) e ondulações *(ripples)* assimétricas (Tc) e, no topo, material fino (silte e argila) decantado.

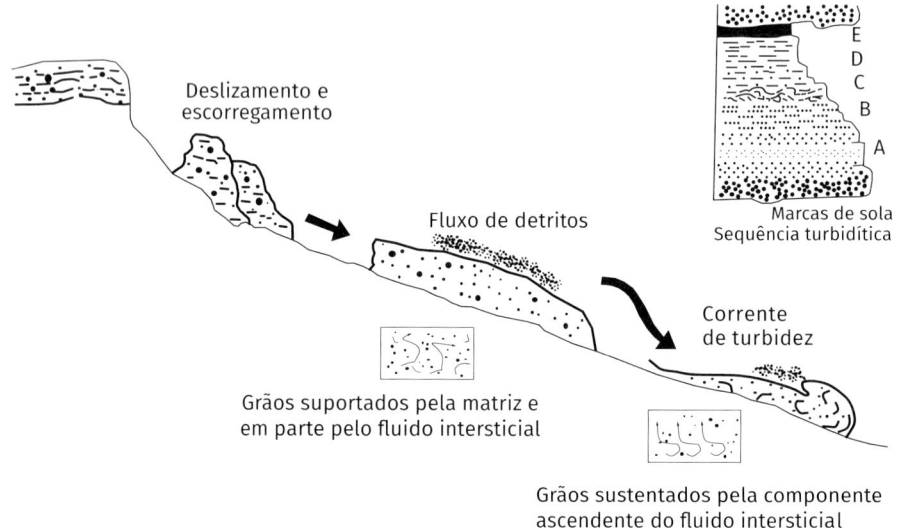

Fig. 1.8 *Tipos de fluxos densos, com destaque para o fluxo de detritos e lama, que forma conglomerados, e a corrente de turbidez, que forma turbiditos*
Fonte: adaptado de Giannini e Riccomini (2000).

Deposição/sedimentação

Antes de definir a deposição, deve-se introduzir dois conceitos: bacia sedimentar e nível de base. A bacia sedimentar é a região deprimida da crosta terrestre onde sedimentos são acumulados em camadas. Em relação ao nível de base, ou nível do mar (NM), tem-se que acima desse nível predominam processos de erosão e transporte, enquanto abaixo dele prevalece a sedimentação. Nos continentes existem níveis de base locais, como o nível de base do lago na sedimentação lacustre, o perfil de equilíbrio fluvial no ambiente aluvial, e o freático, que corresponde ao nível de base que limita erosão de preservação, em contexto eólico.

A deposição ou sedimentação representa a acumulação de sólidos granulares (ou grãos sedimentares) em meio subaéreo ou subaquoso, assim como de minerais cristalizados e material biogênico em meio subaquoso em baixas temperaturas. A sedimentação pode ocorrer de duas formas:

* Com a diminuição da velocidade da corrente do agente transportador e a ação da gravidade sobre os sólidos granulares (cascalhos, areia, silte etc.). A força peso então passa a ser a resultante de forças físicas que agem sobre os grãos sedimentares, gerando a sedimentação.
* Com a variação de parâmetros físico-químicos (pH, Eh, solubilidade, temperatura) e atividade orgânica sobre íons em meio aquoso. Nesse caso, a sedimentação ocorre por precipitação química e formação de cristais em baixa temperatura. Um exemplo de cristalização de minerais em baixa temperatura é a formação de calcita ($CaCO_3$), halita (NaCl), gipsita, entre outros.

Após a sedimentação, ocorre soterramento gradual com superposição de camadas. À medida que as camadas são soterradas e afundam na crosta, aumentam também a temperatura e a pressão, levando à litificação (consolidação, endurecimento) e à formação de rochas sedimentares.

Exercícios de fixação

1. Defina intemperismo e diferencie os dois tipos de intemperismo que ocorrem na superfície da Terra. Como eles atuam e quais produtos liberam?
2. Quais os fatores que influem nos dois tipos de intemperismo?
3. Qual tipo de intemperismo predomina em desertos e na Amazônia? Justifique.
4. A partir de pesquisa nas referências complementares, explique como ocorre o intemperismo químico de feldspatos e piroxênios, dois importantes minerais formadores de rochas.
5. Explique a relação entre o intemperismo na área-fonte e a formação de rochas sedimentares nas bacias sedimentares adjacentes.
6. Conceitue os seguintes termos: erosão, transporte, sedimentação, soterramento e diagênese.
7. Quais processos do ciclo sedimentar predominam em áreas continentais e quais predominam nas áreas oceânicas?
8. Como ocorre o transporte de sedimentos para as bacias sedimentares?
9. Caracterize os dois tipos de transporte mecânico: por fluxo fluido e fluxo denso.
10. Explique e dê exemplos de fluxos gravitacionais.
11. Como ocorre a sedimentação de grãos e de íons?
12. Nomeie o conjunto de processos que transforma um sedimento em rocha sedimentar. Pesquise e descreva alguns desses processos.

Respostas

1. O intemperismo constitui-se em um conjunto de modificações de ordem física e química que afeta rochas antigas ao aflorarem na superfície da Terra, gerando sedimentos. O intemperismo físico é a desagregação da rocha-fonte em grãos, enquanto o químico envolve a decomposição da rocha-fonte, liberando soluto com formação de solo rico em argilominerais.

2. Temperaturas extremas, dilatação e fissuras nas rochas favorecem o intemperismo físico. Já a ação da água da chuva como solvente, reações de hidrólise e oxidação propiciam o intemperismo químico.

3. Nos desertos o intemperismo físico é amplamente predominante e são gerados sólidos granulares, como cascalho e areia. Na Amazônia, com relevo plano, vegetação e chuvas frequentes, prevalece o intemperismo químico, resultando em solos espessos.

4. O intemperismo químico dos feldspatos libera soluto (K, Ca, SiO_2) e forma argilomineral do tipo caulinita. O intemperismo químico do piroxênio gera soluto, solo e crosta laterítica rica em óxidos de ferro e alumínio, elementos insolúveis.

5. Em áreas planas, com vegetação e chuvas frequentes, são favorecidos o intemperismo químico e a formação de rochas sedimentares químicas na bacia sedimentar. Áreas com relevo íngreme e pouca vegetação desenvolvem intemperismo físico e rochas sedimentares siliciclásticas nas bacias sedimentares.

6. Erosão é o carreamento de detritos e íons retirados das rochas. Transporte significa o movimento dos grãos e do soluto por diferentes agentes transportadores, o principal sendo a gravidade. Sedimentação é quando os grãos detríticos estacionam, devido a uma força peso predominante sobre o agente transportador, ou quando ocorre precipitação química em meio aquoso. O soterramento acontece quando as camadas de sedimentos são recobertas por camadas mais novas, e a diagênese engloba diversos processos de litificação, transformando sedimento em rocha sedimentar.

7. Em áreas continentais predomina o intemperismo, a erosão e o transporte, e a sedimentação é subordinada. Já em áreas oceânicas predomina a sedimentação e o transporte.

8. No caso de sólidos granulares, o transporte de sedimentos para as bacias sedimentares é o mecânico, que pode ocorrer por fluxo fluido ou fluxo gravitacional. No caso de soluto, trata-se de transporte iônico/químico.

9. No fluxo fluido os grãos estão soltos e se deslocam por arraste, rolamento, saltação ou suspensão, conforme a granulometria, densidade e forma de cada grão. A gravidade move o fluido que, por sua vez, move os grãos sedimentares livres. No fluxo denso ou gravitacional os grãos estão presos na lama, e o conjunto se movimenta por deslizamento, escorregamento, fluxo de detritos ou corrente de turbidez. No caso, uma grande concentração de sedimentos é mantida em suspensão no fluido pela ação de mecanismos diversos (coesão das argilas, choque de grãos, movimento ascendente da água, alta densidade da mistura), e a gravidade atua diretamente sobre a mistura fluido (água e ar) e sedimentos suspensos.
10. Fluxo gravitacional é um deslizamento ou escorregamento de material denso, por exemplo, em encosta íngreme ou voçoroca, que é uma feição erosiva que transporta o solo por alguns metros (chegando até dezenas de metros). Também ocorre na forma de grandes avalanches de lama e cascalho em áreas continentais e oceânicas, por dezenas a centenas de quilômetros, gerando diversos tipos de ruditos, principalmente o diamictito. Em meio aquoso (mar ou lago), a avalanche se transforma em corrente de turbidez, depositando turbiditos. Em regiões montanhosas, íngremes, as avalanches de solo e rochas por ocasião de chuvas intensas são um fenômeno relativamente comum, como nos Estados do Rio de Janeiro e Rio Grande do Sul. Em áreas urbanas, densamente povoadas, movimentos de massa (avalanches) trazem grande prejuízo; em casos de rompimento de barragens de rejeitos de mineração, como ocorrido em Brumadinho (MG), avalanches de lama causam muitas mortes e intenso dano ambiental.
11. Quando a velocidade do agente transportador diminui, a força peso atua sobre os grãos, levando à sedimentação. Grãos maiores depositam próximo à fonte, enquanto grãos finos depositam mais distantes. Os íons precipitam em meio aquoso por alteração no pH, Eh ou solubilidade, cristalizando minerais em baixa temperatura (lagos e mares).
12. A transformação de sedimento em rocha ocorre a partir do soterramento crescente, o qual leva à diagênese, um conjunto de processos que, por sua vez, conduz à litificação. Esses processos são: compactação, cimentação, autigênese (formação de minerais diagenéticos) e redução da porosidade.

Leitura complementar

PRESS, F.; SIEVER, R.; GROTZINGER, J.; JORDAN, T. H. Sedimentos e rochas sedimentares. *In*: PRESS, F.; SIEVER, R.; GROTZINGER, J.; JORDAN, T. H. *Para entender a Terra*. Tradução: Rualdo Menegat *et al.* (UFRGS). 4. ed. Porto Alegre: Bookman, 2006. Cap. 8, p. 195-224.

TOLEDO, M. C. M.; OLIVEIRA, S. M. B. de; MELFI, A. J. Intemperismo e formação de solos. *In*: TEIXEIRA, W.; TOLEDO, M. C. M.; FAIRCHILD, T.; TAIOLI, F. (org.). *Decifrando a Terra*. São Paulo: Oficina de Textos, 2000. Cap. 8, p. 139-165.

Classificação de rochas sedimentares

A origem sedimentar de uma rocha pode ser atestada pelos seguintes aspectos:
* presença de estratificação (superposição de camadas ou lâminas);
* presença de estruturas sedimentares;
* presença de fósseis;
* presença de grãos/clastos (pouco ou muito transporte);
* minerais sedimentares (glauconita, chamosita).

Na introdução, as rochas sedimentares foram apresentadas a partir de dois grupos fundamentais: rochas sedimentares siliciclásticas e rochas sedimentares químicas. Agora, para melhor estudá-las e descrevê-las, é possível distinguir dois subgrupos entre as rochas químicas: bioquímicas/biogênicas/orgânicas e precipitados químicos inorgânicos. Além disso, pode-se adicionar mais um grupo, bem menos frequente e menos representativo, constituído por detritos vulcânicos acumulados na proximidade de vulcões ativos (rochas vulcanoclásticas).

Assim, existem quatro grupos principais de rochas sedimentares: rochas siliciclásticas (clásticas, terrígenas ou detríticas), rochas bioquímicas/biogênicas/orgânicas, rochas formadas por precipitados químicos e rochas vulcanoclásticas (Quadro 2.1).

Quadro 2.1 Classificação de rochas sedimentares

Rochas siliciclásticas (clásticas, terrígenas ou detríticas)	Rochas bioquímicas/ biogênicas/orgânicas	Precipitados químicos	Rochas vulcanoclásticas
Ruditos ou psefitos (conglomerados, brechas) Arenitos ou psamitos Pelitos ou lutitos	Calcários/dolomitos Chertes Fosforitos Carvão, turfa	Jaspelitos Evaporitos	Lahars Aglomerados Tufos

Fonte: Tucker (2014).

* Rochas siliciclásticas (clásticas, terrígenas ou detríticas): são constituídas por grãos detríticos (quartzo, feldspatos, argilominerais e fragmentos de rocha) e incluem ruditos (psefitos), arenitos (psamitos) e pelitos (lutitos). Ruditos (ou psefitos): apresentam clastos grandes (grânulo, seixo, bloco, matacão). A quantidade de matriz e o grau de arredondamento dos clastos definem as suas classificações.

  Arenitos (ou psamitos): possuem grãos tamanho areia, entre 2,0 mm e 0,062 mm, com estratificação bem visível, ou maciços e pouco estratificados, e mostrando estruturas sedimentares variadas.

  Pelitos (ou lutitos): constituem o grupo de rochas sedimentares de grão fino (< 0,062 mm) e, normalmente, constituídos por quartzo e feldspato tamanho silte e argilominerais variados.

* Rochas bioquímicas/biogênicas/orgânicas:

  Calcários: são formados por mais de 50% de $CaCO_3$ (calcita) e reagem prontamente com HCl (10% V/V).

  Dolomitos: são formados por mais de 50% de $CaMgCO_3$ (dolomita) e não reagem com HCl frio.

  Chertes (silexitos): rocha silicosa, microcristalina.

  Fosforitos: fragmentos, nódulos e lâminas fosfáticas de granulometria variável.

  Sedimentos orgânicos: turfa → linhito → carvão, com teor de carbono crescente, assim como grau de compactação e litificação.

* Precipitados químicos: sedimento formado por precipitação química de íons dissolvidos na água por alteração de características químicas, como mudanças no pH (potencial de hidrogênio), Eh (potencial de oxirredução), ou ainda por variações de propriedades físicas, como concentração e temperatura.

Evaporitos: gipsita, anidrita, halita, silvinita, carnalita. São formados por precipitação química a partir da evaporação da água salgada (salmoura). Jaspelitos: sedimentos químicos laminados e acamadados, com cherte e hidróxidos e óxidos de ferro.
- Sedimentos vulcanoclásticos: são compostos de material vulcânico, como fragmentos de lavas, cinzas vulcânicas, vidro vulcânico e cristais, e por material sedimentar, a exemplo de grãos de quartzo e argilominerais. Podem ser subdivididos em depósitos piroclásticos e depósitos vulcanoclásticos retrabalhados (ou ressedimentados). Rochas piroclásticas ocorrem durante e após as erupções vulcânicas explosivas e são formadas por deposição de cinzas vulcânicas (tefra ou depósito de fragmentos juvenis). O retrabalhamento erosivo de material piroclástico gera um material vulcanoclástico ressedimentado, seja no ambiente continental, seja no marinho.
  - *Lahars*: utiliza-se o termo para designar avalanche de material piroclástico no flanco de vulcões, tratando-se também de um depósito vulcanoclástico ressedimentado.
  - Aglomerado: engloba detritos vulcanoclásticos maiores que 64 mm e, em geral, clastos arredondados.
  - Tufo: apresenta detritos vulcanoclásticos menores que 2 mm, podendo ser lítico, vítreo e de cristais.

Na sequência, vamos aprofundar o estudo de cada tipo de rocha sedimentar.

2.1 Rochas siliciclásticas (clásticas, terrígenas ou detríticas)

As rochas siliciclásticas, também chamadas de clásticas, terrígenas ou detríticas, são as mais comuns entre as rochas sedimentares. Com a predominância de grãos detríticos (silicatos e fragmentos de rochas), elas compreendem três grupos: ruditos, arenitos e pelitos.

Os minerais presentes nas rochas sedimentares siliciclásticas são listados na sequência, do mais frequente para o menos abundante:
- Quartzo: mineral mais importante.
- Feldspatos: predominam feldspatos potássicos; plagioclásios são mais raros.
- Argilominerais, como ilita, clorita, montmorillonita, caulinita.
- Fragmentos de rochas ígneas, sedimentares e metamórficas mais antigas, geralmente constituindo a área-fonte.

- Minerais pesados, como zircão, rutilo, turmalina, apatita etc. (< 1%).
- Minerais autigênicos: formados no ambiente sedimentar ou diagenético, como calcita, opala e calcedônia, sulfatos (gipsita, barita). Geralmente se apresentam como cimento.

A classificação granulométrica das rochas siliciclásticas está resumida na Tab. 2.1, conforme o tamanho (diâmetro) do grão sedimentar original.

Tab. 2.1 Classificação granulométrica de sedimentos e rochas sedimentares siliciclásticas (clásticas, terrígenas ou detríticas)

Cascalho	Matacão	> 256 mm	Ruditos (psefitos)
	Bloco	256-64 mm	
	Seixo	64-4 mm	
	Grânulo	4-2 mm	
Areia		2-1/16 mm (0,062)	Arenitos (psamitos)
Silte		1/16-1/256 (0,004 mm)	Pelitos (lutitos)
Argila		< 0,004 mm	

Fonte: adaptado de Tucker (2014).

Os componentes das rochas siliciclásticas são:
- Arcabouço: fração clástica principal, que dá nome à rocha. Por exemplo, o arcabouço do arenito é a fração areia.
- Matriz: material clástico mais fino (intersticial), de origem sindeposicional. Por exemplo, a matriz do conglomerado são partículas tamanho areia, silte e/ou argila.
- Cimento: material precipitado (ortoquímico) formado em estágio diagenético (pós-deposicional), que preenche o espaço vazio (poros), auxiliando na litificação da rocha.

Para a classificação das rochas siliciclásticas, são levados em consideração três critérios, sintetizados no Quadro 2.2. A granulometria é o critério mais importante – com base nela, é possível diferenciar ruditos, arenitos e pelitos. Para classificar os arenitos, também é importante a mineralogia, isto é, a quantidade de quartzo, feldspato e fragmentos de rochas. O terceiro critério, sobre a estrutura da rocha, é aplicado na classificação de pelitos, em especial para diferenciar argilitos e folhelhos, identificando a estrutura de fissilidade dos folhelhos. Da mesma forma, para reconhecer ritmitos, é necessário identificar a estrutura de ritmicidade.

Quadro 2.2 Critérios fundamentais para a classificação de rochas sedimentares siliciclásticas

Textural (granulometria): identificação de todas as rochas (ruditos, arenitos, pelitos)	Critérios subordinados: proporção de matriz e arcabouço (orto e paraconglomerado), arredondamento dos grãos (brechas e conglomerados)
Mineralógico: identificação de arenitos	Proporção entre quartzo, feldspato e fragmentos de rochas (QFL): • Quartzo arenito: > 95% quartzo • Arcózio: predominam quartzo e feldspato • Arenito lítico: predominam fragmentos de rocha e quartzo • Grauvaca ou *wacke*: ricos em matriz
Geométrico (estrutura sedimentar): identificação de pelitos	Fissilidade: folhelho Ritmicidade: ritmito

Em relação à granulometria, pode-se utilizar termos intermediários, para melhor evidenciar populações diferentes de grãos. Se o sedimento tem uma mistura de areia (60%) e silte (40%), deve-se indicar *arenito siltoso* na nomenclatura. Outros exemplos são:
* 70% areia + 30% silte/argila: arenito lutáceo;
* 70% silte/argila + 30% areia: pelito arenoso;
* 60% cascalho e 40% areia: conglomerado arenoso;
* 70% areia e 30% grânulos: arenito conglomerático.

Segundo Folk (1968 *apud* Suguio, 2003), as rochas sedimentares são constituídas por três componentes: material terrígeno (T) e material carbonático como aloquímicos (A) e ortoquímicos (O), da seguinte forma:
* componentes terrígenos (T): quartzo, feldspato, argilominerais;
* componentes aloquímicos (A): oólitos, fósseis, intraclastos, peloides;
* componentes ortoquímicos (O): calcita microcristalina, calcita espática.

Em geral, esses componentes são misturados em várias proporções, gerando os aloquímicos impuros (AI) e ortoquímicos impuros (OI). Assim, existem na natureza termos intermediários entre rochas siliciclásticas (ruditos, arenitos e pelitos) e carbonáticas, estas constituídas por elementos aloquímicos (grãos carbonáticos) e ortoquímicos (cimento ou matriz carbonática). Nesses casos, utiliza-se o diagrama triangular para classificação geral das rochas sedimentares, proposto por Folk (1968 *apud* Suguio, 2003) e apresentado na Fig. 2.1.

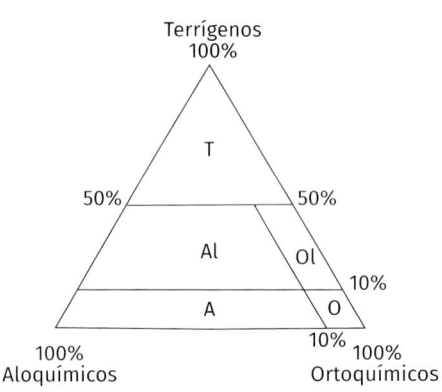

FIG. 2.1 *Diagrama triangular de classificação das rochas sedimentares*
Fonte: adaptado de Folk (1968 *apud* Suguio, 2003).

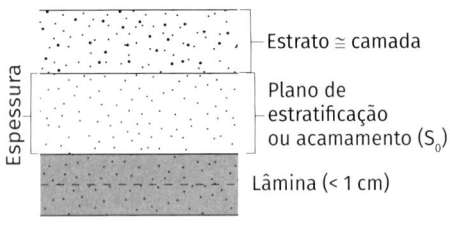

FIG. 2.2 *Rochas sedimentares dispostas em camadas e lâminas, separadas por planos de acamamento (S_0). A lâmina é o menor estrato visível (< 1 cm)*

As rochas siliciclásticas são geralmente dispostas em camadas ou estratos com espessura variável, desde centímetros até vários metros (Fig. 2.2). A espessura é a distância da base até o topo da camada. Normalmente, as camadas ou estratos são separados por planos de acamamento ou estratificação, designados pela notação S_0, que significa estrutura primária, formada na sedimentação. O plano de estratificação é reconhecido pela variação granulométrica (arenito fino e grosso em contato), variação composicional (arenito e pelito em contato) e/ou variação de cor (lamito avermelhado e argilito preto). Lâmina é a camada com menor espessura (menos de 1 cm).

Na sequência, serão detalhados os três grandes grupos de rochas sedimentares siliciclásticas: os ruditos (cascalhos litificados), os arenitos (areias litificadas) e os pelitos (silte e argila endurecidos).

2.1.1 Ruditos

Os ruditos, também conhecidos como psefitos, são rochas sedimentares detríticas que apresentam granulometria maior que areia (> 2 mm), portanto com arcabouço de grânulo, seixo, calhau (bloco) e matacão. Eles dependem muito da rocha-fonte, do mecanismo de transporte e do ambiente de sedimentação. São classificados conforme o arredondamento dos clastos do arcabouço e a quantidade de matriz:

- Arredondamento dos clastos:
  - Conglomerado: contém clastos (sub)arredondados;
  - Brecha: contém clastos angulosos.
- Quantidade de matriz:
  - Conglomerado com predomínio ou suportado pelo clasto: ortoconglomerado;
  - Conglomerado com predomínio ou suportado pela matriz: paraconglomerado.

O arredondamento dos clastos é um bom indicativo do grau de maturidade do rudito: as brechas, com clastos angulosos, depositam rapidamente, próximo à fonte, enquanto os conglomerados, com clastos arredondados, sofrem médio a longo transporte.

Com base na origem dos clastos, distinguem-se os ruditos intraformacionais, cujos clastos se originam dentro da bacia sedimentar, e os ruditos extraformacionais, cujos clastos se originam fora da bacia sedimentar, com área-fonte soerguida.

Os ruditos também podem ser classificados conforme a composição mineralógica dos clastos, estreitamente relacionada com a proveniência, ou seja, a natureza e a localização da rocha-fonte do rudito: os ruditos monomíticos apresentam clastos de mesma composição, com uma única área-fonte, enquanto os ruditos polimíticos possuem clastos de composição diversificada, o que significa várias áreas-fonte, como granito, xisto e gabro.

Ainda existe uma classificação baseada na textura ou granulometria (por exemplo, conglomerado de grânulos ou de calhaus) e outra baseada no ambiente sedimentar (por exemplo, conglomerado glacial, fluvial etc.). Os ruditos ocorrem principalmente no ambiente glacial (geralmente um diamictito ou paraconglomerado com matriz siltoargilosa), no ambiente de leque aluvial (com diversos tipos de ruditos com matacões e calhaus angulosos a subangulosos), no ambiente fluvial (ortoconglomerado com calhaus e seixos subarredondados) e no leque submarino (ruditos e turbiditos).

A petrofábrica de um rudito inclui: (i) clastos orientados com eixo maior longitudinal ou transversal à paleocorrente (orientação do antigo fluxo sedimentar) e imbricados (superpostos, com mergulho contrário à corrente); e (ii) clastos

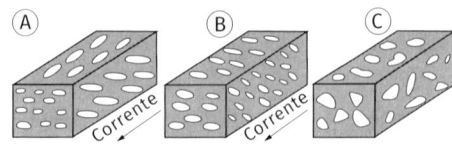

FIG. 2.3 Alguns padrões de petrofábrica de cascalhos em conglomerados: (A) eixo maior longitudinal à corrente em planta e imbricado em perfil; (B) eixo maior transversal à corrente e imbricado em perfil; (C) sem qualquer orientação preferencial
Fonte: adaptado de Suguio (2003).

sem orientação, caóticos (Fig. 2.3). É o mecanismo de transporte que define se os clastos serão orientados ou não.

A estratificação em conglomerados pode ser observada em função da mudança no tamanho e/ou composição dos clastos ou da mudança na seleção granulométrica. Os conglomerados podem apresentar estrutura organizada, com estratificação horizontal, gradacional (normal ou inversa) e cruzada, ou estrutura desorganizada, maciça, sem estratificação visível, como mostrado na Fig. 2.4.

A geometria de corpos conglomeráticos é variável, a depender do ambiente de sedimentação. Três geometrias se destacam, no caso de ruditos:

* Leque: forma cônica, próximo de escarpas, com lentes ou lobos amalgamados.
* Lenticular: corpo descontínuo, com forma de lente e base curva, geralmente preenchendo o paleocanal.
* Forma em lençol (ou tabular): corpo pouco espesso e bem contínuo lateralmente.

Em síntese, os principais tipos de ruditos são:
* *Ortoconglomerado*: predomínio do clasto em relação à matriz arenosa, sendo monomítico ou polimítico; pode ser grosso, com calhaus e matacões, geralmente depositado perto da fonte, ou então mais fino, com grânulos e seixos.
* *Paraconglomerado*: predomínio da matriz arenosa, com clastos dispersos.

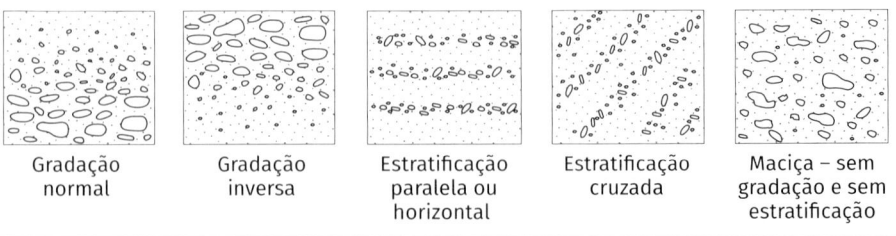

FIG. 2.4 Camadas organizadas, com diferentes tipos de estratificação, e desorganizadas e maciças, sem estratificação visível, em depósitos de conglomerados

- *Diamictito*: predomínio de matriz (siltoargilosa) com clastos dispersos (matacões, calhaus, seixos e grânulos), geralmente polimítico. Também chamada de mixtito ou lamito conglomerático, é uma rocha muito mal selecionada, com todas as frações granulométricas.
- *Brechas intraformacionais*: retrabalhamento de material recém-depositado da própria bacia, que pode ser: (i) fragmentos de argilito/folhelho em matriz arenosa/siltosa; (ii) intraclastos carbonáticos em matriz micrítica.
- *Brechas extraformacionais*: possuem clastos angulosos de fora da bacia sedimentar, como fragmentos de granito, quartzito, xisto etc.

Outros tipos de ruditos incluem ambientes específicos, como aglomerados (conglomerados piroclásticos) e brechas vulcânicas, com matriz rica em vidro vulcânico, e brechas tectônicas ou brechas de falha.

2.1.2 Arenitos

As rochas-fonte no continente, quando alteradas pelo intemperismo, liberam resíduos no tamanho areia (2,0-0,062 mm), que são transportados, depositados e progressivamente litificados, formando rochas sedimentares da classe dos arenitos, também chamados de psamitos. Ao longo desse processo, ocorre a eliminação de minerais instáveis e a concentração de minerais estáveis, principalmente o quartzo (Fig. 2.5).

Ao estudar a composição de um arenito, é possível fazer a reconstrução de sua proveniência (tipo de rocha-fonte), tectônica, clima na área-fonte, tipo de transporte, tempo e duração do transporte, ambiente deposicional e condições físico-químicas da diagênese. Também se consegue reconhecer a mineralo-

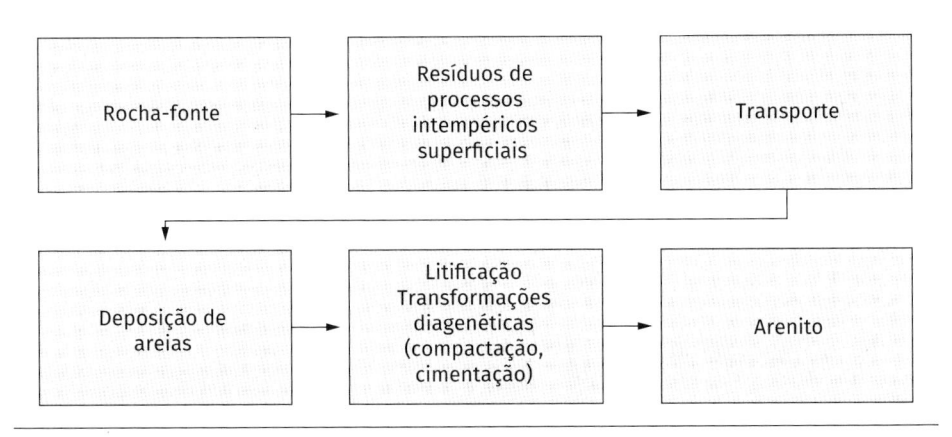

FIG. 2.5 *Processos do ciclo sedimentar para a formação de arenitos*

gia dos arenitos, que envolve diversos minerais detríticos (quartzo, feldspato, fragmentos de rocha, minerais pesados) e químicos (que geralmente preenchem poros e compõem o cimento), assim como a textura (arredondamento, granulometria, seleção e maturidade). Além disso, estruturas sedimentares que ocorrem nos planos de estratificação ou no interior das camadas podem indicar diferentes processos deposicionais e até mesmo diferentes ambientes sedimentares.

É importante realizar uma cuidadosa avaliação granulométrica do arenito, discriminando entre areia fina, média e grossa, com auxílio de escalas granulométricas e uma eficiente lupa de bolso. Também se deve avaliar a presença ou não de matriz (quartzo tamanho silte e argilominerais) entre os grãos de areia e fazer uso de HCl (ácido clorídrico, 10% V/V) para evidenciar possível cimento calcítico. Depois, estimar aspectos texturais como arredondamento, esfericidade dos grãos e seleção (quantidade de classes granulométricas presentes no arenito). Esses aspectos serão confirmados posteriormente em trabalho de laboratório com lâminas delgadas.

Em relação à maturidade composicional ou mineralógica, um arenito imaturo possui muitos grãos instáveis (fragmentos de rochas, feldspatos e minerais máficos, como piroxênios), enquanto um arenito maturo possui muito quartzo e poucos feldspatos e fragmentos de rocha.

A classificação petrográfica dos arenitos envolve a proporção de quartzo e sílex (Q), feldspatos (F) e grãos líticos ou de rochas (L) no arcabouço, alguns dos principais componentes mineralógicos dos arenitos (Folk, 1968 *apud* Suguio, 2003). Ocorrem ainda matriz, com grãos sindeposicionais de silte e argilominerais, e cimento, isto é, precipitado químico no poro, durante a diagênese, portanto pós-deposicional. Utiliza-se atualmente o diagrama de Dott Jr. (1964 *apud* Giannini, 2000), que permite classificar os diferentes tipos de arenitos: quartzo arenitos, arcózios, arenitos líticos e grauvacas ou *wackes* (Fig. 2.6).

A seguir, faz-se uma descrição simplificada dos tipos de arenitos mais frequentes. Ressalta-se que a característica que define os diferentes arenitos é a composição mineralógica do arcabouço (Figs. 2.6 e 2.7). As outras características listadas são esperadas, mas não obrigatórias:

- ✷ Arenito ortoquartzítico (quartzo arenitos):
  - \> 95% de grãos de quartzo;
  - alto grau de arredondamento, excelente seleção granulométrica;
  - maturidade textural e mineralógica (maturos a supermaturos);
  - geralmente marinhos ou eólicos, de origem multicíclica.

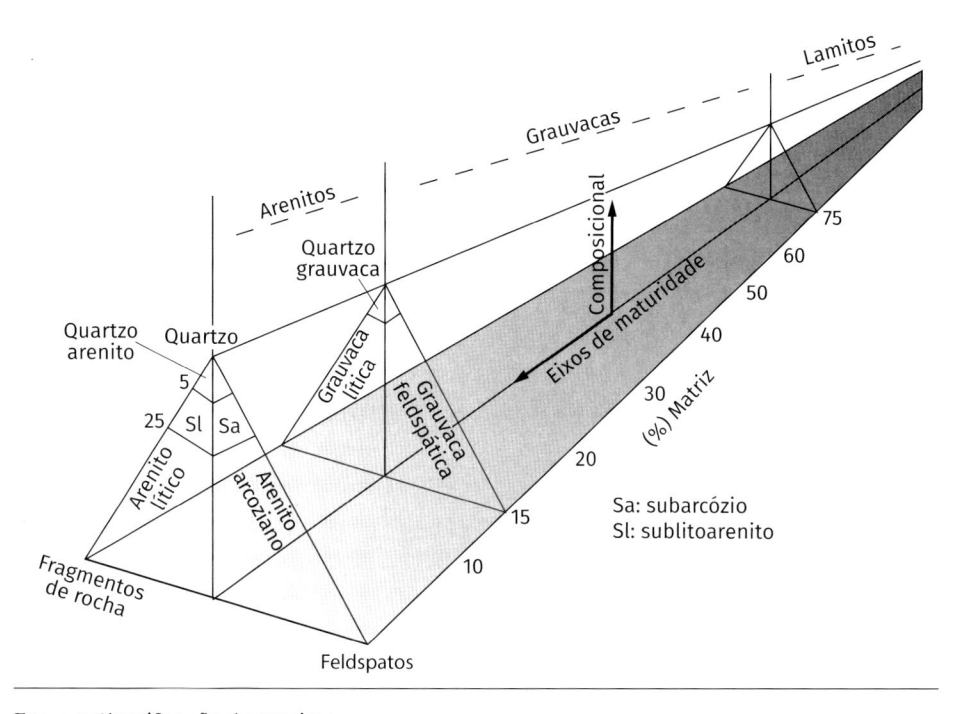

FIG. 2.6 *Classificação de arenitos*
Fonte: adaptado de Dott Jr. (1964 *apud* Giannini, 2000).

* Arenitos feldspáticos (arcozianos ou arcózios):
  * 25% de grãos de feldspatos;
  * seleção pobre; arredondamento variável, pode ter matriz;
  * coloração rósea;
  * deposição rápida, próximo à fonte granítica/gnáissica;
  * ocorrência em ambientes de leque aluvial, fluvial e deltaico.
* Arenito lítico (litoarenito):
  * 25% de grãos tamanho areia de fragmentos de rochas sedimentares, metamórficas e vulcânicas, estas últimas especialmente de granulação fina (basalto), além de filitos e calcários;
  * pouca ou nenhuma matriz;
  * ocorrência em todos os ambientes, principalmente fluvial e deltaico.
* Grauvacas (*wackes*):
  * arenitos de cor cinza, ricos em matriz siltoargilosa (> 10%);
  * arenito mal selecionado;
  * arcabouço com quartzo, feldspatos e fragmentos líticos, de grãos angulosos, com pouca seleção (várias classes granulométricas, de areia até silte e argila);

- geralmente lacustres ou de ambiente marinho profundo, depositados por correntes de turbidez (turbiditos).

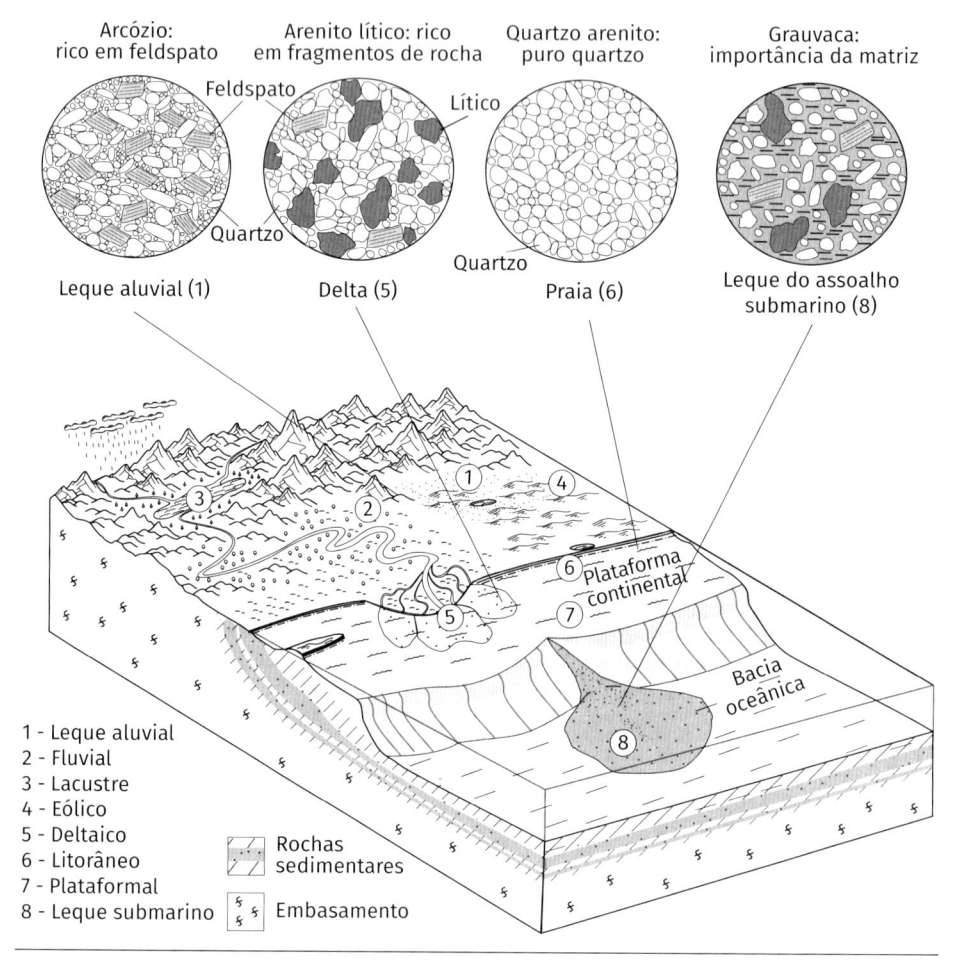

Fig. 2.7 *Principais tipos de arenitos e ambiente de sedimentação preferencial*
Fonte: adaptado de Press *et al.* (2006).

Por fim, vale ressaltar a existência de arenitos híbridos, ou seja, arenitos que contêm componentes não detríticos, como grãos de carbonatos (ooides, bioclastos, intraclastos) ou minerais autigênicos como glauconita e apatita.

2.1.3 Pelito

Também chamados de lutitos, os pelitos são rochas sedimentares de granulometria muito fina, com arcabouço de silte (0,062-0,004 mm) e argila (< 0,004 mm). Existem cinco tipos básicos que podem ser reconhecidos; no entanto, às vezes, devido a granulometria muito fina e intemperismo posterior, podem ser de difícil caracterização precisa no trabalho de campo. São eles:

* Folhelho: rocha argilosa com fissilidade (estrutura formada pela orientação dos argilominerais).
* Argilito: rocha maciça, argila litificada.
* Lamito: silte, argila e areia fina, mostrando laminação incipiente.
* Siltito: silte litificado, em que predominam grãos de quartzo; pode haver estruturas sedimentares como *ripples* e laminações cruzadas.
* Ritmito: rocha bem laminada, com alternância de lâminas de silte e lâminas de argila (ritmicidade).

A rocha pelítica mais comum é o folhelho, que pode se apresentar com acessórios variados, caracterizando vários tipos:

* Folhelho: quartzoso (silicoso), micáceo, clorítico, caulínico.
* Folhelho carbonoso (folhelho negro): > 1% de matéria carbonosa, formado em condições anaeróbicas (ambiente sem oxigênio, permitindo a preservação da matéria orgânica).
* Folhelho calcítico/carbonático, também chamado de marga.

A mineralogia dos pelitos engloba quartzo (tamanho silte), argilominerais (caulinita, montmorillonita, ilita, clorita, entre outros), carbonatos, matéria orgânica, óxidos de ferro, pirita etc. Uma precisa caracterização petrográfica dos pelitos envolve investigação no microscópio eletrônico de varredura (MEV), análises de difração de raio-X e até mesmo análises de microssonda eletrônica, procurando caracterizar o tipo (ou tipos) de argilomineral presente na rocha.

Os pelitos via de regra se associam na natureza com rochas carbonáticas e silicosas (silexito ou cherte), conforme mostra o diagrama triangular da Fig. 2.8. Nos vértices aparecem os termos extremos, o folhelho (rico em argila), o calcário (rico em minerais carbonáticos) e o silexito ou cherte (sedimento silicoso). Os termos intermediários, como marga, folhelho silicoso e calcário silicoso, são frequentes na natureza. As estruturas das rochas também mudam conforme a composição mineral; assim, há fissilidade para folhelhos puros, laminação para margas e folhelhos silicosos, e acamamento para calcários e chertes.

2.2 Rochas carbonáticas

Rochas carbonáticas são bastante comuns em bacias sedimentares, correspondendo a cerca de 20% a 35% das seções estratigráficas. Dois tipos são mais

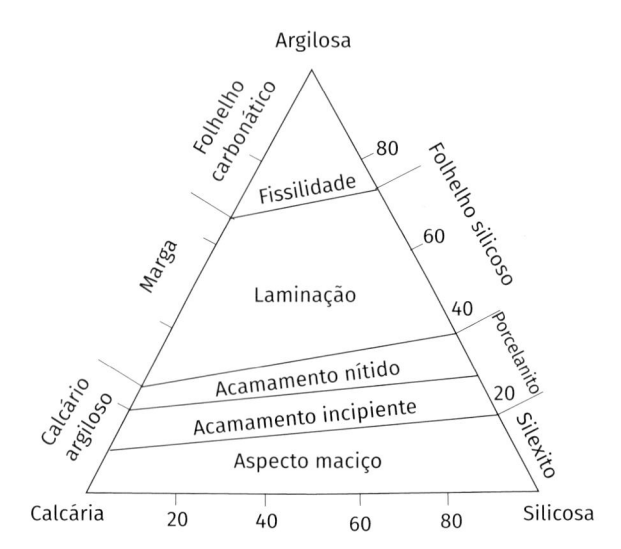

Fig. 2.8 *Diagrama triangular com folhelhos, calcários e silexitos. Observe a gradação mineralógica para termos intermediários e a consequente variação na estrutura da rocha*
Fonte: adaptado de Giannini (2000).

encontrados: as rochas carbonáticas calcíticas ($CaCO_3$) e as rochas carbonáticas dolomíticas ($CaMg(CO_3)_2$).

Possuem origem variada, como rocha sedimentar química ou rocha bioquímica (depósitos bioconstruídos ou então precipitados induzidos por organismos). Também podem ter origem como rocha clástica, detrítica, devido ao retrabalhamento por ondas e correntes sobre os carbonatos químicos e bioquímicos anteriormente depositados (rocha-fonte). O Quadro 2.3 resume a ocorrência e a formação de carbonatos em rochas sedimentares.

Os grãos de carbonatos de sedimentos modernos são compostos de aragonita e calcita, dois polimorfos de mesma composição química ($CaCO_3$) e diferente sistema cristalino (neomorfismo). No entanto, grãos e cristais de aragonita são raramente preservados no tempo geológico – as rochas sedimentares mais anti-

Quadro 2.3 — Formação e ocorrência de rochas carbonáticas

Rocha química	Precipitação de íons em meio subaquoso
Rocha bioquímica	Depósitos bioconstruídos (acumulação mecânica de conchas e carapaças) e bioinduzidos (precipitação *in situ* em tapetes microbiais)
Rocha clástica (ressedimentada)	Ressedimentada por ação de ondas e correntes (calcirrudito, calcarenito, calcilutito, *grainstone*, *packstone* etc.)
Cimento (calcítico)	Material diagenético precipitado no poro em rochas detríticas, como arenitos

gas são constituídas por calcita de baixo magnésio, o que indica a substituição da aragonita pela calcita com o tempo.

A dolomita (CaMg(CO$_3$)$_2$) é um importante constituinte mineralógico de carbonatos, gerada por substituição diagenética precoce ou tardia com a entrada de fluidos ricos em Mg^{2+}, geralmente por falhas e fraturas na rocha. Siderita (FeCO$_3$) e anquerita (Ca(Mg,Fe)(CO$_3$)$_2$) são minerais carbonáticos que ocorrem mais comumente em sedimentos ferríferos, como formações ferríferas bandadas (BIF). Localmente, também se pode verificar magnesita (MgCO$_3$).

Processos de silicificação são frequentes em carbonatos, gerando calcedônia (quartzo microcristalino), quartzo, feldspatos autigênicos e argilominerais (ilita, glauconita). Localmente ainda podem ocorrer minerais do grupo dos sulfatos, como gipsita e anidrita (CaSO$_4$), minerais do grupo dos fosfatos, como colofano, apatita e nódulos fosfáticos, dos sulfetos, como pirita, blenda (Zn) e galena (Pb), e óxidos de ferro, como hematita.

Na natureza, existem calcários e dolomitos puros, ricos em calcita (CaCO$_3$) e dolomita (CaMg(CO$_3$)$_2$), respectivamente, mas também se encontram calcários dolomíticos e dolomitos calcíferos, ou seja, misturas de calcita-dolomita como principais constituintes. Também existem, frequentemente, misturas entre calcita, dolomita e componentes terrígenos, como argilominerais, silte (quartzo) e grãos de areia (quartzo, feldspatos etc.).

A maior parte dos dolomitos, sobretudo os do Fanerozoico, foi formada por substituição diagenética de calcários. Essa substituição pode ocorrer logo após a sedimentação (diagênese precoce) em ambiente de planície de maré de clima árido, ou então durante a diagênese de soterramento raso ou profundo, por ação de fluidos diagenéticos magnesianos.

2.2.1 Componentes principais das rochas carbonáticas

Calcários são descritos no campo de maneira limitada; via de regra, necessita-se de lâmina delgada no laboratório para descrever e classificar a rocha com precisão.

A Fig. 2.9 ilustra os elementos alo e ortoquímicos constituintes dos carbonatos. Os principais grãos carbonáticos são chamados de aloquímicos e se dividem em bioclastos (fósseis), ooides, peloides e intraclastos:

* Ooides (< 2 mm) e pisoides (> 2 mm), com estrutura interna concêntrica, são formados por precipitação físico-química no entorno de núcleo detrítico (como grão de silte ou intraclasto). Os ooides são formados em águas límpidas, por ação de ondas. Se de origem microbial, mostram

Grãos carbonáticos alobioquímicos	**Ooide** / **Aglomerado** / **Pisólito** / **Esferulito** / **Ooide com esferulito** / **Ooide policomposto** / 2 mm / **Oncolitos**	
	Intraclastos — Fragmentos líticos de carbonato	
	Peloides — *Pellets* – possui diâmetro típico entre 0,1-0,5 mm / Grão micrítico sem estrutura interna	
	Bioclastos-fósseis — Brachipoida / Bivalves / Foraminíferos / Gastrópodes	
Matriz	Lama carbonática (micrita)	
Cimento	Calcita espática (esparito)	

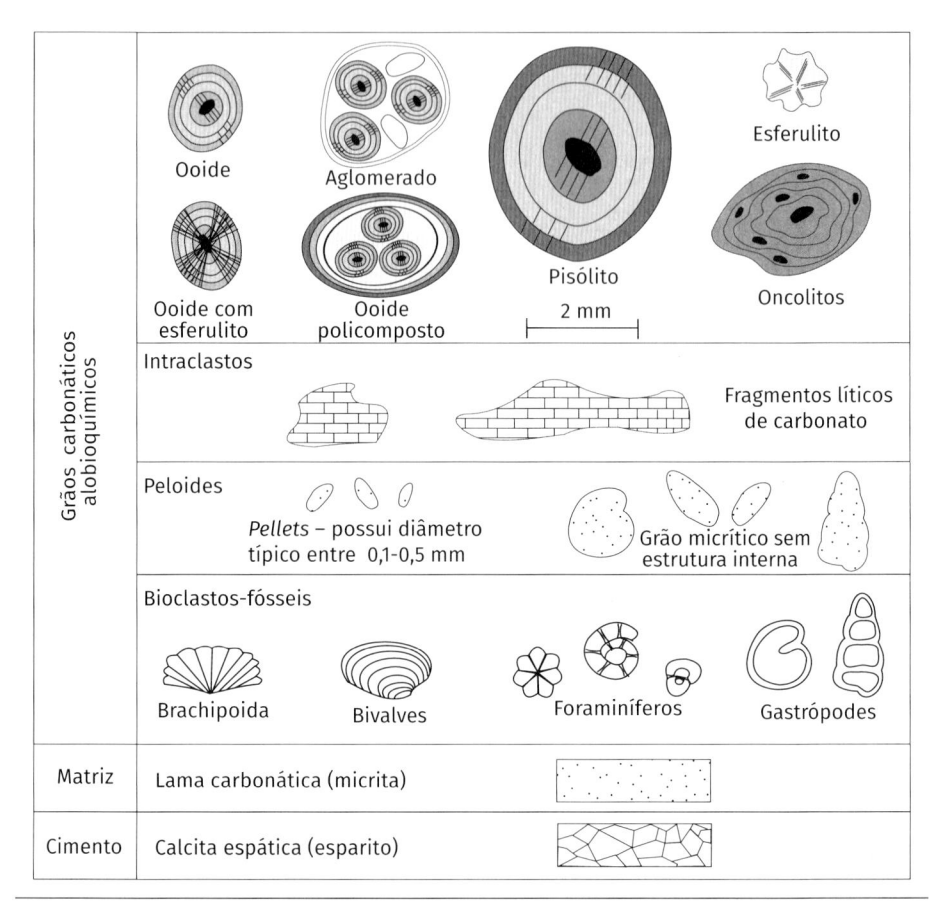

Fig. 2.9 *Elementos aloquímicos e ortoquímicos constituintes dos carbonatos*
Fonte: adaptado de Flügel (2010), Terra *et al.* (2010) e Tucker e Dias-Brito (2017).

estrutura concêntrica mais irregular, presença de restos orgânicos e de sedimentos aprisionados nos envoltórios, sendo chamados de oncoides. Esferulitos são grãos esferoidais com estrutura fibrorradial. Eventualmente, pode ocorrer ooide composto (aglomerado ou policomposto), com dois ou vários núcleos envelopados.

* Bioclastos (fósseis): materiais esqueletais, principalmente algas, moluscos, equinodermos, foraminíferos, corais, braquiópodes etc. Organismos que viviam no meio aquoso, morreram e foram depositados, preservando o esqueleto ou a carapaça, geralmente carbonática.
* Intraclastos: fragmentos de sedimentos carbonáticos, geralmente angulosos. Formam-se devido à erosão de sedimentos recém-depositados, por ação de correntes e ondas e posterior ressedimentação.

* Peloides: partículas pequenas (até 0,1 mm), ovoides, sem estrutura interna, representando resíduo fecal ou alteração (micritização) de bioclastos e intraclastos.

Já os componentes ortoquímicos são intersticiais, do tipo lama calcária ou micrita (matriz sindeposicional e, por vezes, cimento diagenético) e calcita espática (cimento pós-deposicional):

* Micrita: calcita cripto a microcristalina. Pode ser material sedimentar (matriz) formado em águas calmas por diferentes vias: (i) formação *in situ* de carbonato de grão fino desencadeado por fatores bioquímicos e físico-químicos; (ii) desintegração *post mortem* de algas calcárias; (iii) abrasão física ou biológica do material esquelético; e (iv) acumulação de plâncton calcário pelágico (Flügel, 2010). Também pode ter origem pós-deposicional, incluindo cimentação e recristalização.
* Calcita espática: calcita cristalina grossa (0,02 mm a 0,1 mm), com limites entre cristais bem nítidos no microscópio ótico. Ocorre como cimento (origem diagenética), que preenche espaços porosos e interstícios entre ooides, fósseis, intraclastos e *pellets*.

2.2.2 Classificação e nomenclatura das rochas carbonáticas

As rochas carbonáticas podem ser classificadas de diferentes formas, seja pelo tamanho dos seus grãos (Grabau, 1904 *apud* Tucker; Dias-Brito, 2017), pelos tipos de constituintes (Folk, 1959 *apud* Tucker; Dias-Brito, 2017) ou pela proporção entre grãos e matriz (Dunham, 1962 *apud* Terra *et al.*, 2010). A depender das informações disponíveis sobre a rocha e dos objetivos do trabalho, o geólogo deve ser capaz de escolher o melhor método de classificação de carbonatos para cada situação.

Assim, as rochas carbonáticas podem ser classificadas da seguinte forma:

* Calcários aloquímicos espáticos: componentes aloquímicos com cimento de calcita espática (intraclastos, ooides, fósseis, *pellets*) + calcita espática (esparito). Rocha bem selecionada, sem matriz lamosa, depositada em ambientes com correntes importantes.
* Calcários aloquímicos microcristalinos: componentes aloquímicos com matriz de lama calcária (micrita), rocha carbonática rica em lama, depositada em águas tranquilas e calmas.
* Calcários microcristalinos: consistem apenas de vasa microcristalina (micrita).

O sistema Grabau (1904 *apud* Tucker; Dias-Brito, 2017) é simples e trata apenas de rochas carbonáticas detríticas (clásticas), seguindo a classificação de rochas siliciclásticas. Varia de calcirrudito (granulometria maior que 2 mm) a calcarenito (granulometria entre 2 mm e 0,062 mm) até calcilutito (granulometria menor que 0,0062 mm).

A classificação de Folk (1959 *apud* Tucker; Dias-Brito, 2017) compreende a determinação do(s) componente(s) aloquímico(s) predominante(s) e do ortoquímico (cimento de esparito ou matriz de micrita). Assim, bioesparito (bioclasto com esparito) e biomicrito (bioclasto com micrito) são exemplos dessa classificação. A Fig. 2.10 apresenta a classificação das rochas carbonáticas conforme o sistema de Folk, mostrando as diversas combinações existentes entre o tipo de aloquímico e a lama (micrita) ou cimento (esparito).

Por fim, a classificação de Dunham (1962 *apud* Terra *et al.*, 2010) leva em consideração aspectos texturais, em especial a quantidade de aloquímicos em relação à matriz (micrita): *grainstone* engloba apenas grãos aloquímicos; *packstone* e *wackestone* têm grãos e matriz; e *mudstone* conta somente com matriz (micrita). Também entram nessa classificação os microbialitos (genericamente denominados *boundstone*), os carbonatos que sofreram alterações pós-deposicionais e não mais possuem textura deposicional reconhecível (cristalino), os

Classificação segundo o tamanho do grão		
Calcirrudito	2 mm Calcarenito	62 µm Calcilutito

Classificação segundo o constituinte dominante		
Constituinte dominante	Tipo de calcário	
	Cimento espático	Matriz micrítica
Ooide	Oosparito	Oomicrito
Peloide	Pelsparito	Pelmicrito
Bioclasto	Biosparito	Biomicrito
Intraclasto	Intrasparito	Intramicrito

Classificação segundo o aspecto textural			
	Feições texturais		Tipo de calcário
Suportado por grão	Lama ausente		Grainstone
	Lama carbonática presente		Packstone
Suportado por lama		> 10% de grãos	Wackestone
		< 10% de grãos	Mudstone

FIG. 2.10 *Esquema de classificação para rochas carbonáticas*
Fonte: adaptado de Flügel (2010), Terra *et al.* (2010) e Tucker e Dias-Brito (2017).

paraconglomerados e os ortoconglomerados carbonáticos (*floatstone* e *rudstone*, respectivamente). A classificação de Dunham também permite inferir condições de energia do ambiente deposicional: carbonatos sem matriz ocorrem em ambientes de maior energia e carbonatos ricos em lama micrítica são relacionados a ambientes mais tranquilos, com bastante decantação (Fig. 2.10).

Uma segura distinção entre carbonatos autóctones e alóctones (retrabalhados, clásticos) nem sempre é fácil, entretanto alguns critérios podem ajudar a resolver a situação. Associação entre calcários, *mudstones* e folhelhos, em que os calcários mostram lama calcária (micrita) nos interstícios, e associação com fósseis bem preservados (articulados), sem variação granulométrica e com estruturas recifais, indicam a origem autóctone. Já calcários retrabalhados apresentam fósseis quebrados e desarticulados, variação granulométrica evidente (calcirruditos e calcarenitos), estratificação cruzada e marcas onduladas (*ripples*).

Calcários ricos em lama (*mudstones, wackestones*) normalmente são considerados imaturos, depositados por decantação em águas tranquilas, enquanto calcários ricos em grãos, com pouca ou nenhuma lama, em geral são considerados bem selecionados, depositados por correntes enérgicas, em analogia com os arenitos.

2.3 Rochas evaporíticas

Evaporitos são rochas formadas pela evaporação de uma massa de água, com aumento da concentração de íons na salmoura (*brine*) até a cristalização de minerais (carbonatos, sulfatos, cloretos), em baixa temperatura e clima árido. Também se formam minerais evaporíticos a partir da água conata, contida nos poros dos grãos sedimentares, principalmente em planície de evaporação costeira (ambiente de *sabkha*). Os principais minerais evaporíticos são: calcita, dolomita, gipsita ($CaSO_4.2H_2O$), anidrita ($CaSO_4$), halita ($NaCl$), carnalita ($KMgCl_3.6H_2O$), silvita (KCl), taquidrita ($Ca_{0,5}MgCl_3.6H_2O$) e kieserita ($MgSO_4.H_2O$).

A quantidade média de sais dissolvidos na água do mar é mostrada na Fig. 2.11, assim como a porcentagem em peso dos diferentes sais e íons.

A precipitação dos minerais evaporíticos ocorre em bacias que passam por momentos de maior taxa de evaporação em relação à de reposição de água, como em lagunas ou lagoas próximas à costa e mesmo golfos, onde ocorrem processos de raseamento (abaixamento do nível do mar) e aumento da concentração de sais dissolvidos até ultrapassar o coeficiente de solubilidade, ocorrendo, então, a precipitação química (Tab. 2.2).

Alguns aspectos merecem destaque. As fácies evaporíticas obedecem a uma ordem de precipitação, dos menos solúveis para os mais solúveis. Formam-se, nesta ordem (Fig. 2.12):

CARBONATOS (calcita, dolomita) →
SULFATOS (anidrita, gipsita) →
CLORETOS (halita), CLORETOS E SULFATOS DE K e Mg (silvita, carnalita, taquidrita, kieserita)

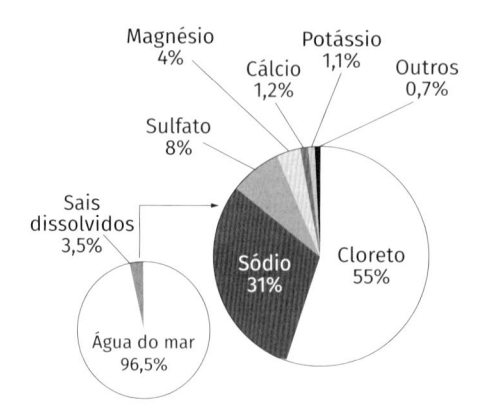

Fig. 2.11 *Quantidade de sais dissolvidos na água do mar e porcentagem em peso de sais e íons*
Fonte: adaptado de Mohriak, Szatmari e Anjos (2008).

Uma bacia evaporítica sempre sofre refluxo (entrada de nova água do mar), controlado pelas subidas e descidas do nível do mar. Parte do material é dissolvido e, com a retomada da evaporação, ocorre uma nova ordem de precipitação. Nesse caso, pode não depositar a sequência de topo (cloretos e sulfatos de K e Mg).

Existem alguns fatores complicadores da sequência ideal, a exemplo do grande número de elementos-traço no resíduo da água do mar, que gera uma mineralogia complexa e diversificada. Além disso, ocorrem reações pós-deposicionais entre os sais precipitados e as águas conatas trapeadas, que são a água do mar evoluída e presa nos poros do sedimento.

Tab. 2.2 Sequência de formação de minerais evaporíticos a partir de água do mar (salmoura) a 25 °C

Mineral	Fator de concentração*	Perda de água (%)	Densidade da salmoura (g/cm³)
Sais de K-Mg	63×	98,7	1,29
Halita	11×	90	1,214
Gipsita (anidrita)	5×	80	1,126
CaCO$_3$	2-3×	50	1,10
Água do mar	1×	0	1,04

*O fator de concentração tem relação com a perda de água por evaporação e o aumento da densidade da salmoura.
Fonte: Warren (2010).

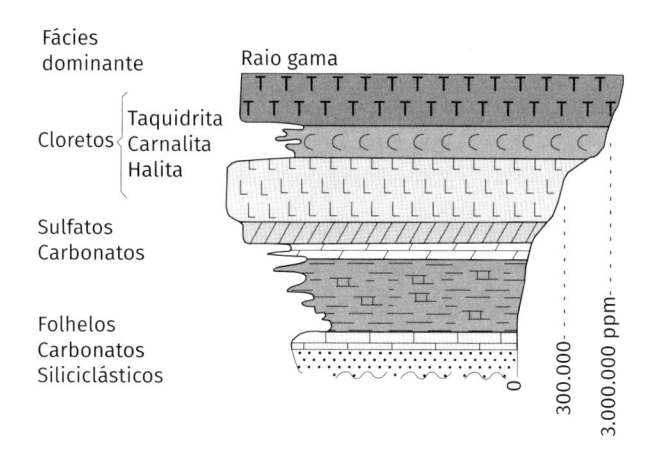

FIG. 2.12 *Sequência de formação de minerais evaporíticos, com valores de concentração em ppm*
Fonte: adaptado de Mohriak, Szatmari e Anjos (2008).

A gipsita (CaSO$_4$.2H$_2$O) deposita diretamente da água do mar, mas a anidrita é o mineral mais comum em sedimentos evaporíticos. Assim, acredita-se que a gipsita é primária e a anidrita secundária, portanto formada por desidratação pós-deposicional (diagenética).

Evaporitos constituem uma importante fonte mineral para a indústria química, pois são constituídos de sal (NaCl), gipsita, anidrita, enxofre nativo, K, Mg, Br, I, Rb e Sr. São desconhecidos no Pré-Cambriano, provavelmente devido à fragilidade e dificuldade de preservação. Exemplos de grandes bacias sedimentares com depósitos evaporíticos no mundo são a Saskatchewan, no Canadá, e a Zechstein, na Alemanha. No Brasil, destacam-se os depósitos nas bacias sedimentares de Sergipe-Alagoas (bacia cretácica do tipo rifte-margem passiva) e também na bacia intracratônica paleozoica do Amazonas.

Depósitos evaporíticos ocorrem sobretudo em três situações: (i) ambiente desértico-lacustre (tipo *playa*), associado a planície de evaporação continental (tipo *sabkha*) e contribuição hidrotermal; (ii) evaporitos lagunares associados a depósitos plataformais adjacentes em bacia intracontinental, com vários ciclos evaporíticos, separados do oceano por barreiras físicas; e (iii) depósitos evaporíticos espessos em bacias rifte-*sag* ou *foreland* (Warren, 2010).

Nos lagos com sedimentação evaporítica, as fácies mostram disposição concêntrica (forma de "olho"), com os sais menos solúveis na periferia e os mais solúveis no centro, conforme Fig. 2.13A. Na sedimentação evaporítica em lagunas costeiras, que apresentam comunicação com o mar ou oceano, as fácies menos solúveis (carbonatos) ocorrem junto à conexão com o mar, enquanto as mais solúveis predominam na margem oposta, de água mais rasa, configurando disposição em gota d'água, como mostrado na Fig. 2.13B.

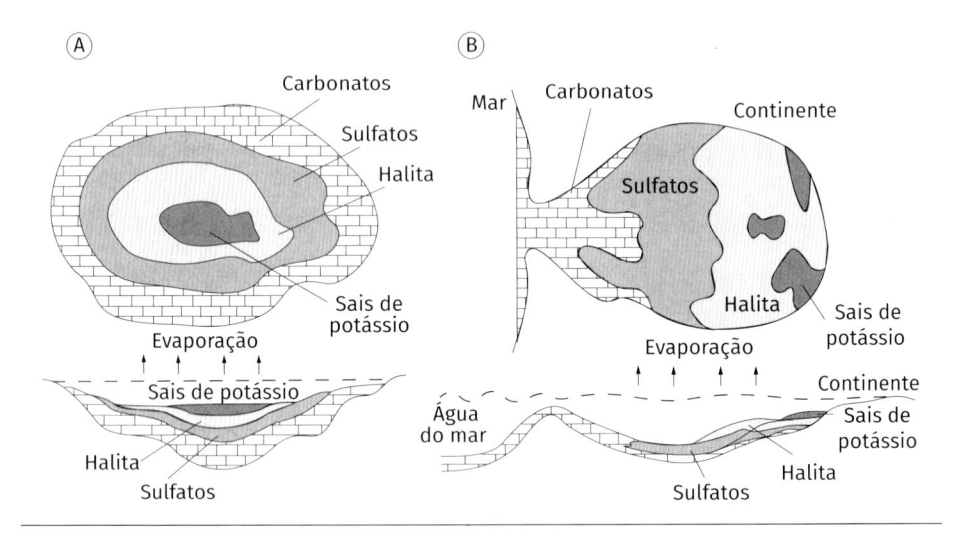

Fig. 2.13 *Distribuição das fácies evaporíticas em (A) bacias fechadas (lacustres) e (B) bacias com conexão com o mar (tipo golfo ou laguna costeira)*
Fonte: adaptado de Mohriak, Szatmari e Anjos (2008).

Os depósitos espessos de sal que ocorrem em bacias sedimentares ainda não são bem compreendidos. Acredita-se que o sal em bacias profundas, subsidentes, poderia existir a partir de acumulações profundas de água, com circulação superficial, em condições euxínicas, com margas betuminosas. Nesse caso, as águas de superfície se tornam mais densas e mais salgadas com a evaporação e mergulham na parte mais interna da bacia, enquanto a gipsita e a halita precipitam na superfície. Outro modelo defende que a bacia estruturalmente profunda se isolou do mar, foi secando e desenvolveu sedimentação evaporítica. Com infiltração periódica, a salmoura se renova, permitindo acumulação de grande espessura de evaporitos.

2.4 Rochas sedimentares ricas em ferro: formação ferrífera bandada (BIF)

Existe na natureza uma grande variedade de rochas sedimentares ferríferas, desde conglomerados, arenitos ferruginosos e pelitos ferríferos ricos em pirita. Aqui serão enfatizados os sedimentos químicos bandados, ricos em ferro, intercalados com cherte ou silexito, chamados de formações ferrífera bandadas (FFB) ou, em inglês, *banded iron formations* (BIF).

Em relação à mineralogia, ressaltam-se os principais minerais portadores de ferro e suas respectivas ocorrências:

* Magnetita (Fe_3O_4): predomina em rochas ígneas e metamórficas.

* Hematita (Fe_2O_3): predomina em rochas sedimentares (jaspelitos).
* Goethita ($FeO(OH)$): produto do intemperismo (lateritas).
* Siderita ($FeCO_3$): ocorre em formações ferríferas carbonáticas.
* Pirita (FeS_2): ocorrência variada em rochas.
* Chamosita ($((Mg,Fe)_3Fe_3(AlSi_3)O_{10}(OH)_6)$): formação ferrífera bandada, *ironstone*.

O ciclo sedimentar do ferro inclui fonte, meios ou mecanismos de transporte e, finalmente, deposição na bacia sedimentar (Klein, 2005; Pufahl, 2010):
* *Fonte do ferro*:
    * atividade vulcânica submarina (fumarolas vulcânicas) na bacia;
    * erosão continental favorecida pela atmosfera redutora do Arqueano e Paleoproterozoico.
* *Transporte sedimentar do ferro*:
    * como fluido hidrotermal, na forma Fe^{2+}, complexado com Cl^-, SO_4^{2-}, CO_3^{2-} e ligantes orgânicos;
    * lixiviação do Fe^{2+} dos minerais e transporte em solução por águas subterrâneas neutras a ácidas ($pH < 7$) a partir de ligantes orgânicos;
    * em suspensão, como transporte mecânico de Fe^{3+} em finas partículas, adsorvido em argilominerais.
* *Deposição*: depende do Eh (potencial de oxirredução) e do pH (potencial de hidrogênio) do ambiente de sedimentação e de alterações diagenéticas importantes. Depósitos sedimentares de ferro são compostos de óxidos, hidróxidos, carbonatos, silicatos e sulfetos. Na deposição, os óxidos e hidróxidos de ferro ocorrem na borda da bacia, região com maior oxigenação, enquanto as fácies redutoras, ricas em pirita (sulfeto de ferro), ocorrem na porção mais profunda, com águas anóxicas (sem oxigênio dissolvido) (Fig. 2.14). A fácies óxido tem o ferro como hematita, na fácies carbonato o ferro ocorre como siderita, na fácies silicato como chamosita e na fácies sulfeto como pirita. Essas fácies são em grande parte diagenéticas e dependem muito da disponibilidade de oxigênio, dióxido de carbono, sílica e enxofre durante a diagênese.

Os *ironstones* são antigos minérios de ferro oolítico do Fanerozoico, localizados especialmente nos Estados Unidos e na Europa. Ocorrem como camadas e lentes intercaladas em folhelhos, arenitos e calcários, na forma de rocha ferrífera, com limonita, hematita, chamosita (silicato de ferro) e siderita (carbonato de ferro),

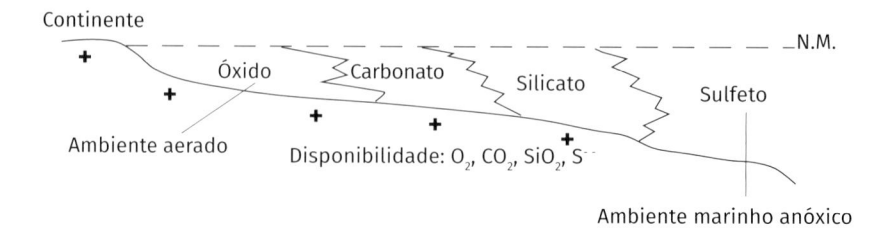

```
Continente                                          _ N.M.
  +     ╲___Óxido  ╲ Carbonato ╲  Silicato ╲
  +                                          ╲  Sulfeto
              +          +          +        ╲
Ambiente aerado   Disponibilidade: O₂, CO₂, SiO₂, S⁻⁻
                                             Ambiente marinho anóxico
```

Fig. 2.14 *Ambiente de sedimentação plataformal e variação de fácies para depósitos de formação ferrífera bandada. Jaspelito é a fácies óxido da formação ferrífera bandada*
Fonte: adaptado de Klein (2005).

mostrando textura oolítica, isto é, estrutura concêntrica e núcleos detríticos, em matriz ferruginosa. De idade paleozoica e mesozoica, encontram-se os tipos Clinton (Siluriano, EUA) e Minete (Mesozoico, Europa, sobretudo na Inglaterra). Os depósitos de *ironstone* foram minerados no século XX, de 1950 a 1980, e hoje estão exauridos.

A formação ferrífera bandada é um sedimento químico, bandado ou laminado, contendo no mínimo 15% de ferro de origem sedimentar, com camadas e lâminas alternadas de cherte (sílica). Jaspelito é o sedimento original, fácies óxido, não metamórfico, constituído por jasper (sílica ferruginosa) e hematita. Itabirito é a rocha deformada e metamorfizada (com hematita-magnetita e quartzo), equivalente metamórfico do jaspelito. Existem três tipos de formações ferríferas bandadas:

* Algoma: BIF associado a rochas vulcânicas, em cinturão de rochas verdes (*greenstone belts*), de idade arqueana.
* Lago Superior: associado a rochas sedimentares plataformais, de idade paleoproterozoica.
* Rapitan: associado a rochas sedimentares de origem glacial, formado no Neoproterozoico.

As formações ferríferas bandadas, típicas do Pré-Cambriano, constituem importantes minérios de ferro para a produção de aço no mundo, cuja demanda é crescente, em função do aumento populacional e do crescimento industrial. Atualmente, a produção mundial de aço bruto é da ordem de 150 milhões de toneladas, e os maiores produtores são a China e a Índia.

Depósitos de ferro também podem ocorrer localmente em rochas ígneas e em jazidas de metamorfismo de contato, mas os maiores depósitos no mundo são sedimentares, sobretudo em formações ferríferas bandadas, como jaspelito (rocha sedimentar) e itabirito (equivalente metamórfico), com hematita e jasper ou hematita e quartzo, respectivamente. Exemplos são encontrados no Lago Superior (EUA), Labrador (Canadá), Krivoi Rog (Ucrânia), Hamersley (Austrália), Transvaal (África do Sul), Quadrilátero Ferrífero (Minas Gerais, Brasil), Serra dos Carajás (Pará, Brasil) e Corumbá (Mato Grosso do Sul, Brasil).

Formações ferríferas bandadas são rochas sedimentares bem estudadas, mas ainda guardam controvérsias na sua gênese, principalmente sobre a fonte da sílica, se a mineralogia é primária ou diagenética e, ainda, se o bandamento é primário ou diagenético.

2.5 Fosforitos: rochas sedimentares fosfáticas

Rochas sedimentares com mais de 10% de P_2O_5 (fosforitos) formam depósitos sedimentares relativamente raros. Com menos de 10% de P_2O_5, trata-se de calcário fosfático ou, ainda, pelito fosfático. Os fosforitos concentram apatita sedimentar, ou finos grãos de colofano (matéria fosfática amorfa), ou peloides (< 2 mm) e nódulos fosfáticos (> 2 mm), ou ainda fragmentos fósseis fosfatizados em pelitos, arenitos e carbonatos. São sedimentos marinhos em que a alta concentração em P_2O_5 na água deve-se a correntes oceânicas profundas ricas em matéria orgânica e nutrientes que ascendem para regiões mais rasas, fóticas e oxigenadas (ressurgência ou *upwelling*) (Föllmi, 1996).

Na ressurgência, correntes oceânicas com nutrientes (fosfato em solução, águas frias, pH levemente ácido) trazem o fosfato para a plataforma rasa (águas mais quentes, pH alcalino, e baixo influxo sedimentar por deltas), favorecendo a formação de fosforitos. Eventualmente, em algumas situações, a água do mar também pode ser enriquecida em fosfato por vulcanismo submarino.

Assim, os fosforitos sedimentares são rochas que dependem de processos que levem o fosfato (PO_4^{3-}) dissolvido na água para o sedimento. Dois são os mecanismos: (i) sedimentação de matéria orgânica planctônica, a qual é rica em fosfato, por ser um macronutriente; e (ii) precipitação de óxidos por Fe, que possuem grande afinidade química com fosfato. Uma vez no sedimento, esse fosfato pode ser liberado da matéria orgânica ou dos óxidos de Fe por meio de reações orgânicas e inorgânicas. A partir daí, o fosfato pode retornar para a água do mar, concluindo o seu ciclo, ou permanecer nos poros do sedimento recém-depositado e formar apatita ou fluorapatita ($Ca_5(PO_4)_3(F,CO_3)$) de origem eodiagenética (Pufahl, 2010). Para a formação mineral, parâmetros como estado de oxidação e saturação de fosfato são essenciais.

O retrabalhamento de depósitos primários por ondas e correntes também ocorre, formando arenitos com intraclastos fosfáticos. A glauconita, um mineral verde rico em potássio e ferro, está presente em alguns depósitos de fosfatos. Além disso, enriquecimento supergênico pelo intemperismo é um processo que ocorre em fosforitos e forma minerais secundários de fosfato, como a wavelita.

2.6 Rochas sedimentares silicosas (silexito ou cherte)

Sedimentos químicos silicosos, também chamados de chertes, ocorrem formando depósitos estratificados, com camadas de espessura variável (3-15 cm) intercaladas com folhelhos e depositadas em águas relativamente profundas. Também formam nódulos alongados em calcários a partir da substituição diagenética (silicificação de calcários), às vezes de origem biogênica.

Existem três principais tipos de sedimentos silicosos:

* *Diatomitos*: acumulação de carapaças de diatomáceas (algas), que são organismos planctônicos de mares de águas frias ou lagos de água doce, com idades desde o Mesozoico até a era recente.
* *Porcelanitos*: rocha silicosa (opala e calcedônia) com argilominerais, de cor cinza a preto, formada por acumulação de vasas de diatomáceas e radiolários, intercalada com folhelhos. Rocha porosa, leve, com textura de porcelana vitrificada.
* *Silexitos/cherte*: quartzo micro a criptocristalino com rara impureza (< 10%) de argilominerais, calcita e hematita, geralmente interestratificado com folhelhos e margas.

As origens do silexito/cherte são:

* *Precipitação química*: origem singenética química, sílica coloidal precipitando em pH levemente ácido;
* *Bioquímica*: origem singenética bioquímica, com acumulação de carapaças silicosas de diatomáceas e, principalmente, radiolários.

Em rochas sedimentares também ocorre com frequência uma silicificação diagenética (pós-deposicional), com a migração de fluidos silicosos que precipitam durante a fase de soterramento, na diagênese, formando cimento silicoso. Por exemplo, tem-se dissolução do quartzo detrítico em pH alcalino, em fase precoce da diagênese, com formação de sílica dissolvida no fluido diagenético;

posteriormente, ocorre migração do fluido e precipitação na forma de sílica coloidal em pH ácido, formando o cimento de rochas siliciclásticas, ou ainda metassomatismo silicoso em carbonatos.

2.7 Depósitos ricos em matéria orgânica

Os depósitos sedimentares de matéria orgânica são divididos em dois grupos:
- Grupo húmico, formado pela acumulação *in situ* de matéria vegetal em pântanos, alagadiços, e turfeiras. Exemplo: a série do carvão mineral.
- Grupo sapropélico, em que a matéria orgânica foi transportada e sedimentada por suspensão, geralmente em ambiente subaquoso, lacustre ou marinho. Exemplo: folhelho betuminoso.

A série do carvão mineral é constituída pela turfa-linhito-carvão-antracito, que representa um aumento constante no grau de carbonificação (*rank*), ou seja, um aumento no teor de carbono e a diminuição de voláteis (Pomerol *et al.*, 2013, cap. 33). Esse aumento se deve ao tempo e intensidade do soterramento, que concentra o carbono, liberando maior energia com a queima. São rochas combustíveis, de origem orgânica (caustobiólito), formadas pela acumulação de restos vegetais em pântanos. O carvão, em especial, possui textura fortemente compactada, com redução importante de volume, ocorrendo em posição estratiforme lenticular em bacias sedimentares. No Brasil, destaca-se a Formação Rio Bonito (Permiano), na bacia do Paraná (Rio Grande do Sul e Santa Catarina), com ocorrências e minas para explotação de carvão.

A turfa contém umidade e matéria vegetal compactada e forma-se em terrenos alagadiços, pântanos, planície de inundação (*flood plain*) de rios, e deltas. Em geral, o linhito é marrom, com pouca dureza, e ainda possui fragmentos vegetais visíveis, normalmente encontrados em rochas do Paleógeno (66-23 milhões de anos). O carvão (ou carvão betuminoso) é preto, duro, brilhoso, rico em carbono (C), geralmente relacionado a estratos do período permocarbonífero. Esses sedimentos representam acumulações de vegetais compactados (tecidos lenhosos, celulose, resinas, esporos etc.) em pântanos, planícies fluviais e deltaicas, onde a matéria orgânica vegetal foi depositada em condições anaeróbicas, sem oxigênio. A massa vegetal acumulada e soterrada sofre transformações bioquímicas e geoquímicas durante a diagênese, com enriquecimento em carbono e perda de hidrogênio e oxigênio na forma de H_2O, CO_2 e CH_4. Esse processo aumenta com o tempo de soterramento e a temperatura, e é acelerado próximo a intrusões ígneas. O antracito é o carvão afetado por dobramentos e metamorfismo, resultando em maior teor de carbono, sendo, portanto, um melhor produto energético.

Os constituintes orgânicos ou macerais do carvão são a vitrinita, a exinita e a inertinita, que dependem do tipo de vegetação acumulada, do ambiente sedimentar e da diagênese, sendo identificados através da morfologia e das propriedades óticas.

Folhelhos betuminosos e folhelhos oleígenos são pelitos enriquecidos em matéria orgânica que, com a diagênese, desenvolveram hidrocarbonetos (betume e óleo).

2.8 Depósitos vulcanoclásticos

As rochas vulcânicas são o resultado da erupção efusiva (cristalização de lavas) e explosiva (depósitos piroclásticos – tefra) de detritos que são lançados na atmosfera, em diversas granulometrias, formas e densidades. Ao depositarem, preenchem larga região no entorno de vulcões, sendo muitas vezes retrabalhadas pela erosão e destruição de edifícios vulcânicos, seja no ambiente continental (subaéreo) ou marinho (subaquoso).

As rochas vulcanoclásticas compreendem dois grandes grupos (Tucker, 2014):

* Rochas vulcanoclásticas piroclásticas, derivadas diretamente de material vulcânico assentado pela ação da gravidade, subdivididas em fluxo de massa piroclástico, depósito piroclástico de baixa concentração e, ainda, depósito piroclástico por suspensão. Alguns exemplos são: aglomerado, brecha, lapilito, tufo.
* Rochas vulcanoclásticas ressedimentadas devido à erosão de rochas piroclásticas que se misturam com materiais sedimentares em diversos ambientes continentais e marinhos no entorno de vulcões. Alguns exemplos são: arenito lítico, com grãos de rochas vulcânicas, quartzo e feldspatos, argilominerais.

Tefra é um termo geral para designar material piroclástico inconsolidado e fragmentado pela explosão da atividade vulcânica, subdividido pela granulometria em bombas (> 256 mm), blocos (256-64 mm), lapíli (64-2 mm) e cinzas (< 2 mm). Bombas e blocos constituem aglomerados e brechas, enquanto lapíli é o constituinte do lapilito e as cinzas vulcânicas do tufo vulcânico, que pode ser tufo de cristais, vítreo (com vidro vulcânico) ou lítico (com fragmentos de rochas vulcânicas).

Brecha vulcânica e aglomerado são rochas piroclásticas grossas, com diâmetro de partículas maior que 64 mm, angulosas a subarredondadas, geralmente próximas ao cone vulcânico (proximais), com matriz de lapíli ou cinzas vulcânicas. O lapilito possui granulometria entre 64 mm e 2 mm, e tufos grossos mostram granulometria de 2 mm até 0,006 mm, enquanto tufos finos têm granulometria menor que 0,006 mm. Tufos ocorrem mais afastados dos centros vulcânicos (distais). Existe variação vertical e lateral (interdigitação) das diversas rochas piroclásticas em relação ao vulcão.

Os depósitos piroclásticos podem ser de três tipos: (i) fluxo de massa piroclástico de alta concentração; (ii) fluxo piroclástico de baixa concentração; e (iii) depósitos de queda piroclástica. O fluxo piroclástico de alta concentração é uma mistura de tefra grossa com gás vulcânico e vapor d'água, que forma corrente de alta densidade, tanto subaérea como subaquosa. O fluxo piroclástico de baixa concentração gera mistura de sólidos e gases, com baixa concentração de partículas, que pode formar estruturas sedimentares, como estratificações cruzadas. Depósitos de queda piroclástica são em geral mais finos, mais distais em relação ao conduto vulcânico e mais bem selecionados, e geralmente mostram estratificação gradacional (variação granulométrica de afinamento para o topo). Via de regra, existe transição entre depósitos piroclásticos de alta e baixa densidade na base, preenchendo paleovales, recobertos por depósitos de queda piroclástica, mais finos, no topo estratigráfico.

Depósitos vulcanoclásticos ressedimentados formam-se por erosão de depósitos piroclásticos. Por exemplo, a erosão de edifício vulcânico pela instabilidade gravitacional pode gerar depósitos do tipo *lahars*, ou seja, avalanches de fluxos de lama nas bordas do edifício vulcânico, com mistura de materiais piroclásticos inconsolidados, derrames de lavas e materiais sedimentares normais, tipo areia de praia (grãos de quartzo bem selecionados) e sedimentos marinhos (silte e argilominerais). Qualquer depósito piroclástico pode ser retrabalhado por processos sedimentares normais, como ventos, ondas, tempestades ou fluxos gravitacionais, em ambiente subaéreo ou subaquoso. Outro exemplo é o retrabalhamento de depósitos piroclásticos por ação fluvial, a partir do qual arenitos líticos ricos em fragmentos de rochas vulcânicas mostram estratificações cruzadas acanaladas e tabulares devido ao ambiente fluvial superimposto (Fig. 2.15).

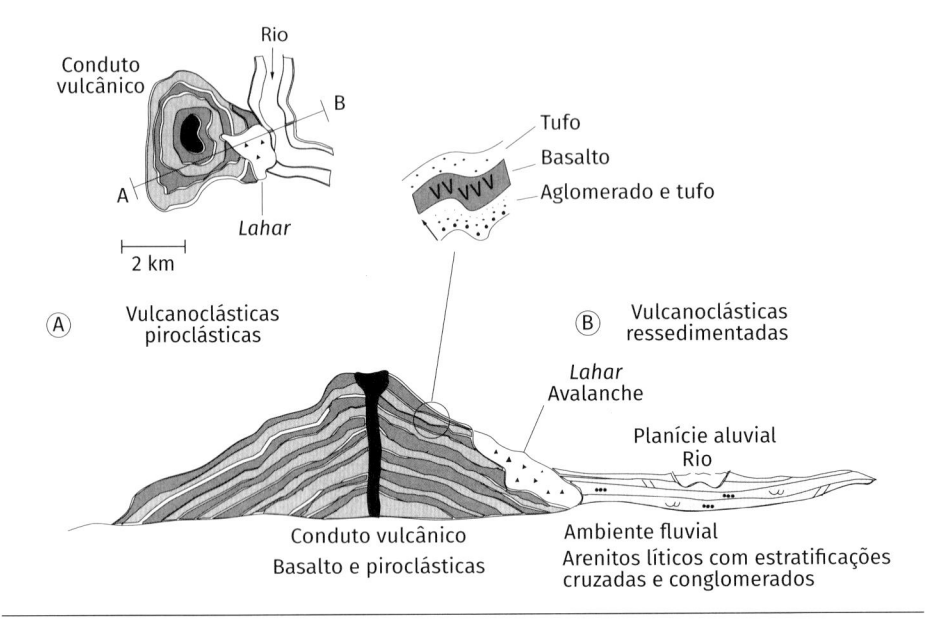

FIG. 2.15 *Rochas vulcanoclásticas piroclásticas e ressedimentadas. (A) Vulcão com basaltos e rochas piroclásticas (aglomerado e tufo), e (B) rochas vulcanoclásticas ressedimentadas: arenitos líticos (ricos em fragmentos de basaltos e piroclásticas) com estratificações cruzadas. Ocorre também depósito de avalanche (lahar)*

Exercícios de fixação

1. Como se subdividem as rochas sedimentares siliciclásticas?
2. Quais os principais tipos de ruditos?
3. Indique o nome dos quatro tipos de arenitos, assim como as principais características de cada um e o ambiente sedimentar onde podem ser encontrados.
4. O que são pelitos? Indique o nome, como se diferenciam e a composição dos diversos tipos existentes.
5. Explique o diagrama triangular de folhelhos-carbonatos-silexitos, os termos intermediários e as mudanças na estrutura das rochas, com a variação de mineralogia.
6. Explique, com ajuda de desenhos, os componentes de uma rocha carbonática.
7. Faça um resumo sobre a nomenclatura dos carbonatos, considerando as classificações de Grabau, Folk e Dunham.
8. Faça um desenho e indique os componentes das seguintes rochas carbonáticas: oomicrito, pelesparito, intrasparudito, *grainstone*, *wackestone*, *boundstone*.

9. Classifique e nomeie as seguintes rochas sedimentares.
   a] Areia (85%), grânulos (10%), seixos (5%).
   b] Areia (92%, metade quartzo e metade feldspatos), silte e argila (8%).
   c] Areia (60%, quartzo subordinado e fragmentos líticos predominantes), silte e argila (40%).
   d] Argilominerais (50%), silte (35%), areia muito fina (15%).
   e] Cascalhos muito angulosos, matriz predominante.
   f] Argilominerais e silte, em lâminas alternadas.
   g] Calcário, com grãos tamanho cascalho.
   h] Bioclastos, intraclastos, esparito.
10. Explique o ciclo de formação de rochas evaporíticas e indique seis minerais evaporíticos.
11. Pesquise e responda como se forma uma estrutura de domo de sal, feição frequente em bacias com sedimentos evaporíticos.
12. Indique a composição e a formação do jaspelito. Explique os tipos de formação ferrífera bandada e as fácies mineralógicas.
13. Como se formam silexitos? O que é um fosforito e como esse tipo de rocha sedimentar se forma?
14. Explique a formação de turfa, linhito e carvão. Quais as diferenças entre as três rochas sedimentares?
15. Faça uma pequena síntese sobre rochas piroclásticas e rochas vulcanoclásticas ressedimentadas.

Respostas
1. Rochas sedimentares siliciclásticas compreendem três grupos: ruditos (conglomerados e brechas), com cascalhos, isto é, grãos maiores que 2 mm (grânulos, seixos, calhaus e matacões); arenitos ou psamitos, constituídos por areia (2-0,062 mm); pelitos ou lutitos, rochas constituídas por silte e argila (< 0,062 mm).
2. Ortoconglomerado (conglomerado suportado por clasto), paraconglomerado (conglomerado suportado por matriz), brecha (clastos angulosos, suportado por matriz ou clasto), diamictito (paraconglomerado com matriz siltoargilosa).
3. Arenito lítico (rico em fragmentos de rochas), arcózio (rico em feldspatos), grauvaca ou *wacke* (rico em matriz siltoargilosa), quartzo arenito (rico em quartzo). Os dois primeiros ocorrem próximo da área-fonte, em ambientes de leque aluvial, fluvial e deltaico. O quartzo arenito pode ser eólico ou de praia. *Wacke* ocorre em leque submarino.

4. Pelitos são rochas siliciclásticas de grão fino, constituídas por silte e argila. Os tipos são: siltito (silte), lamito (mistura de silte, argila e areia fina), ritmito (tem ritmicidade), folhelho (tem fissilidade), argilito (maciço).
5. Folhelhos são rochas argilosas, com fissilidade. Silexitos (ricos em quartzo) e calcários (ricos em carbonato) são maciços. Os termos intermediários são laminados ou estratificados. A variação na mineralogia compreende também variação na estrutura da rocha.
6. Os componentes aloquímicos dos carbonatos são: ooides, pisoides, bioclastos, intraclastos, peloides. Já os componentes ortoquímicos são: micrito (matriz fina) e esparito (cimento).
7. Grabau classificou os carbonatos classificados pela granulometria: calcirrudito, calcarenito, calcilutito. Folk organizou a nomenclatura combinando o nome do componente aloquímico e do ortoquímico, como: ooesparito, biomicrito, pelmicrito etc. Por fim, Dunham definiu a nomenclatura textural, conforme a quantidade de grãos e lama: *grainstone* (somente grãos), *packstone, wackestone* e *mudstone*.
8. Oomicrito (ooides e matriz micrítica), pelsparito (peloides e calcita espática), intrasparudito (intraclastos tamanho cascalho, cimento calcítico), *grainstone* (apenas grãos), *wackestone* (lama micrítica e grãos), *boundstone* (estrutura de crescimento).
9. a) Arenito conglomerático; b) arcózio; c) grauvaca lítica; d) lamito; e) brecha suportada por matriz; f) ritmito; g) calcirrudito; h) biointrasparito.
10. O ciclo compreende carbonatos (calcários, dolomitos) na base, e sulfatos (gipsita, anidrita) e cloretos (halita, silvinita) no topo, em função da solubilidade, do menos para o mais solúvel. Todos precipitam em salmouras naturais (golfos ou lagos), com alta taxa de evaporação.
11. Evaporitos são soterrados e compactados dentro da bacia sedimentar. Com o aumento da pressão e temperatura, tornam-se dúcteis, podem deformar facilmente, e ascendem à superfície, formando domos, até equilibrar a pressão.
12. O jaspelito é composto de hematita e jasper, fácies óxido de formação ferrífera. Outras fácies: siderita-anquerita e quartzo (fácies carbonato), pirita-arsenopirita e quartzo (fácies sulfeto).
13. Para formar silexitos (cherte), deve ocorrer a precipitação química ou bioquímica de sílica. Fosforito é um arenito, siltito ou carbonato enriquecido em fosfato (P_2O_5), depositado na plataforma continental, com apatita ou fluorapatita.

14. Turfa, linhito e carvão são rochas sedimentares ricas em matéria orgânica vegetal, a qual é depositada em pântanos e compactada pelo soterramento crescente, com teores diferentes de carbono. O carvão tem o maior teor de carbono e sua queima pode gerar energia elétrica em usinas termelétricas (recurso energético).
15. Rochas vulcanoclásticas piroclásticas são acumulações de bombas, blocos, lapíli e cinzas vulcânicas, liberadas junto com magmas em vulcões. Rochas vulcanoclásticas ressedimentadas constituem avalanches (*lahars*) ou rochas sedimentares que retrabalham edifícios vulcânicos, com erosão e nova sedimentação.

Leitura complementar

TUCKER, M. E.; JONES, S. J. *Sedimentary Petrology*. 4. ed. New York: Wiley, 2023. 426 p.

Texturas, mineralogia e diagênese de rochas sedimentares

3.1 Textura de rochas sedimentares

Textura é um elemento descritivo das rochas sedimentares, importante para a classificação das rochas siliciclásticas, a interpretação do mecanismo deposicional e o reconhecimento do paleoambiente sedimentar. A partir da textura, pode-se também inferir a relação entre porosidade e permeabilidade nas rochas sedimentares. Os principais aspectos que determinam a textura de rochas sedimentares são: granulometria, seleção, morfologia, esfericidade e arredondamento do grão, maturidade e fábrica (arranjo dos grãos).

3.1.1 Granulometria e seleção

A granulometria é fundamental para classificar sedimentos e rochas sedimentares siliciclásticas, consistindo no diâmetro (Φ) da partícula sedimentar, conforme as Tabs. 3.1 e 3.2. É importante também para a nomenclatura da rocha em questão.

Utiliza-se a escala granulométrica de Wentworth (1922) para sedimentos terrígenos. No caso de rochas sedimentares químicas, com cristais, mede-se o tamanho dos cristais, que podem variar desde cristalina grossa (1 mm) até cristalina muito fina (0,063 mm); abaixo deste valor, são texturas microcristalina e criptocristalina (Tucker, 2014).

A granulometria reflete a energia hidráulica do ambiente, ou seja, sedimentos como cascalhos são transportados por correntes de alta energia, e sedimentos finos (silte e argila) por correntes de baixa energia. Assim, avaliar a granulometria também ajuda a inferir a energia do ambiente sedimentar.

Tab. 3.1 Classificação simplificada dos sedimentos segundo a granulometria

Denominação da partícula (em português e inglês)		Diâmetro da partícula (grão) em mm
Cascalho	Matacão (*boulder*)	> 256
	Calhau (*cobble*)	64 a 256
	Seixo (*pebble*)	4 a 64
	Grânulo (*granule*)	2 a 4
Areia (*sand*)		1/16 (0,062) a 2
Silte (*silt*)		1/265 (0,004) a 1/16 (0,062)
Argila (*clay*)		< 1/256 (0,004)

Tab. 3.2 Classificação completa das frações granulométricas de uma rocha sedimentar

Intervalo granulométrico (mm)	Nome do sedimento (inglês)	Nome do sedimento (português)
256	*Boulder*	Matacão
256-64	*Cobble*	Bloco ou calhau
64-4,0	*Pebble*	Seixo
4,0-2,0	*Granule*	Grânulo
2,0-1,0	*Very coarse sand*	Areia muito grossa
1,0-0,50	*Coarse sand*	Areia grossa
0,50-0,250	*Medium sand*	Areia média
0,250-0,125	*Fine sand*	Areia fina
0,125-0,062	*Very fine sand*	Areia muito fina
0,062-0,031	*Coarse silt*	Silte grosso
0,031-0,016	*Medium silt*	Silte médio
0,016-0,008	*Fine silt*	Silte fino
0,008-0,004	*Very fine silt*	Silte muito fino
< 0,004	*Clay*	Argila

Fonte: adaptado de Tucker (1991).

Já a seleção significa a tendência de segregar sedimentos de acordo com a granulometria, à medida que a velocidade da corrente varia. Trata-se da redução do tamanho dos grãos ao longo do transporte e a consequente homogeneização granulométrica, formando um sedimento com poucas classes granulométricas. Assim, um sedimento bem selecionado consiste em partículas uniformes, enquanto um sedimento pobremente selecionado conta com partículas de vários tamanhos ou de várias classes granulométricas (Figs. 3.1 e 3.2).

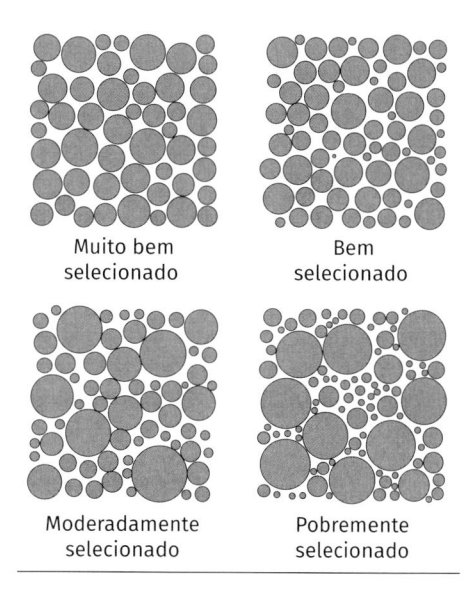

FIG. 3.1 *Graus de seleção de uma rocha sedimentar, com estimativa visual*

3.1.2 Morfologia do grão

Forma, arredondamento e esfericidade das partículas sedimentares são feições importantes para o entendimento dos processos de transporte e também para a proveniência, isto é, a localização da área-fonte.

A *forma* envolve as razões entre os eixos longos (L), intermediários (I) e curtos (C) de grãos sedimentares. Esses termos são especialmente úteis para descrever a forma dos cascalhos, nos quais se pode facilmente reconhecer os três eixos (Fig. 3.3).

Para a forma, quatro classes são reconhecidas (Tucker, 2014): esfera, disco, placa (ou tabular) e cilindro. Clastos com forma de esfera contam

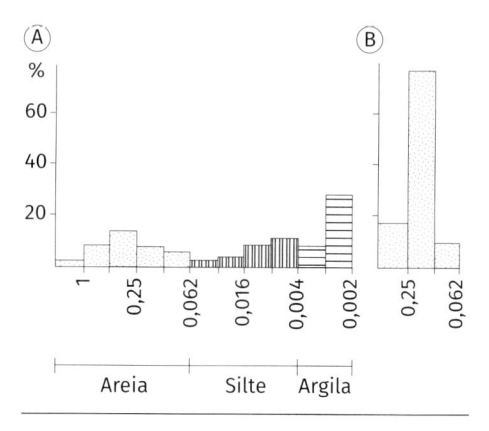

FIG. 3.2 *(A) Histograma de composição granulométrica de um sedimento mal selecionado, com 11 classes texturais (cinco classes de areia, quatro de silte e duas de argila), e (B) histograma de um sedimento bem selecionado, com poucas classes granulométricas (três classes granulométricas de areia)*

com os três eixos iguais (C = L = I); clastos com forma de cilindros apresentam a relação C = I < L, enquanto clastos tabulares e discoides mostram C < I < L e C < I = L, respectivamente. Assim, medindo os três eixos dos cascalhos, pode-se

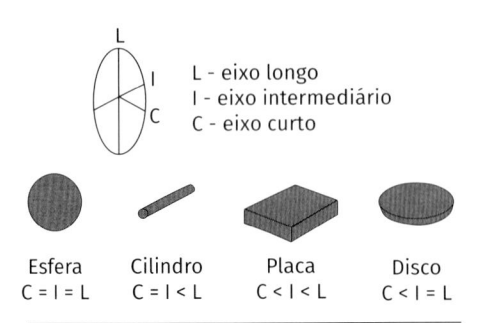

Forma	Eixos
Esfera	C = I = L
Cilindro	C = I < L
Placa	C < I < L
Disco	C < I = L

L - eixo longo
I - eixo intermediário
C - eixo curto

FIG. 3.3 *Forma de cascalhos, a partir dos três eixos: L (longo), I (intermediário), C (curto)*

estabelecer e caracterizar as diferentes formas dos clastos de ruditos – veja Suguio (2003) e Tucker (2014). Rochas duras e de composição uniforme, como granitos, gabros e quartzitos, formam clastos preferencialmente equidimensionais (esferas); já as rochas com camadas delgadas desenvolvem clastos tabulares e discoides.

Os graus de arredondamento e esfericidade relacionam-se com a abrasão das partículas durante o transporte, processo dependente do relevo, do tipo de transporte e da mineralogia dos grãos. Em geral, quanto maior o transporte sedimentar, melhor o índice de esfericidade e arredondamento.

O arredondamento refere-se ao desgaste das arestas dos grãos e reflete o tempo/distância do transporte sedimentar. Grãos angulosos significam pouco transporte, e grãos arredondados longo transporte (Fig. 3.4).

Já a esfericidade indica o grau de proximidade do grão com relação a uma esfera ideal, de mesmo volume: a esfericidade pode ser alta (semelhante a uma esfera) ou baixa (muito diferente de uma esfera ideal), conforme Fig. 3.4. Existem tabelas de avaliação de esfericidade com estimativa visual.

Esses parâmetros (seleção, arredondamento e esfericidade) possuem relação estreita com o tipo de ambiente de sedimentação. Depósitos próximos da fonte, como arenitos de ambiente de leque aluvial e fluvial, normalmente formam

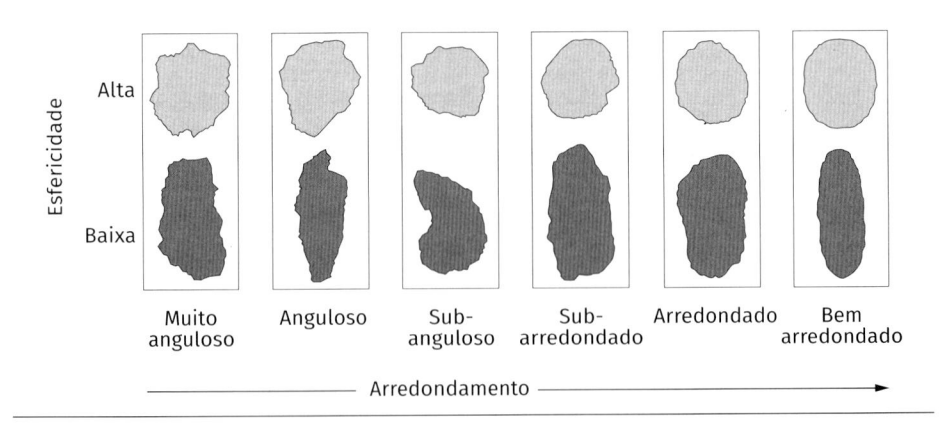

FIG. 3.4 *Estimativa visual dos graus de arredondamento e esfericidade de partículas sedimentares*

sedimentos mal selecionados, grãos com baixa esfericidade e angulosos a subangulosos. Depósitos eólicos são, em geral, bem selecionados e possuem alta esfericidade, com grãos arredondados. Da mesma forma, arenitos de praia mostram areias bem selecionadas, com grãos subarredondados e esféricos.

Como já mencionado, as rochas sedimentares são constituídas por arcabouço, matriz, cimento e poro. O arcabouço é a fração granulométrica mais expressiva e que dá o nome à rocha. Por exemplo, arenitos possuem arcabouço de areia, siltitos de grãos de silte, e pelitos de argila e silte, enquanto o arcabouço de conglomerados é a fração granulométrica cascalho.

A matriz é um material detrítico granulometricamente mais fino que o arcabouço e pode ou não estar presente na rocha. Ela ocorre nos interstícios dos grãos do arcabouço, geralmente sendo sindeposicional, isto é, formada durante a sedimentação. Por exemplo, silte e argila podem ocorrer nos interstícios dos arenitos, compondo a matriz dessas rochas. Areia, silte e argila podem formar a matriz de conglomerados. A presença de matriz na rocha sedimentar está relacionada com o ambiente sedimentar: em ambientes com mais energia, em geral, as areias são mais puras, sem silte e argila.

Se houver algum mineral precipitado quimicamente nos interstícios dos grãos do arcabouço, como calcita, quartzo (ou sílica na forma de opala) e óxido de ferro, trata-se de cimento, um precipitado químico formado durante a diagênese, em parte responsável pela litificação da rocha.

Por fim, os vazios geralmente microscópicos que ocorrem em diversos tipos de rochas sedimentares são os poros, que contribuem para a porosidade e permeabilidade das rochas sedimentares. Poros diagenéticos em geral se formam por dissolução de cimento precoce, durante a diagênese. Fluidos como água subterrânea, petróleo e gás natural preenchem poros nas rochas sedimentares e movimentam-se no interior da Terra em função da permoporosidade das rochas.

3.1.3 Maturidade textural e mineralógica

A maturidade de um sedimento detrítico é a medida do quanto o sedimento foi intemperizado, transportado e retrabalhado até atingir o produto final. Para um arenito, por exemplo, o produto final ideal é a areia quartzosa pura e granulometricamente homogênea.

A maturidade pode ser textural ou mineralógica. A maturidade textural diz respeito aos graus de seleção e arredondamento dos grãos e à presença de matriz, por exemplo:

- Arenito imaturo: pobremente selecionado (areia fina a grossa, silte, grânulos e pequenos seixos), grãos angulosos, baixa esfericidade, matriz intersticial aos grãos.
- Arenito maturo: bem selecionado, com poucas classes granulométricas (areia fina a média), grãos arredondados, esféricos, não possui matriz.
- Arenito submaturo: possui características intermediárias entre os dois tipos anteriores, como média-pobre seleção (areia fina a grossa e algum silte na matriz), grãos subarredondados, baixa esfericidade, presença de matriz.

Já a maturidade mineralógica diz respeito à presença de minerais estáveis e instáveis na rocha sedimentar. É mais bem avaliada ao microscópio ótico, em lâmina delgada. Se tiver apenas quartzo, trata-se de rocha matura, que passou por um longo processo que permitiu a eliminação de minerais instáveis (facilmente alteráveis). Se também há a presença de minerais como quartzo, feldspatos, micas, fragmentos de rochas, e outros minerais instáveis (por exemplo, plagioclásios, piroxênios, anfibólios), a rocha é imatura. Por exemplo:

- Para conglomerados: conglomerado polimítico (clastos variados) é imaturo, e conglomerado monomítico (clastos somente de quartzo) é maturo.
- Para arenitos: quartzo arenito é maturo, arcózios e arenitos líticos são imaturos ou submaturos.
- Para siltitos: apenas com quartzo é maturo, e siltitos argilosos e feldspáticos são imaturos.

O Quadro 3.1 agrupa algumas características quanto à maturidade mineralógica e textural, em especial para rochas siliciclásticas.

Existe uma relação muito próxima entre o relevo (topografia da área-fonte) e a maturidade da rocha sedimentar, da seguinte forma:

- Relevo íngreme e próximo, com erosão rápida → sedimento imaturo;
- Relevo moderado a plano, com médio a longo transporte → sedimento maturo.

Por isso, ao avaliar a maturidade, também é avaliada a proximidade com a área-fonte e a existência de relevo importante durante a sedimentação.

Quadro 3.1 Estágios de maturidade para sedimentos e rochas sedimentares (siltitos, arenitos, ruditos)

	Imaturo	Submaturo	Maturo
Maturidade mineralógica	Vários minerais, especialmente feldspato, quartzo, mica e fragmentos de rocha	Quartzo abundante, mas outros minerais podem ocorrer, como argilomineral, feldspato, mica	Apenas quartzo, com outros minerais raros ou ausentes
Maturidade textural	Pouco selecionado; muitas classes granulométricas, presença de matriz (silte e argila). Grãos angulosos	Areia com silte e argila ou conglomerado de quartzo. Grãos iniciando o arredondamento	Excelente seleção; somente classe areia. Arredondamento excelente

3.1.4 Cor e fábrica sedimentar

A cor da rocha sedimentar indica a formação da litologia, o ambiente de sedimentação e o tipo de diagênese, e depende de fatores mineralógicos e geoquímicos, como o estado de oxidação do ferro e o conteúdo de matéria orgânica. Em geral, é difícil discernir se a cor da rocha é primária ou secundária. A cor primária é a original de soterramento, enquanto a secundária é a cor de alteração pelo intemperismo, quando a rocha é exposta na superfície:

* Cores geralmente primárias: branca, cinza, preta, verde.
  * branca: sedimento puro, rico em quartzo, sem ferro (Fe) e manganês (Mn);
  * cinza/preta: rocha enriquecida em matéria orgânica (por exemplo, folhelhos negros);
  * verde: minerais com Fe^{2+}, como clorita, glauconita.
* Cores geralmente secundárias (intemperismo): vermelho, amarelo, castanho.
  * vermelha/amarelada: enriquecida em hidróxidos de ferro (intemperismo e oxidação de minerais primários).

A fábrica refere-se ao arranjo dos grãos no sedimento, como orientação de grãos e fósseis e empacotamento (predomínio de matriz ou arcabouço). Identificar a orientação preferencial de seixos, fósseis e grãos é importante, pois pode indicar a paleocorrente, ou seja, a orientação de fluxo sedimentar pretérito, o fluxo de água corrente, gelo ou vento do ambiente sedimentar. Por exemplo, clastos orientados ocorrem com alguma frequência em ruditos, clastos prolatos orientados paralelamente à paleocorrente, ou então com orientação normal à corrente. Fósseis em calcários, arenitos ou pelitos também podem mostrar orientação preferencial. Seixos com forma tabular e de disco e fósseis mostram, às vezes, imbricação, sobrepondo-se uns em relação aos outros (como um baralho de cartas) em direção oposta à paleocorrente (Tucker, 2014). Alongamento de clastos pode também ser produzido pela tectônica posterior, por ação de falhas e dobramentos, portanto precisa de análise cuidadosa.

Ruditos (conglomerados e brechas) podem apresentar fábrica suportada por clasto, quando predominam os clastos em relação à matriz, mostrando arcabouço fechado, ou então fábrica suportada por matriz, quando a matriz predomina e o arcabouço é aberto.

3.1.5 Porosidade e permeabilidade

A porosidade de uma rocha é a medida da quantidade de fluidos que um certo volume de rocha pode conter, sendo importante na prospecção de petróleo, gás natural e água subterrânea. Trata-se da relação dos espaços vazios da rocha (Vv) com seu volume total (Vt), podendo ser representada como uma fração ou porcentagem. Assim, $P = Vv/Vt$.

Na rocha sedimentar com grãos rígidos, mais ou menos esféricos, inicialmente se observa um empacotamento aberto com arranjo cúbico, em que os grãos se tocam pontualmente, mantendo certa porosidade intergranular. Devido à compactação por soterramento (compactação mecânica, durante a diagênese), forma-se um empacotamento mais fechado, com arranjo romboédrico entre os grãos detríticos, diminuindo o espaço vazio e reduzindo a porosidade inicial.

A porosidade pode ser primária ou secundária. A primária é de origem deposicional e pode ser intergranular (entre os grãos) e, mais raramente, intragranular (dentro dos grãos, especialmente grãos ricos em poros). A porosidade secundária é sempre pós-deposicional, e pode ocorrer por dissolução diagenética seletiva, formação de fraturas abertas nas rochas, ou formação de cavidades e até cavernas nas rochas mais suscetíveis (Fig. 3.5).

Existem alguns fatores texturais que influem na porosidade primária (Suguio, 2003):

* a porosidade aumenta com a diminuição da granulometria;

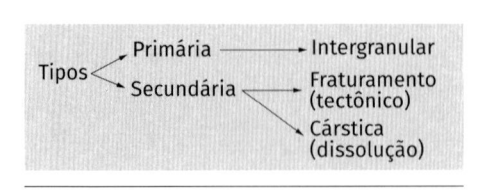

FIG. 3.5 *Tipos de porosidade de uma rocha sedimentar*

- a porosidade aumenta com o grau de seleção – arenitos bem selecionados têm melhor porosidade;
- a porosidade diminui quando aumenta o grau de arredondamento e esfericidade;
- a porosidade diminui quanto maior a compactação e cimentação da rocha sedimentar. Por exemplo, areias possuem porosidade de 35% a 50%, enquanto o arenito apresenta porosidade média de 10% a 20%.

Permeabilidade é a propriedade que permite a passagem de fluidos através de uma rocha, a qual só ocorre quando os espaços vazios se interconectam. Uma rocha com alta porosidade pode ter baixa permeabilidade, pois os espaços vazios existentes podem não estar conectáveis. Alguns fatores texturais favorecem a permeabilidade (Suguio, 2003):
- a permeabilidade aumenta com o aumento da granulometria e do grau de seleção, que propicia maior conexão entre espaços vazios;
- a esfericidade e o empacotamento dos grãos melhoram a permeabilidade, favorecendo conexões entre espaços vazios.

Na Tab. 3.3 são reunidos dados de porosidade e permeabilidade para vários tipos de sedimentos.

Tab. 3.3 Diâmetro (Φ) da partícula sedimentar, porosidade (volume de poros) e permeabilidade

Material	Φ partícula (mm)	Porosidade (%)	Permeabilidade
Cascalho	7 a 20	35	Muito alta
Areia grossa	1 a 2	37	Alta
Areia fina	0,3	42	Média
Silte/argila	0,04 a 0,006	50 a 80	Baixa/muito baixa

O cascalho (granulometria grossa) apresenta baixa porosidade e alta permeabilidade. Por outro lado, o material pelítico (mistura silte e argila) apresenta alta porosidade e baixa permeabilidade. Camadas argilosas tendem a ser impermeáveis.

3.1.6 Textura de rochas carbonáticas e evaporíticas

Rochas carbonáticas possuem diversas origens: podem ser sedimentos químicos litificados, sedimentos detríticos (retrabalhados por ondas e correntes) ou, ainda, sedimentos biogênicos, formados por ação de organismos, como cianobactérias, corais etc. Em função disso, podem apresentar diferentes texturas.

* Calcários químicos mostram cristais de granulação fina a muito fina.
* Rochas carbonáticas podem apresentar textura de variação granulométrica, como cascalho carbonático (calcirrudito), areia carbonática (calcarenito) e silte-argila carbonática (calcilutito). São calcários clásticos e mostram estruturas sedimentares diversas, como estratificações cruzadas e marcas onduladas (*ripples*), ou a presença de clastos milimétricos a decimétricos, indicando transporte sedimentar de grãos.
* Também podem mostrar textura granular, com grãos carbonáticos do tipo ooides e pisoides (partículas esféricas, concêntricas), intraclastos (grãos carbonáticos geralmente angulosos) e bioclastos (fósseis de diferentes organismos, com diferentes morfologias).
* Carbonatos podem apresentar texturas de crescimento, típicas dos microbialitos (carbonatos biogênicos), como laminitos microbiais (laminação fina irregular e crenulada), estromatólitos e trombólitos. As texturas de crescimento podem ser tabulares ou planas, ramificadas, dômicas e arborescentes (Tucker, 2014).

Todos esses tipos ainda podem apresentar estruturas químicas (pós-deposicionais), como nódulos, estilólitos, cone em cone.

Já as rochas evaporíticas são formadas por precipitação química de calcários, sulfatos (gipsita-anidrita) e cloretos (halita, carnalita, taquidrita, silvinita). Os carbonatos são finamente laminados, por vezes intercalados com laminitos microbiais, às vezes com nódulos de sulfatos. Durante a diagênese (reação de desidratação diagenética), gipsita se transforma em anidrita, a qual mostra laminação fina e textura nodular. Halita pode ser fina, laminada, pura, digitiforme, bandeada ou bandada, grosseira, esqueletal e cristaloblástica. Carnalita e silvinita apresentam textura laminada, bandeada e nodular (Mohriak; Szatmari; Anjos, 2008).

3.2 Mineralogia de rochas sedimentares

Nas rochas sedimentares podem ser reconhecidos minerais siliciclásticos (terrígenos ou detríticos), provenientes de uma rocha-fonte, formados fora da bacia sedimentar (alóctones), e também minerais químicos (autóctones), que se formam nas bacias sedimentares por precipitação química/bioquímica, em especial durante a sedimentação ou diagênese. Os minerais formados durante a diagênese são chamados de minerais autigênicos.

Três fatores determinam a abundância de minerais em rochas sedimentares siliciclásticas:
* presença do mineral em questão na rocha-fonte;
* resistência mecânica ao transporte sedimentar, ou seja, grãos com clivagem pouco pronunciada e alta dureza são concentrados mais facilmente e resistem ao transporte;
* estabilidade química, ou seja, os minerais não reagem com água durante o transporte sedimentar.

Assim, os minerais que predominam nas rochas sedimentares siliciclásticas atendem a essas três condições e são, principalmente: quartzo, feldspatos, fragmentos de rocha (ou líticos), argilominerais, minerais pesados (zircão, rutilo, turmalina, granada, cianita etc.), mica detrítica, sílex, carbonato – este geralmente como precipitado, durante a diagênese, formando o cimento.

Minerais químicos e autigênicos, formados na bacia sedimentar, compreendem os carbonatos (aragonita, calcita, dolomita, siderita), sílica (quartzo, sílex, opala), sulfatos (gipsita, anidrita) e cloretos (halita, silvita, carnalita, barita) entre outros.

O Quadro 3.2 sintetiza o tipo de rocha sedimentar e sua mineralogia principal.

Quadro 3.2 Mineralogia de algumas rochas sedimentares

Siliciclástica (terrígena)	Quartzo, feldspato, fragmentos de rocha (líticos), argilominerais, mica detrítica, minerais pesados
Carbonatos	Calcita, dolomita
Formações ferríferas bandadas (jaspelitos)	Hematita, magnetita, jasper, cherte, siderita, pirita, chamosita
Evaporitos	Halita, gipsita, anidrita, silvita, carnalita, entre outros
Fosforitos	Francolita, fluorapatita, wavelita, quartzo, argilominerais

3.2.1 Rochas siliciclásticas

Nesta seção, serão detalhados os principais minerais presentes nas rochas siliciclásticas.

Quartzo

Trata-se do principal constituinte de rochas sedimentares siliciclásticas, em média chegando a 65% da rocha, podendo alcançar até 100%. Apresenta composição química à base de sílica (SiO_2), dureza 7, sem clivagem, e alta resistência química e física ao transporte sedimentar.

Ocorrem diferentes tipos de quartzo, refletindo diferentes proveniências (rochas-fonte distintas). O tipo plutônico apresenta grão simples ou grãos policristalinos e ocorre em sedimentos quando a área-fonte envolve rochas ácidas plutônicas, como granitos e granodioritos. O tipo vulcânico exibe cristais inteiros, com arestas hexagonais, o que significa que riolitos e riodacitos são a área-fonte. Os tipos de quartzo com extinção ondulante, grãos em mosaico, com contatos suturados, indicam que a área-fonte dos sedimentos foi uma região com rochas metamórficas (quartzitos, xistos, gnaisses).

Quartzo autigênico

Formado por crescimento secundário (diagenético) nas bordas de grãos detríticos de quartzo. É um cimento silicoso precipitado diageneticamente. Cresce geralmente em continuidade óptica ao redor de grãos de quartzo detrítico (*overgrow*).

Feldspatos

Há predominância de ortoclásio e microclínio (com a mesma fórmula, $KAlSi_3O_8$); feldspato cálcico é mais raro. Os feldspatos constituem cerca de 5% a 25% em subarcózios e mais de 25% em arcózios, e apresentam resistência física pequena devido a planos de clivagem. São instáveis sob o intemperismo químico, formando caulinita, um argilomineral.

Eles podem sugerir paleoclimas na área-fonte durante a sedimentação: se ocorrem em quantidade elevada na rocha, o paleoclima deve ter sido árido (pouca água), preservando o feldspato. Em clima úmido, alteram-se rapidamente para caulinita (Quadro 3.3).

Quadro 3.3 Preservação do feldspato detrítico em rocha sedimentar em função de diferentes paleoclimas e diferentes relevos na área-fonte

Clima úmido	Relevo alto	Feldspatos angulosos, grosseiros	Feldspatos frescos/alterados
	Relevo baixo	Feldspato raro/ausente	Feldspato alterado
Clima árido	Relevo suave	Feldspatos arredondados	Feldspatos frescos, pouco alterados
	Relevo alto	Feldspato anguloso	Feldspato fresco

Fragmentos líticos

Fragmentos líticos são grãos (areia, cascalho) de rochas da área-fonte. Nesse caso, a erosão libera fragmentos da própria rocha-fonte, e não os minerais individuais. Xistos, filitos, rochas vulcânicas ácidas e básicas, calcários, sílex, e fragmentos argilosos frequentemente aparecem como fragmentos líticos em rochas sedimentares.

Argilominerais (caulinita, ilita, montmorillonita)

São silicatos complexos de alumínio hidratados, com estrutura placoide (filossilicatos), cujas partículas são menores que 0,004 mm. Dois grandes grupos ocorrem:

* argilomineral com duas lâminas, uma tetraédrica e outra octaédrica, tipo caulinita (bicamada, 1:1);
* argilomineral com uma camada octaédrica entre duas tetraédricas: três camadas (2:1), tipo montmorillonita e ilita.

São várias as técnicas de investigação para identificação de argilominerais, as principais sendo: a difração de raio-X, que determina o tipo de argilomineral pela estrutura cristalina; a análise química, que verifica a diferente composição química dos argilominerais; a análise térmica diferencial, que estuda as diferentes temperaturas de perda d'água; e a microscopia óptica com uso de microscópio eletrônico de varredura (MEV).

Em relação à gênese dos argilominerais, o intemperismo químico na área-fonte promove a lixiviação de rochas com extração de soluto (carregado em solução), e sobra um resíduo constituído por argilominerais, que formam o solo. Uma vez formados, são carregados em suspensão pelas águas fluviais, depositando em locais específicos, gerando camadas sedimentares em ambientes de planície de inundação, lacustres e, principalmente, marinhos. A compactação e a diagênese podem, eventualmente, modificar a composição química original dos argilominerais, os quais são diversificados a partir da interação com fluidos diagenéticos, podendo formar novos argilominerais autigênicos. Por exemplo:

$$Glauconita + K^+ \rightarrow Ilita$$

$$Montmorillonita + Mg^+ \rightarrow Clorita$$

Argilominerais autigênicos também podem se formar através da dissolução parcial ou total de feldspatos detríticos durante a diagênese. Por exemplo:

Microclínio $(2KAlSi_3O_8)$ + $9H_2O$ + $2H^+$ → Caulinita $(Al_2Si_2O_5(OH)_4)$ + $2K^+$ + $4H_4SiO_4$

Micas detríticas (muscovita)

As micas ocorrem nas rochas sedimentares como componentes detríticos, sendo mais frequentes em arenitos e siltitos. Embora a mica tenha baixa dureza (2 a 3) e clivagem basal proeminente, constitui-se num mineral muito resistente e estável quimicamente. Seu hábito placoide impede que as micas sejam depositadas com areias limpas, em águas agitadas. São mais comuns como acessórios em arenitos e siltitos mal selecionados, com transporte e sedimentação rápida, em que o hábito placoide pode decantar em águas mais tranquilas. Ressalta-se ainda que a muscovita é mais estável e abundante do que a biotita.

Minerais pesados

Os minerais pesados, com densidade maior que 2,9 g/cm³, geralmente ocorrem em baixa concentração na rocha-fonte. Possuem alta densidade, por isso tendem a se acumular em transportes mais energéticos, que depositam cascalhos e areias. A resistência química (reação com a água durante o transporte) dos minerais pesados é variável: zircão é muito resistente, mas apatita ou olivina não. Ocorrem como acessório na rocha, raramente ultrapassando 1% em volume. São importantes para a proveniência, pois indicam o tipo de rocha-fonte, e para a história (tipo) do intemperismo no continente e dos processos durante o transporte sedimentar (Remus *et al.*, 2008).

Os principais minerais pesados acessórios em rochas sedimentares são: opacos (magnetita, ilmenita, hematita), zircão, turmalina, rutilo, monazita, granada, apatita, estaurolita, olivina, cianita, silimanita, andaluzita, epídoto. Alguns minerais pesados são fundamentais economicamente, como ouro, diamante, cassiterita (óxido de estanho), ilmenita (óxido de titânio e ferro), sendo muito extraídos em minas e garimpos no Brasil e em outros países.

3.2.2 Carbonatos calcíticos e dolomíticos e evaporitos

Os principais minerais das rochas carbonáticas são: carbonatos (calcita, aragonita, dolomita, siderita), sílica (calcedônia, quartzo), sulfatos, sulfetos etc.

A maior parte das rochas carbonáticas é constituída por calcita-aragonita, sendo chamadas, portanto, de carbonatos calcíticos. Aragonita e calcita possuem a mesma composição (CaCO$_3$), mas diferem no sistema cristalino: ortorrômbico para a aragonita e trigonal para a calcita. É comum ocorrer a precipitação direta de aragonita a partir da água do meio ambiente e sua transformação para calcita durante a diagênese, uma vez que a aragonita é menos estável que a calcita a baixas pressões.

A dolomita também é um mineral frequente em carbonatos, geralmente formada a partir da substituição diagenética da calcita. Fluidos magnesianos durante a diagênese são responsáveis por esse processo. A sedimentação direta da dolomita a partir da água do mar é rara e pode ocorrer em alta temperatura, baixo pH e alta concentração de sais (salmouras). Siderita e anquerita são minerais carbonáticos mais raros, que podem ocorrer em formações ferríferas e em algumas rochas carbonáticas formadas em ambiente anóxico.

Sílica na forma de calcedônia (microcristalina) é frequente em carbonatos, formando agregados finos ou nódulos, reconhecíveis macroscopicamente. Grãos de quartzo, feldspatos e argilominerais também podem ocorrer em carbonatos, constituindo impurezas siliciclásticas. Minerais acessórios até mesmo raros em carbonatos incluem a glauconita (silicato de potássio), colofana (fosfato), pirita e marcassita (sulfetos), gipsita e anidrita (sulfatos).

Rochas evaporíticas ocorrem como rochas laminadas ou bandadas com alternância de sulfatos (gipsita-anidrita), cloretos como halita (NaCl) e silvita (KCl), e cloretos complexos como carnalita (KMgCl$_2$.6H$_2$O) e bischofita (MgCl$_2$.6H$_2$O). São minerais que se formaram pela evaporação da água do mar, rica em sais dissolvidos (salmoura ou *brine*). Os evaporitos são materiais diferentes das outras rochas, os quais se dissolvem com facilidade em solução com água e se movimentam fisicamente no interior da Terra devido ao fluxo sólido, ou seja, ao calor de soterramento, comportando-se como materiais dúcteis, mostrando dobramentos sedimentares e tectônica de sal. Dezenas de minerais evaporíticos são descritos em detalhe em Mohriak, Szatmari e Anjos (2008).

3.3 Diagênese e litificação de rochas sedimentares

Diagênese compreende um conjunto de transformações em sedimentos inconsolidados até rochas sedimentares, envolvendo processos físicos, químicos e bioquímicos, como resposta às novas condições de pressão e temperatura. Esse conjunto de processos conduz o sedimento à litificação, isto é, à formação da rocha. Os processos diagenéticos químicos resultam diretamente de interações rocha-fluido, a partir das quais os minerais podem ser sucessivamente dissolvidos e precipitados devido a alterações no equilíbrio químico. A diagênese de uma rocha está ligada a dois fatores principais: ambiente deposicional e evolução do soterramento.

3.3.1 Processos diagenéticos

São vários os processos que levam à litificação de rochas sedimentares: compactação mecânica, compactação química, autigênese, cimentação e neomorfismo, brevemente descritos na sequência.

Compactação mecânica

É a mudança no empacotamento dos grãos, com redução do espaço intergranular e quebra, deformação ou esmagamento de grãos individuais moles. Destaca-se o empacotamento cúbico inicial que evolui para romboédrico (Fig. 3.6), com diminuição da porosidade (expulsão de fluidos nos poros). A compactação mecânica tende a liberar fluidos diagenéticos (fluidos conatos).

Compactação química

É a dissolução sob pressão devido ao soterramento crescente. Na compactação química, há a mudança na forma de contato entre os grãos, que passam de pontual para planar, depois côncavo-convexo e, finalmente, suturado, refletindo uma interpenetração gradual (Fig. 3.7). A dissolução pode ocorrer sem efeito da pressão de carga, apenas pelo efeito da percolação de soluções pós-deposicionais.

Autigênese

Refere-se genericamente a todas as reações que levam à formação de um novo mineral no interior do sedimento ou rocha sedimentar, após a sedimentação e durante diferentes estágios da diagênese.

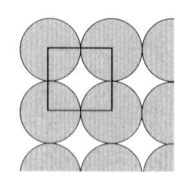

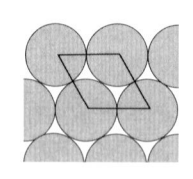

FIG. 3.6 *Influência do soterramento crescente no empacotamento dos grãos, passando de cúbico para romboédrico, com diminuição da porosidade inicial*

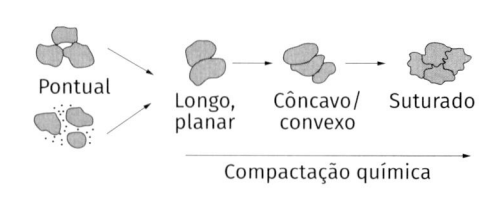

FIG. 3.7 *Variação do tipo de contato entre grãos sedimentares com o soterramento crescente e evolução da compactação química durante a diagênese*

Cimentação

É o processo químico que resulta na precipitação de fases minerais no interior dos espaços porosos, diretamente a partir de fluidos diagenéticos. Esses fluidos precipitam em condições favoráveis de pH e Eh no poros de areias, cascalhos e siltes, favorecendo a litificação. Em geral, o fluido diagenético inicial é alcalino, e corrói ou dissolve minerais como olivinas, piroxênios, anfibólios e feldspatos presentes no sedimento. Com isso, eles adquirem composição química variável e podem formar depósitos minerais importantes.

Podem ocorrer cimentos de diferentes composições, como silicosos (quartzo, calcedônia, opala, feldspatos), carbonáticos (calcita, dolomita, anquerita, siderita), óxido de ferro (hematita), argilominerais (ilita, clorita, caulinita) e sulfatos (gipsita, anidrita, barita). Cimento tipo *overgrow* ocorre quando há crescimento de mineral diagenético ao redor de grãos detríticos. *Overgrow* silicoso em volta de grãos detríticos de quartzo é comum em alguns quartzo arenitos e arcózios.

A cimentação de uma rocha sedimentar pode ocorrer em diferentes estágios diagenéticos, desde que determinadas condições químicas (saturação, pH e Eh) e físicas (temperatura e espaço poroso) sejam atendidas. Todo cimento é também um mineral autigênico, mas nem todo mineral autigênico é um cimento. Cimento é mineral que cresce preenchendo poros.

Neomorfismo

O neomorfismo envolve transformações de minerais que ocorrem na presença de fluido diagenético e inclui processos de substituição, inversão e recristalização, os quais levam ao aumento ou diminuição dos cristais (Flügel, 2010):

* *Substituição*: dissolução de um mineral e formação simultânea de outro mineral, por exemplo, silicificação de carbonatos.
* *Inversão*: substituição de um mineral pelo seu polimorfo; por exemplo, aragonita ➔ calcita; opala-A ➔ opala-CT ➔ quartzo.
* *Recristalização*: alterações no tamanho, forma e rede cristalina sem alteração da mineralogia.

3.3.2 Estágios diagenéticos e evolução da diagênese

Eodiagênese ou diagênese precoce

Na eodiagênese, processos ocorrem na ou próximo à superfície de sedimentação, onde a influência do ambiente deposicional sobre a química dos fluidos intersticiais ainda é elevada, já que apenas algumas camadas de sedimento estão soterrando o material recém-depositado. Nesse estágio, podem ocorrer reações de redução de compostos oxidados (manganês, ferro e sulfato) a partir da oxidação de matéria orgânica por vias orgânicas (microrganismos quimioheterotróficos). Como produtos, pode haver a precipitação de calcitas e outros carbonatos de Fe e Mn e sulfetos. Fluidos contidos nos poros são relacionados ao ambiente deposicional: água salgada no ambiente marinho e água doce na maioria dos ambientes continentais. Essas águas podem ser rapidamente modificadas a partir da decomposição da matéria orgânica.

Na maioria dos casos, a diagênese rasa ocorre sob condições oxidantes, tornando-se redutora à medida que se afunda no sedimento. Com o aumento do soterramento, ocorre a quebra de grãos frágeis, o contato entre os grãos aumenta, e pode acontecer uma dissolução inicial, formando-se novos minerais e iniciando-se a cimentação. Os processos eodiagenéticos persistem até que se verifique o isolamento do pacote sedimentar da influência predominante dos agentes superficiais.

Por exemplo: sob a influência de bactérias redutoras de ferro, óxidos de ferro são reduzidos para Fe^{2+} enquanto moléculas orgânicas são oxidadas para bicarbonato (HCO_3^-). Ambos os produtos são então aproveitados para a precipitação de siderita eodiagenética (carbonato de Fe):

$$CH_3COO^- + 8Fe(OH)_3 \rightarrow 8Fe^{2+} + 2HCO_3^- + 15OH^- + 5H_2O$$
(matéria orgânica + óxido de ferro) → *(ferro reduzido + bicarbonato)*

$$Fe^{2+} + HCO_3^- + OH^- \rightarrow FeCO_3 + H_2O$$
(ferro reduzido + bicarbonato) → *siderita*

Mesodiagênese

Com o aumento crescente do soterramento, com vários quilômetros de sedimentos superpostos, ocorre o aumento da temperatura e pressão e a ampla circulação de fluidos diagenéticos, favorecendo a cimentação e recristalização. Há a gradativa restrição do sistema químico pelo efetivo soterramento. A química dos fluidos diagenéticos é influenciada pelas interações fluido-rocha e por fluidos enriquecidos em componentes provenientes da diagênese orgânica.

Pode haver formação de porosidade secundária (dissolução de grãos e de cimento calcítico precoce) devido ao contato com fluidos ácidos orgânicos, e assim gerar rocha com altíssima porosidade. Essa mesma porosidade pode ser posteriormente fechada em nova fase de cimentação. A evolução diagenética é complexa e depende de vários fatores, como pressão, temperatura, evolução da composição dos fluidos, quantidade de fluido com relação à rocha, entre outros. Nessa fase há a transformação de restos vegetais em carvão e restos de matéria orgânica microbial acumulada em sedimentos finos, que evoluem para a formação de hidrocarbonetos (óleo e gás).

A Fig. 3.8 mostra a evolução da litificação e a formação de rochas sedimentares através da diagênese, primeiro com a eodiagênese, passando depois para a mesodiagênese, conforme soterramento contínuo. Esse soterramento depende da subsidência (afundamento) da bacia sedimentar e da nova sedimentação recorrente superior. Quando a temperatura atinge ±200 °C e a pressão de P = 200 atm, ocorre a transição para o metamorfismo (anquimetamorfismo). Ou seja, a partir desse limite as transformações minerais ou de textura da rocha são consideradas como produto do metamorfismo, e não mais representam reações diagenéticas. Para as rochas sedimentares, existe um contínuo entre a diagênese avançada e o anquimetamorfismo.

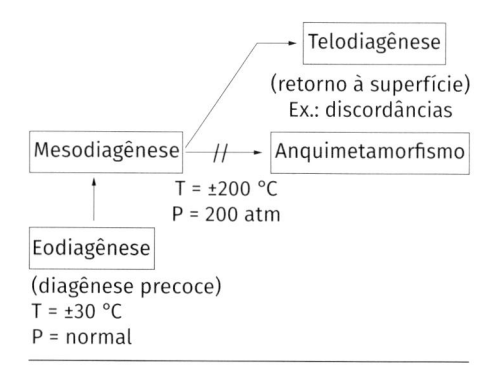

FIG. 3.8 *Evolução da diagênese e litificação da rocha sedimentar, desde a eodiagênese até a mesodiagênese e finalização, com a passagem gradual para o metamorfismo, com soterramento crescente, ou então para a telodiagênese, com retorno à superfície, devido à formação de discordância na evolução da bacia sedimentar*

Telodiagênese

A telodiagênese ocorre sobre rochas sedimentares que, uma vez soterradas, retornam a condições estruturais mais rasas, em função de soerguimento crustal. Nessas situações, os pacotes litológicos tendem a possuir suas assembleias mineralógicas modificadas em função de alterações químicas dos fluidos intersticiais e das condições termodinâmicas. Pode ser confundida com intemperismo, pois a rocha, antes em profundidade, começa a sofrer ação de fluidos e outros agentes de profundidades cada vez mais rasas. Por exemplo, os fluidos começam a ter composição cada vez mais similar à água meteórica (água da chuva infiltrada). A telodiagênese acontece na formação das discordâncias, quando a sedimentação é interrompida ou quando a bacia sedimentar interrompe a subsidência, sobe estruturalmente na crosta e passa a sofrer erosão (Fig. 3.8).

Em síntese, apresentam-se as principais transformações diagenéticas que conduzem à litificação:
- redução dos espaços intergranulares, redução da porosidade inicial;
- desidratação parcial (20% a 50% de fluidos nos poros para 3% a 6%), com redução de volume da camada;
- aumento na resistência e coesão, formação da rocha (litificação);
- geração de juntas e fraturas;
- diminuição da porosidade e alteração na permeabilidade;
- eliminação e maturação da matéria orgânica (óleo, gás, carvão);
- alteração da mineralogia, da textura e das estruturas, e produção de bandamento.

Da mesma forma que há uma tendência geral para redução dos espaços porosos e diminuição da porosidade da rocha, a diagênese também pode ser responsável, em alguns casos, por gerar porosidades secundárias e produzir reservatórios de água, óleo e gás de excelente qualidade. Vai depender da história diagenética do sedimento e dos fluidos percolantes.

3.3.3 Diagênese de arenitos, carbonatos, pelitos e matéria orgânica
Diagênese de arenitos

Na eodiagênese ocorrem processos iniciais como introdução de argilas superficiais e redução da porosidade inicial. A compactação mecânica provoca um rearranjo textural por rotação de grãos, fraturamento e esmagamento de grãos moles, com redução ainda maior do volume total e da porosidade.

Na mesodiagênese ocorre a compactação química, com redução do volume total e da porosidade através de dissolução sob pressão nos contatos intergranulares. Há também crescimento secundário de quartzo e feldspato – precipitação de cimento autigênico silicoso em torno de grãos detríticos (em continuidade óptica) com redução da porosidade. A cimentação calcítica passa a ser importante, com obliteração da porosidade primária remanescente e substituição parcial de silicatos por calcita mesodiagenética poiquilotópica ou em mosaico grosseiro. Também ocorre a geração de porosidade secundária durante a diagênese com dissolução do cimento calcítico precoce por fluidos ácidos gerados por evolução da matéria orgânica. Nesse caso, a rocha ganha porosidade diagenética com dissolução de cimento calcítico. Por fim, pode haver a nova redução da porosidade secundária devido à recompactação e precipitação de novo cimento tardio, autigênico, nos poros gerados na porosidade secundária (Tucker, 1991).

Diagênese de carbonatos

Os carbonatos são sedimentos altamente suscetíveis às alterações diagenéticas, que envolvem cimentação, compactação, dissolução, neomorfismo e substituição diagenética. Para uma extensa revisão sobre diagênese e micropetrografia de rochas carbonáticas, veja Flügel (2010).

Inicialmente ocorre a cimentação, que pode ser aragonítica ou calcítica. A transformação de aragonita (ou calcita de alto manésio) para calcita (de baixo magnésio) ocorre na diagênese precoce, com perda do Mg e mudança de sistema cristalino, com alguma perda de estrôncio. A compactação inicial reduz a porosidade.

Posteriormente, tem-se a dissolução total ou parcial de grãos e fósseis (ooides, intraclastos, conchas e esqueletos) e o aumento da porosidade, com nova fase de cimentação. Formação de estilólitos por dissolução por pressão também acontece. Ainda pode ocorrer neomorfismo, com aumento da cristalinidade (neomorfismo agradacional) ou mesmo micritização (neomorfismo degradacional) de componentes das rochas carbonáticas.

Por fim, verifica-se a substituição diagenética por entrada de fluidos diagenéticos magnesianos, levando à transformação de calcita em dolomita. A dolomita se forma a partir da seguinte equação:

$$2CaCO_3 + Mg^{2+} \rightarrow CaMg(CO_3)_2 + Ca^{2+}$$

Diversos modelos de dolomitização já foram propostos, envolvendo aportes diferentes de Mg, taxa de percolação e permeabilidade das camadas (Warren, 2000).

Depois disso, ainda pode ocorrer silicificação (formação de opala e quartzo) e fosfatização de sedimentos carbonáticos pela diagênese. Em condições de exposição à superfície, a dolomita pode ser instável frente às águas meteóricas, o que possibilita a dedolomitização, ou seja, a transformação da dolomita em calcita.

Diagênese de pelitos

No soterramento inicial (0 a 500 m), com pequena espessura de camadas superpostas, ocorre aumento na pressão e temperatura, com grande diminuição da porosidade (de 80% para 40%), liberando fluidos diagenéticos e litificando camadas argilosas. Argilominerais iniciais como glauconita e paligorskita são transformados em ilitas. Com a evolução do soterramento (5 km a 10 km) e da litificação, aparecem rochas sedimentares do tipo lamito, argilito e folhelho (com argilominerais alinhados responsáveis pela fissilidade da rocha), com redução da porosidade para 2% a 4% e aumento da proporção de ilita e clorita, com neoformação de calcedônia.

Diagênese da matéria orgânica

A matéria orgânica de origem animal e/ou vegetal sofre sucessivas transformações físicas e químicas em função dos incrementos de temperatura e pressão decorrentes do soterramento dos sedimentos. Assim, restos vegetais (folhas, ramos, esporos ou pólens) são acumulados em pântanos e soterrados, protegidos da oxidação inicial, e sofrem degradação por bactérias anaeróbicas. Ocorre a maturação da matéria orgânica, com perda de voláteis e enriquecimento em carbono (processo de carbonificação), formando inicialmente turfa (com restos vegetais visíveis), linhito (forma transicional) e carvão (rocha preta, fina, dura, com alto teor de carbono). A turfa ocorre em depósitos recentes, principalmente em planícies de inundação de rios, o linhito é encontrado em sedimentos do Paleógeno e o carvão se verifica em sedimentos permocarboníferos do Brasil.

O petróleo é um óleo de cor castanha a preta, viscoso, com densidade menor do que a água e constituído por hidrocarbonetos (n-alcanos, cicloalcanos e aromáticos). A matéria orgânica lacustre ou marinha forma uma lama preta no fundo, que se transforma num folhelho negro (*black shale*) pela diagênese. Sob a ação de bactérias anaeróbicas, os lipídios e protídios transformam-se em hidrocarbonetos. Inicialmente, a diagênese bioquímica leva à formação do querogênio (resíduo insolúvel) e libera metano (CH_4) e hidrocarbonetos que evoluem até a formação de óleo (petróleo) e gás natural. Esse processo diagenético se inicia a 1.500 m a 2.000 m de profundidade e temperaturas de cerca de 60 °C até 120 °C. Os hidrocarbonetos formam-se numa rocha geradora (folhelho negro) e depois são liberados e ascendem para zonas de menor pressão, onde enriquecem no poro de rochas-reservatório (arenitos, calcarenitos com boa porosidade), podendo formar jazidas com significado econômico. As estruturas para acumulação de petróleo são chamadas de trapas ou armadilhas, e podem ser estruturais (dobras e falhas) ou estratigráficas (lentes de arenitos imersas em pelitos). Rochas capeadoras de reservatórios também são importantes e funcionam como uma barreira impermeável, impedindo a migração do óleo para a superfície e favorecendo a acumulação do óleo/gás na rocha-reservatório. A combinação entre rocha geradora, migração, rocha-reservatório, rocha capeadora selante e tempo geológico é fundamental para gerar depósitos econômicos de óleo e gás.

Exercícios de fixação

1. Apresente os limites granulométricos (superior e inferior) dos seixos, grânulos, areia média e silte. Compare também a granulometria do grânulo (está entre os cascalhos) com a granulometria da areia.
2. Qual o limite granulométrico entre silte e argila? O que isso significa em termos de mineralogia?
3. Conceitue seleção e maturidade para rochas siliciclásticas.
4. Com ajuda da bibliografia, pesquise e classifique a seleção, arredondamento, esfericidade, maturidade textural e mineralógica de arenitos de leque aluvial (arcózio) e de praia (quartzo arenito).
5. Um clasto de conglomerado apresenta dimensões de eixo longo (maior), médio e curto iguais a 5 cm e outro clasto tem 10 cm de eixo longo e 3 cm de eixos médio e curto. Indique a forma dos clastos.
6. Conceitue arcabouço, matriz, cimento e poro, importantes componentes da fábrica de uma rocha sedimentar.
7. Quais as rochas sedimentares mais porosas e mais permeáveis? Por quê?
8. A porosidade do arenito varia com a seleção granulométrica. Qual o mais poroso?
9. O que controla a cor primária de uma rocha sedimentar? Por que razão folhelhos negros e siltitos esverdeados apresentam essas cores primárias?
10. Apresente um resumo sobre as diferentes texturas de rochas carbonáticas.
11. Quais os três fatores que determinam a presença de minerais em rochas sedimentares siliciclásticas? O que são minerais autigênicos?
12. Ao identificar um arcózio com feldspatos frescos e angulosos numa bacia sedimentar, é possível inferir determinado tipo de relevo da área-fonte e paleoclima. Qual o relevo da área-fonte e o paleoclima dominante?
13. Como se formam os argilominerais em rochas sedimentares?
14. O que são minerais pesados em rochas detríticas? Indique seis exemplos e tente relacioná-los com a proveniência, ou seja, o tipo de rocha-fonte.
15. Quais os minerais carbonáticos mais comuns e como se formam nas rochas sedimentares?
16. O que é a diagênese e quais os principais processos diagenéticos?
17. Explique as fases da diagênese até o anquimetamorfismo.
18. Explique a Fig. 3.8.
19. Faça um resumo sobre a diagênese de arenitos (processos e transformações) e de calcários.

Respostas

1. Seixo (64-4 mm), grânulos (4-2 mm), areia média (0,50-0,25 mm) e silte (0,062-0,004 mm). A areia tem 2 mm a 0,062 mm, e o grânulo 4 mm a 2 mm.
2. O limite entre silte e argila é 0,004 (4 milésimos do mm ou 4 mícrons). Acima desse limite, trata-se de silte (grãos de quartzo e feldspatos). Abaixo, trata-se de argilominerais (silicatos de Al, Mg, K etc.). Não existem grãos de quartzo abaixo desse limite.
3. Seleção é a homogeneidade granulométrica de grãos de um sedimento ou da rocha sedimentar, isto é, a quantidade de classes granulométricas presentes no sedimento ou rocha. Maturidade pode ser textural (seleção, arredondamento dos grãos e presença de matriz) e mineralógica (quantidade de minerais instáveis).
4. Arcózio de um ambiente de leque aluvial é mal selecionado, possui grãos subangulosos, baixa esfericidade, caracterizado de imaturo a submaturo. O quartzo arenito de praia é bem selecionado, possui grãos arredondados, alta esfericidade, e é maturo mineral e texturalmente.
5. A forma do primeiro clasto é uma esfera, e a do segundo é um cilindro.
6. Arcabouço é a fração granulométrica que dá o nome à rocha sedimentar; matriz é a fração subordinada, menor que a do arcabouço; cimento é um precipitado diagenético que contribui na litificação da rocha; e poro é um espaço vazio, microscópico.
7. Rochas sedimentares mais porosas são ricas em argilominerais, e as mais permeáveis são os conglomerados.
8. Arenitos bem selecionados, sem matriz siltoargilosa, são mais porosos.
9. A cor das rochas sedimentares depende de fatores mineralógicos e geoquímicos, como estado de oxidação do ferro e conteúdo de matéria orgânica. Folhelhos negros são ricos em matéria orgânica e, por isso, são pretos ou cinza-escuro. Siltitos esverdeados são ricos em matriz clorítica ou possuem glauconita.
10. Os calcários químicos mostram cristais de granulação muito fina; os calcários ressedimentados mostram variação granulométrica (cascalho até argila), estratificação cruzada e *ripples*; verifica-se textura granular para ooides, intraclastos, bioclastos; e textura de crescimento para microbialitos (calcários biogênicos).
11. Ocorrência em rochas na área-fonte, resistência ao transporte e estabilidade química.

12. Relevo alto, pouco transporte, clima seco (árido).
13. O intemperismo no continente forma diversos argilominerais nos solos, que são transportados gradualmente para o oceano, onde podem formar novos argilominerais autigênicos nas camadas sedimentares. Minerais autigênicos são formados na diagênese.
14. São minerais acessórios na rocha-fonte, densos e resistentes ao transporte, inertes quimicamente e que enriquecem como acessórios em rochas sedimentares detríticas. Alguns exemplos são hematita, magnetita, ilmenita (basaltos, gabros), zircão (granitos), turmalina, granada, cianita (rochas metamórficas), cassiterita (granitos).
15. A maior parte das rochas carbonáticas é constituída por calcita-aragonita, sendo, portanto, carbonatos calcíticos. É comum ocorrer a precipitação direta de aragonita a partir da água do meio ambiente e a transformação para calcita durante a diagênese, uma vez que a aragonita é menos estável que a calcita em baixas pressões. A dolomita também é um mineral frequente em carbonatos, geralmente formada a partir da substituição diagenética da calcita. Fluidos magnesianos durante a diagênese são responsáveis por esse processo.
16. Diagênese é o conjunto de transformações em sedimentos inconsolidados até rochas sedimentares, envolvendo processos físicos, químicos e bioquímicos, como resposta às novas condições de pressão e temperatura. Os processos diagenéticos são: compactação mecânica, compactação química, autigênese, cimentação e neomorfismo.
17. A diagênese tem várias fases, a depender do aumento do soterramento, da pressão e da temperatura do interior da Terra. Eodiagênese, mesodiagênese e anquimetamorfismo representam o soterramento crescente das camadas sedimentares.
18. A Fig. 3.8 mostra a evolução desde a eodiagênese até a mesodiagênese, em condições de pressão e de temperatura crescentes. Em determinada situação, a rocha sedimentar pode voltar à superfície, na formação de uma discordância, ou seja, interrupção na subsidência. Esse retorno à superfície a sujeita à erosão, quando a telodiagênese pode ocorrer. Em outra situação, o aprofundamento pode ser constante na crosta e a rocha sedimentar pode ultrapassar o limite do campo metamórfico.
19. Arenitos: compactação mecânica e química, redução da porosidade, várias fases de cimentação. Carbonatos: cimentação, compactação, dissolução, neomorfismo, substituição diagenética.

Leitura complementar

PRESS, F.; SIEVER, R.; GROTZINGER, J.; JORDAN, T. H. Sedimentos e rochas sedimentares. *In*: PRESS, F.; SIEVER, R.; GROTZINGER, J.; JORDAN, T. H. *Para entender a Terra*. Tradução: Rualdo Menegat *et al.* (UFRGS). 4. ed. Porto Alegre: Bookman, 2006. Cap. 8, p. 195-224.

SZATMARI, P.; TIBANA, P.; SIMÕES, I. A.; CARVALHO, R. S.; LEITE, D. C. Atlas petrográfico dos evaporitos. *In*: MOHRIAK, W.; SZATMARI, P.; ANJOS, S. M. C. *Sal*: Geologia e Tectônica. São Paulo: Beca, 2008. p. 42-63.

TEIXEIRA, W.; TOLEDO, M. C. M.; FAIRCHILD, T.; TAIOLI, F. *Decifrando a Terra*. São Paulo: Oficina de Textos, 2000. Cap. 9, p. 168-179, e Cap. 14, p. 292-301.

TUCKER, M. E.; JONES, S. J. *Sedimentary Petrology*. 4. ed. New York: Wiley, 2023. 426 p.

Transporte e estruturas sedimentares

4.1 Noções de hidráulica e transporte de grãos sedimentares

Existem dois tipos de sedimentos, os sólidos granulares (cascalho, areia, silte e argila) e o soluto (íons dissolvidos), os quais são transportados por diversos agentes transportadores, como a gravidade, o vento, a água (fluvial e marinha) e o gelo. Durante o transporte sedimentar, ocorre o fracionamento hidráulico dos grãos e a formação de estruturas sedimentares.

Os grãos sedimentares podem ser transportados em fluxo fluido (baixa viscosidade) ou fluxo denso (fluxo gravitacional). No fluxo fluido, com baixa viscosidade, as forças atuam individualmente sobre os grãos livres e ocorre a separação de grãos durante o transporte. Os grãos são transportados por arraste, rolamento, saltação e suspensão, a depender da granulometria, forma e densidade de cada grão. No fluxo denso ou gravitacional, com alta viscosidade, a força peso age sobre a massa dos grãos que estão presos na lama da matriz. Nesse caso, os grãos estão próximos, com alta coesão, e sem grãos livres, devido à grande presença de argilominerais da matriz. Assim, uma grande concentração de sedimentos é mantida em suspensão no fluido pela ação de mecanismos diversos (coesão das argilas, choque de grãos, movimento ascendente da água, alta densidade da mistura), e a gravidade atua diretamente sobre a mistura fluido (água e ar) e sedimentos suspensos, de várias granulometrias.

Durante o transporte, a carga de tração ou carga de fundo se manifesta pelo arraste, rolamento ou saltação. Já a carga de suspensão se manifesta através de vários processos, principalmente turbulência e força da matriz.

No fluxo fluido, os grãos estão soltos e diversas forças atuam sobre eles (Fig. 4.1), em especial o empuxo (E), a força peso (P), a força ascendente (A), devida à turbulência, e a força tangencial (T), de movimento do fluido. Também ocorre a atração eletrostática entre grãos, sobretudo argilominerais, chamada de coesão (C).

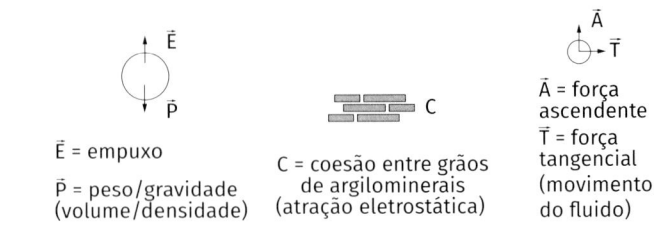

Fig. 4.1 Forças atuantes sobre grãos sedimentares

$\vec{E}$ = empuxo
$\vec{P}$ = peso/gravidade (volume/densidade)

C = coesão entre grãos de argilominerais (atração eletrostática)

$\vec{A}$ = força ascendente
$\vec{T}$ = força tangencial (movimento do fluido)

O comportamento de sólidos granulares em fluidos pode ser previsto considerando noções de mecânica e hidráulica. Assim, o transporte sedimentar depende das forças atuantes sobre os grãos e da viscosidade do fluxo. Em concentrações baixas (fluxos fluidos), os grãos são transportados pelas forças do fluido que se desloca, ocorrendo separação granulométrica. Em fluxos densos e concentrados, com muita lama, os grãos são transportados em conjunto, sem separação.

Convém ainda distinguir dois tipos básicos de fluxos (Fig. 4.2):
* *laminar*: as partículas do fluido movem-se em trajetórias retilíneas e paralelas, deslizando uma sobre as outras;
* *turbulento*: quando a velocidade aumenta, as trajetórias de fluxo tornam-se irregulares, curvam-se e formam redemoinhos, mantendo grãos em suspensão.

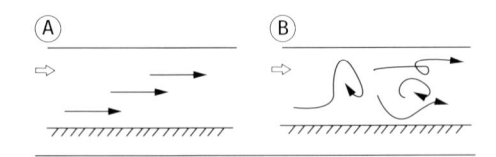

Fig. 4.2 Tipos de fluxos sedimentares: (A) fluxo laminar (partículas paralelas), que gera leito plano, e (B) fluxo turbulento com trajetória irregular das partículas, que escava o leito, gerando ondulação no fundo arenoso

A equação de Reynolds permite entender o tipo de fluxo (laminar e turbulento) e a passagem entre eles, ilustrando a relação entre forças de inércia, viscosidade, densidade e velocidade.

$$Re = \frac{V \cdot d \cdot p}{v}$$

em que:

Re = número de Reynolds;

V = velocidade da partícula;
d = diâmetro do tubo de escoamento;
p = densidade;
v = viscosidade do fluido.

O número de Reynolds é adimensional. Números altos indicam fluxo turbulento (acima de 2.000) e baixos indicam fluxos laminares (abaixo de 2.000):

$$Re < 2.000 \rightarrow \text{Baixo Re} \rightarrow \text{Fluxo laminar}$$
$$Re > 2.000 \rightarrow \text{Alto Re} \rightarrow \text{Fluxo turbulento}$$

A energia desenvolvida por um fluxo (por exemplo, um curso d'água), ou seja, a sua capacidade de erosão e transporte de grãos, é dada pelo número de Froude, adimensional, que vem da dinâmica dos fluidos (hidráulica) e é representado pela seguinte equação:

$$Fr = \frac{V}{\sqrt{g \cdot h}}$$

em que:
Fr = número de Froude;
V = velocidade da partícula;
g = aceleração da gravidade;
h = espessura do fluxo.

O número de Froude (Fr) indica se o regime de fluxo é superior ou inferior:
* Fr < 1 = regime de fluxo inferior, subcrítico (menor velocidade), que provoca transporte intermitente dos grãos e é capaz de formar ondulações de diferentes tamanhos (*ripples* e dunas).
* Fr > 1 = regime de fluxo superior, supercrítico (alta velocidade), que provoca transporte contínuo de grãos e é capaz de gerar tapetes de tração (leito plano).

A probabilidade de arraste de um grão sedimentar é função do seu tamanho e da energia do fluido. A força do fluido pode ser decomposta em força de empuxo, oposta à atração gravitacional (força peso), e força tangencial (ou tração) do fluido.

Os princípios básicos de sedimentação por correntes de tração estão ligados a experiências em canais artificiais confinados, em laboratórios de hidráulica. A água corre sobre um leito granular, representando uma carga de fundo transportada pelo rio. Nesses experimentos, é possível variar a velocidade da corrente e/ou a dimensão da partícula. A velocidade crítica para que uma partícula inicie o movimento depende das relações entre a velocidade e viscosidade do fluxo e a granulometria e inércia do sólido. Quando o substrato (fundo) é constituído de material arenoso, sem coesão, a velocidade crítica aumenta com a granulometria, para colocar grãos em movimento. Já quando o fundo é argiloso (coesivo), precisa-se de maior velocidade crítica (efeito Hjulström). Argila e silte possuem maior coesão, devido a forças intergranulares; por isso, é necessária maior velocidade inicial para arrancar a partícula argilosa. Depois que a partícula é colocada em movimento, exige-se menor velocidade para mantê-la em transporte, até ocorrer a deposição.

Com a modificação da velocidade do fluxo, surgem configurações diferentes no leito granular, gerando diferentes formas de leito – isso prova que existe uma relação importante entre regime de fluxo, forma de leito e geração de estrutura sedimentar. Foram esses experimentos em canais artificiais, com fluxo de água em diferentes velocidades sobre sedimentos de diversas granulometrias, que permitiram a compreensão da formação de estruturas sedimentares (Fritz; Moore, 1988; Nichols, 2009; Pomerol *et al.*, 2013).

Na Tab. 4.1, pode-se observar diferentes formas de leito relacionadas a diferentes regimes de fluxo e números de Froude. As variáveis no experimento compreendem granulometria, profundidade e viscosidade/velocidade (fluido). Ressalta-se que o aumento na profundidade exige aumento na velocidade.

Em resumo, as correntes unidirecionais provocam a formação de diferentes formas de leito no fundo arenoso, as quais dependem da granulometria do sedimento e da energia do fluxo, conforme o número de Froude e a velocidade do fluxo (Fig. 4.3). No regime de fluxo inferior, num primeiro momento, as correntes fracas não permitem movimento dos grãos, então ocorre a decantação das partí-

Tab. 4.1 Diferentes formas de leito e estruturas sedimentares nos regimes de fluxo inferior e superior

Regime de fluxo superior: $Fr > 1$	Aumento da velocidade da corrente	Leito plano com lineação longitudinal de corrente (partição)	Antidunas (ondulações sinusoidais)
Fase de transição → desgaste			
Regime de fluxo inferior: $Fr < 1$	Baixa velocidade da corrente	Micro-ondulações em areia < 0,6 mm, cristas paralelas, sinuosas ou descontínuas	Macro-ondulações em areia > 0,6 mm (dunas subaquáticas)

culas. Com o aumento da velocidade de escoamento do fluxo, surgem marcas onduladas de correntes entre 25 cm/s e 60 cm/s em areias de granulometria inferior a 0,6 mm. Essas marcas resultam da ação conjunta de tração e suspensão.

As macro-ondulações (ou dunas) formam-se em granulometrias maiores (0,2 mm a 2 mm) e velocidades entre 30 e 150 cm/s. O comprimento de onda varia de 0,5 m a 10 m, e a altura de 0,06 m a 1,5 m. As cristas das ondulações podem ser retas, gerando estratificações cruzadas tabulares (2D), até sinuosas, com aumento da velocidade, produzindo então estratificações cruzadas acanaladas (dunas 3D). Assim, acamamento plano inferior (devido à decantação de finos), marcas onduladas e macro-ondulações são estruturas características do regime de fluxo inferior (Fr < 1), escoamento subcrítico ou calmo (Fig. 4.3).

Leito plano com grande velocidade de fluxo ocorre no regime de fluxo superior (fluxo supercrítico ou rápido, Fr > 1). Formam-se estratificações plano-paralelas ou horizontais, também designadas como tapetes de tração, com lineações de partição. Essas estratificações são formadas em leitos de areia fina com velocidades de 60 cm/s e 120 cm/s e em fundos de areia grossa em velocidades de 120 cm/s a 150 cm/s. As antidunas, que se desenvolvem a velocidades superiores a 150 cm/s, são ondulações estacionárias que podem progredir no sentido inverso da corrente. São formas de leito que dificilmente se preservam (Fig. 4.3).

Assim, estudos e experimentos em canais artificiais de laboratórios de hidráulica são importantes para testar e compreender a formação de várias estruturas sedimentares da natureza, as quais serão descritas a seguir.

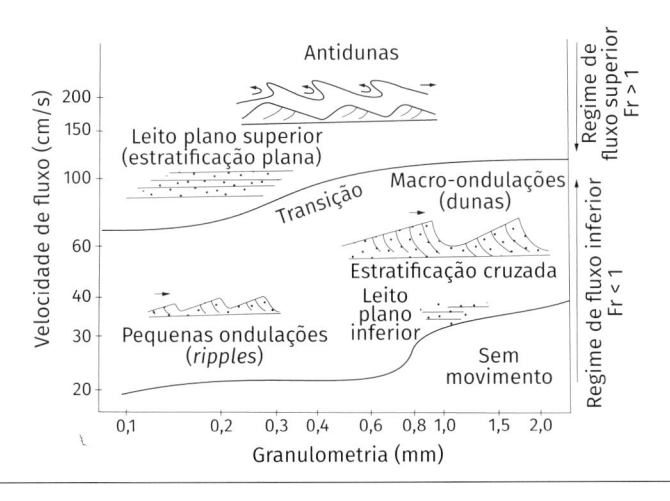

FIG. 4.3 *Regimes de fluxo inferior e superior, formas de leito e geração de estruturas sedimentares*
Fonte: adaptado de Fritz e Moore (1988) e Nichols (2009).

4.2 Estruturas sedimentares

O transporte sedimentar induz à separação granulométrica e também à formação de estruturas sedimentares primárias, resultantes dos processos de tração e suspensão, gerando diferentes formas de leito. Essas formas de leito, quando preservadas, vão formar as estruturas sedimentares, em rochas de qualquer idade. Portanto, a partir das estruturas sedimentares encontradas hoje em afloramentos rochosos, é possível entender como o sedimento e a rocha se formaram, além de inferir processos sedimentares em ambientes antigos de sedimentação (paleoambientes).

Segundo Tucker (2014), as estruturas sedimentares podem ser classificadas em: (i) estruturas erosionais, formadas a partir da erosão provocada pelo fluxo em sedimentos recém-depositados; (ii) estruturas sindeposicionais, formadas durante a sedimentação; (iii) estruturas biogênicas, formadas pela atividade de animais e plantas; e (iv) estruturas pós-deposicionais, formadas no soterramento e diagênese. Por sua vez, Collinson, Mountney e Thompson (2006) as classificam em estruturas erosionais, estruturas deposicionais em pelitos, em arenitos, em ruditos, em rochas químicas e bioquímicas, e, ainda, estruturas deformacionais.

As estruturas sedimentares podem ocorrer na superfície superior da camada, dentro da camada (estruturas internas) ou na superfície inferior da camada (sola). Num conjunto de camadas sedimentares superpostas (Fig. 4.4), pode haver variação da espessura, variação da continuidade lateral e da geometria (camada ou lente). Como já mencionado no Cap. 2, a espessura (e) é a distância entre a base e o topo da camada, e varia desde lâmina, com a menor espessura (< 1 cm), até camada ou estrato, com espessura variável (de 1 cm até vários metros), sendo um parâmetro importante que deve ser medido no trabalho de campo. Existe uma relação entre espessura da camada e granulometria: em geral, camadas de granulometria grossa possuem espessura maior do que camadas de granulometria fina.

O plano ou superfície de acamamento (S_0) é indicado pela variação granulométrica, variação de litologia (variação mineralógica) ou de cor (Fig. 4.4). O acamamento pode ser paralelo, não paralelo, ondulado e descontínuo (intermitente ou pouco

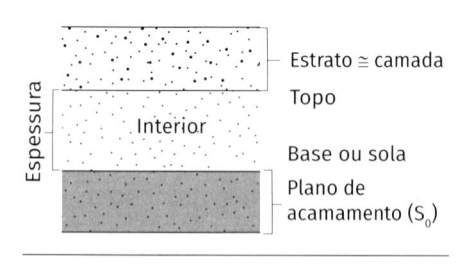

FIG. 4.4 *Camadas separadas pelo plano de acamamento S_0, com indicação de topo e base*

visível), e também pode ser classificado em: (i) brusco, com mudança litológica abrupta; (ii) gradativo, com variação gradual da granulometria; (iii) erosivo, com superfície irregular marcada por clastos ou intraclastos, indicando erosão; ou (iv) com evidência de exposição subaérea, como greta de contração, paleossolo. Para mais detalhes, ver Collinson, Mountney e Thompson (2006) e Tucker (2014).

A seguir, apresenta-se sucintamente a origem e formação das principais estruturas sedimentares erosionais, sindeposicionais, biogênicas e pós-deposicionais.

4.2.1 Estruturas erosionais

O fluxo sedimentar pode provocar erosão numa camada subjacente, ainda inconsolidada, e a marca dessa erosão ficará preservada devido ao preenchimento posterior, isto é, nova sedimentação.

As estruturas erosionais correspondem a três tipos básicos: canais, corte e preenchimento, e marcas de sola. Os canais (*channels*) são estruturas de grande porte, com base côncava, erosional, e sedimentos horizontais adjacentes. Canais fluviais sinuosos, quando erodem sedimentos da planície de inundação, podem gerar canais que, posteriormente, serão preenchidos por nova sedimentação.

Estruturas de corte e preenchimento (*fill and cut structure*) são semelhantes aos canais, mas de porte menor, e são formadas quando a corrente escava e depois preenche a depressão, com nova sedimentação. Canais em planície de maré podem ser bons exemplos (Fig. 4.5). Essas estruturas apresentam dimensões de decímetros a metros, com eixo maior alongado segundo a paleocorrente.

Por fim, as marcas de sola (*sole marks*) são escavações assimétricas e alongadas produzidas pelo fluxo de corrente (turboglifos, ou *flute marks*), por arraste de objetos (marcas de sulcos, ou *groove marks*) ou até mesmo marcas de impactos de objetos (*tool marks*). Formam-se quando uma corrente com fluxo turbulento erode um substrato lamoso e a escavação fica preservada devido à nova sedimentação, geralmente arenosa (contramolde) (Fig. 4.6). Essas estruturas em geral aparecem na base de camadas turbidíticas e permitem inferir a paleocorrente, importante para reconstruções paleogeográficas.

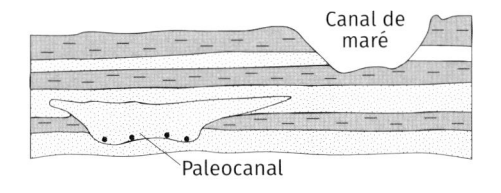

FIG. 4.5 *Estrutura de corte e preenchimento: paleocanal em ambiente de planície de maré. A erosão forma o antigo canal na planície, ocorre sedimentação arenosa que preenche o paleocanal e, depois, há sedimentação pelito-arenosa de maré, formando o canal atual*

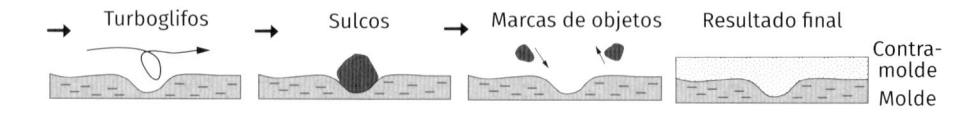

FIG. 4.6 *Marcas de sola: estruturas erosionais, causadas por corrente (turboglifos) ou arraste e marcas de objetos (clastos), que ficam preservadas no contato molde/contramolde*

4.2.2 Estruturas sindeposicionais

A maior parte das estruturas primárias são desse tipo, incluindo estratificação, laminação, estratificação cruzada, marcas onduladas e gretas de contração. Também chamadas de aerodinâmicas ou hidrodinâmicas, as estruturas sindeposicionais são formadas na sedimentação das camadas e lâminas. A seguir, apresenta-se uma breve descrição das principais estruturas.

Estratificação paralela ou plana (horizontal bedding)

A estratificação paralela envolve planos de acamamento paralelos entre si, em regime de fluxo superior, com alta velocidade de corrente, e está associada à lineação de partição (alongamento do eixo maior de grãos de quartzo). É mais comum em sedimentos de maior granulometria, como conglomerados, arenitos e calcarenitos, por ser uma estrutura formada por correntes de alta velocidade (Fig. 4.7).

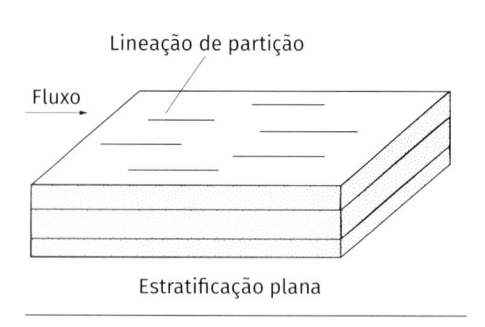

FIG. 4.7 *Estratificação plana, formada em regime de fluxo superior e lineação de partição ou de corrente (alongamento de grãos)*

Não confundir essa estrutura com a laminação plana em pelitos, a qual é formada por decantação e/ou correntes fracas do regime de fluxo inferior. Muitos sedimentos pelíticos são finamente laminados, depositados em lagos, lagunas e no ambiente marinho profundo, abaixo do nível de ondas. A laminação também pode ser produzida por precipitação periódica de minerais químicos, como calcita, gipsita e halita (evaporitos).

Estratificação cruzada (cross-bedding)

A estratificação cruzada se caracteriza por planos e lâminas internos à camada inclinados em relação ao acamamento (S_0), e ocorre em conglomerados de grânulos e seixos, arenitos e calcarenitos. A laminação cruzada ocorre preferencialmente em pelitos, com lâminas oblíquas em relação ao acamamento, sobretudo em siltitos. São estruturas importantes que indicam diferentes processos sedimentares e proveniência (orientação da área-fonte e do fluxo sedimentar), e são geradas em regime de fluxo inferior e forma de leito ondulada. As ondulações assimétricas possuem duas faces: barlavento (contrário à direção do fluxo), com baixa inclinação, e sotavento (a favor da direção da corrente), com maior mergulho, definindo a assimetria. Avalanches e deslizamentos de grãos no sotavento de ondulações arenosas assimétricas constroem as estratificações cruzadas. A sedimentação ocorre na forma de erosão de grãos a montante (barlavento) e microavalanches a jusante (sotavento), no plano mais inclinado (Fig. 4.8). Com a evolução e o crescimento da estrutura das ondulações assimétricas, há a erosão da crista com formação do plano horizontal de S_0, e também a preservação da estrutura (Fig. 4.8).

Os tipos principais de estratificação cruzada são:

* *Estratificação cruzada tabular* (planar cross-stratification): gerada por ondulações arenosas de crista reta, com planos oblíquos na face paralela ao fluxo e planos paralelos na face perpendicular ao fluxo (Fig. 4.9A).
* *Estratificação cruzada acanalada* (trough cross-stratification): gerada por ondulações arenosas de crista sinuosa, devido a uma maior velocidade do fluxo, mostrando planos oblíquos na face paralela à corrente e planos curvos (côncavos) na face perpendicular à corrente (Fig. 4.9B).

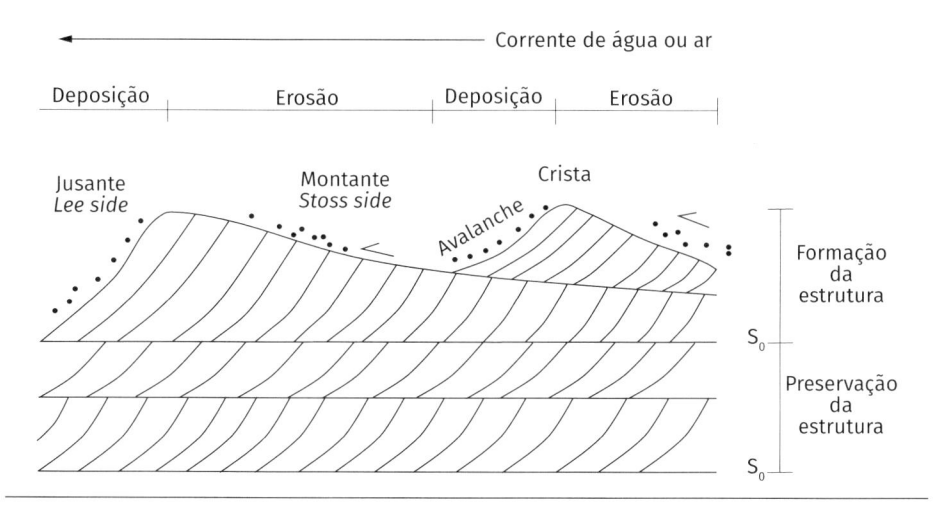

FIG. 4.8 *Formação de estratificações cruzadas: formas de leito assimétricas (macro--ondulações) com erosão e deposição (microavalanches na face íngreme,* lee side*) e, depois, preservação com migração da ondulação e formação de superfície de S_0*

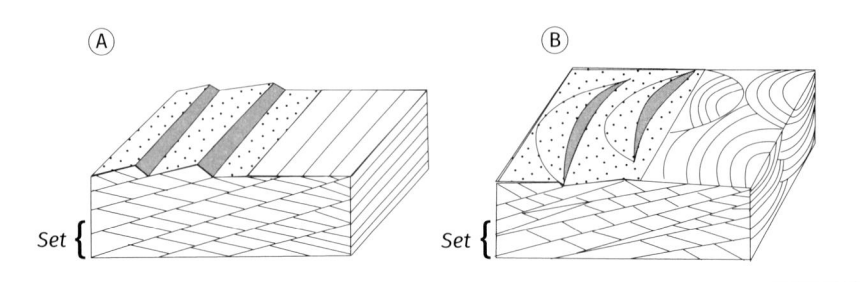

Fig. 4.9 *Tipos de estratificação cruzada, com fluxo para a direita: (A) ondulação arenosa de crista reta formando estratificação cruzada tabular, e (B) ondulação de crista sinuosa ou linguoide formando estratificação cruzada acanalada, com planos curvos*

Há também alguns tipos especiais de estratificação cruzada, explicados a seguir:

* *Estratificação cruzada espinha de peixe* (herringbone cross-bedding): não é uma estrutura apenas, mas sim uma junção de duas ou mais camadas sobrepostas, contendo estratificações cruzadas que indicam fluxos bidirecionais. Normalmente geradas pelo fluxo da maré (enchente e vazante), elas possuem baixo potencial de preservação.
* *Estratificação cruzada por ondas de tempestade* (hummocky cross-bedding): é formada na plataforma continental, por ação de ondas de grande porte que geram fluxo combinado (oscilatório, tração e suspensão). Essa estratificação mostra laminações truncadas de baixo ângulo, superfícies convexas, longo comprimento de onda com pequena altura e granodecrescência ascendente.
* *Estratificação sigmoidal* (sigmoidal cross-bedding): lentes amalgamadas, formadas quando uma corrente carregada de sedimentos perde competência e deposita, formando lobos de suspensão. É comum em sedimentação deltaica.

Marcas onduladas (ripples)

São ondulações de pequeno porte devidas à ação de água (corrente, onda) e vento sobre sedimento não coesivo (silte médio a areia grossa), constituindo estruturas típicas formadas no regime de fluxo inferior sob correntes fracas.

As cristas variam de retas a sinuosas e linguoides. As marcas onduladas simétricas são formadas por ondas e mostram crista reta ou bifurcada, enquanto as marcas onduladas de correntes de água ou correntes de ar (vento) são assimétricas, com flanco suave e longo (*stoss side*) e flanco curto e íngreme (*lee side*) bem característicos.

O índice da marca ondulada é a razão entre o comprimento de onda (L) e a altura (H) da ondulação, portanto, a razão L/H. Essa razão auxilia a separar marcas onduladas formadas por ondas das marcas onduladas formadas por corrente e vento, da seguinte forma: a marca ondulada por onda (simétrica) tem L/H predominando entre 6 e 7; a marca ondulada por corrente de água (assimétrica) tem L/H predominando entre 8 e 15; e a marca ondulada por corrente de vento (assimétrica) tem L/H entre 10 e 70.

Eventualmente, podem ocorrer marcas onduladas que migram corrente abaixo, formando laminação cruzada de ondulações cavalgantes (*climbing ripples*). Nas *ripples* subcríticas, predomina a carga de tração e ocorre erosão do *stoss side*, com preservação apenas do *lee side*, e lâminas separadas por superfície de erosão. Nas *ripples* supercríticas, com maior suspensão, a porção de barlavento é preservada e as lâminas cruzadas são contínuas (Fig. 4.10).

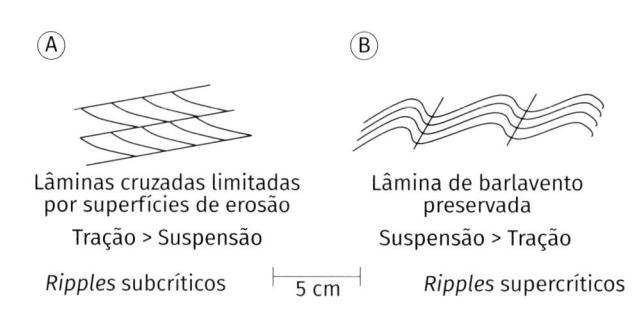

Fig. 4.10 *Laminação cruzada de ondulações cavalgantes (*climbing ripples*): (A) ripples subcríticos, quando predomina a tração, com preservação do lee side, e (B) ripples supercríticos, quando domina a suspensão e ocorre preservação dos dois lados (lee side e stoss side)*

(A) Lâminas cruzadas limitadas por superfícies de erosão
Tração > Suspensão
Ripples subcríticos

(B) Lâmina de barlavento preservada
Suspensão > Tração
Ripples supercríticos

5 cm

Estratificação flaser, lenticular e ondulada

São ondulações arenossiltoargilosas como resultado de decantação argilosa alternando com sedimentação subaquosa por correntes fracas (areia fina-silte), também chamadas de fácies heterolíticas. *Flaser* é quando predomina areia com lentes de argila, e na lenticular (*linsen*) predomina argila com lentes arenosas, enquanto o acamamento ondulado (*wavy*) é transicional entre *flaser* e lenticular, com areia e argila em proporções semelhantes (Fig. 4.11). Laminações cruzadas, muitas vezes bidirecionais, são comuns nas lentes/camadas arenosas e siltosas, indicando a ação de correntes de tração alternadas à decantação. Essas estruturas (estratificações *flaser*, lenticular e ondulada) podem ser encontradas em sedimentos de planície de maré ou na plataforma continental, em tempestitos distais, ou ainda em sedimentos lacustres.

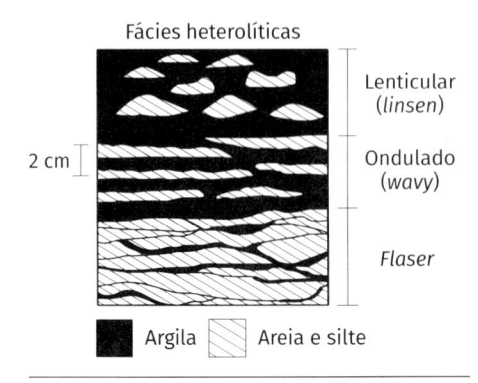

Fig. 4.11 Estratificação flaser, ondulada (wavy) e lenticular (linsen)

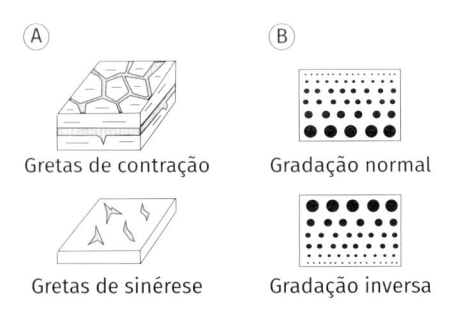

Fig. 4.12 (A) Gretas de contração e de sinérese e (B) estratificação gradacional

Estratificação gradacional (graded bedding)

Na estratificação gradacional, há o decréscimo/diminuição do tamanho dos grãos da base para o topo da camada (gradação normal) (Fig. 4.12B). É formada por corrente de turbidez durante a desaceleração do fluxo (fluxo gravitacional diluído), com decantação de partículas grossas e depois, gradativamente, grãos mais finos (gradação normal).

Também pode ocorrer gradação inversa, aumentando o tamanho de grão para cima. Nesse caso, ocorre dispersão de grãos em fluxos gravitacionais bem concentrados.

Estrutura maciça

É a camada que não apresenta nenhuma estrutura interna visível, em geral associada com deposição rápida, por fluxo gravitacional. Eventualmente, estratificações originais podem ter sido destruídas por intensa bioturbação (atividade de organismos no sedimento mole) ou fluidização (perda de fluidos por compactação).

Gretas de contração (mudcracks) e pingos de chuva

As gretas de contração são geradas por exposição subaérea de camada argilosa, causando fendas de ressecamento. Formam-se polígonos no material argiloso, os quais são posteriormente preenchidos por areia (contramolde), que preserva a estrutura. Os polígonos são variáveis em tamanho (Fig. 4.12A) e geralmente ocorrem em ambientes que ressecam, como lagos, planície de inundação fluvial e planície de maré. Gretas de sinérese formam-se embaixo d'água, por variações de salinidade, e apresentam forma de polígonos incompletos ou parecidos com pés de pássaro.

Marcas de pingos de chuva também dependem de exposição subaérea do sedimento; os pingos de chuva formam pequenas impressões no sedimento argiloso.

Em síntese, as estruturas sedimentares sindeposicionais formam-se durante o transporte e a sedimentação, resultando da interação entre os processos de tração (carga cascalhosa de fundo) e suspensão e do nível de energia envolvido no transporte. Geralmente, o fluxo fluido desenvolve estruturas sedimentares como marcas onduladas, estratificações cruzadas e estratificação plana, com o aumento de energia. Fluxos densos ou gravitacionais, por outro lado, formam paraconglomerados (diamictitos), estratificações gradacionais (normal e inversa) e camadas maciças. Assim, o reconhecimento das estruturas sedimentares permite inferir o mecanismo de transporte sedimentar, o que auxilia sobremaneira a identificação do paleoambiente sedimentar.

4.2.3 Estruturas biogênicas

Estruturas sedimentares biogênicas ocorrem com frequência em rochas sedimentares e incluem vários tipos:

- fósseis ou bioclastos, principalmente a parte dura de esqueletos, como conchas (gastrópodes, pelecípodes, entre outros), dentes e escamas;
- estruturas de bioturbações: feições produzidas pela atividade em vida dos animais nos sedimentos moles ou na superfície das camadas, compreendendo pistas, pegadas, tubos e perfurações.

Pegadas e pistas ocorrem sobre a superfície do acamamento, com diferentes geometrias (reta, curva, sinuosa, espiralada etc.), e podem mostrar saliências, sulcos e ornamentações. Tubos biogênicos são encontrados dentro das camadas, sendo sub-horizontais até verticais, retos ou curvos, ramificados, em "U" etc., com preenchimento igual ou diferente do sedimento encaixante.

O estudo dos icnofósseis é chamado de icnologia. As características morfológicas em detalhe dos icnofósseis permitem estabelecer o gênero e a espécie e podem dar informações sobre a paleoecologia da sedimentação, por exemplo, a profundidade da água, salinidade, oxigenação etc. Diferentes assembleias de traços fósseis podem ser reconhecidas nas rochas sedimentares (representando icnofácies) e relacionadas a diferentes ambientes de sedimentação, a exemplo de ambiente litorâneo, plataforma continental e planície abissal (Tucker, 2014).

No grupo das estruturas biogênicas, podem ocorrer ainda estruturas sedimentares induzidas por ação microbiana (ESIM) em arenitos, especialmente marcas corrugadas, devido à expansão da trama microbiana, com saliências e domos centimétricos e formação de gases. São frequentes em arenitos do Pré-Cambriano.

Especificamente em calcários, ocorrem diversos tipos de microbialitos, estruturas biogênicas que mostram grande diversidade de formas de crescimento e apresentam trama microbial, com partículas de carbonatos, cianobactérias e outros micróbios (Fig. 4.13):

- *laminito microbial*: rocha carbonática com laminação irregular e crenulada;
- *estromatólitos*: formas colunares (colunas ramificadas ou divergentes) e dômicas laminadas;
- *oncoides* (Fig. 2.9): estruturas concêntricas irregulares, semelhante a pisoides;
- *trombólito*: não laminado, textura coagulada ou pisolítica.

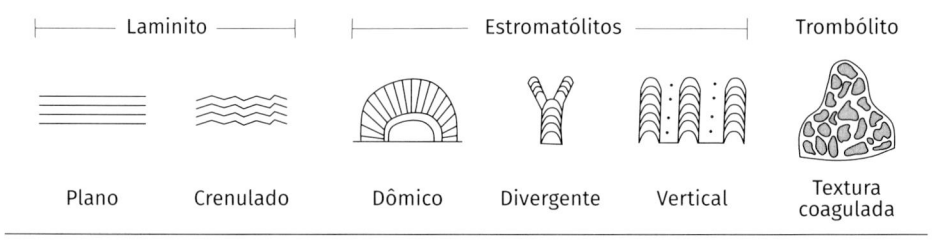

Fig. 4.13 *Estruturas de calcários microbiais: laminitos, estromatólitos e trombólitos*

4.2.4 Estruturas pós-deposicionais

Constituem uma série de estruturas sedimentares formadas depois da sedimentação e relacionadas ao soterramento progressivo e à diagênese. Alguns exemplos são:

- *Escorregamentos e deslizamentos* (slumps, slides): falhamentos sinssedimentares provocam escorregamentos e deslizamentos de sedimentos recém-depositados, às vezes com formação de brechas e camadas contorcidas (dobras convolutas).
- *Dobras convolutas*: são estruturas de deformação plástica, com camadas dobradas (dobras atectônicas) por causa de compactação, soterramento e deslizamentos (Fig. 4.14B). Sedimentos instáveis, como evaporitos, possuem comportamento plástico com o aumento do grau geotérmico, em maiores profundidades. Podem mostrar dobramentos e demais estruturas plásticas.

* *Estrutura de carga e pseudonódulos*: ocorrem na interface areia-lama, com projeções da areia mole, devido à compactação (Fig. 4.14A,C).
* *Estruturas de escape de fluidos*: é quando há perda de água presente no poro do sedimento. São divididas em *dish* (prato ou pires), com laminação côncava para cima, e pilar, que são projeções subverticais de saída de fluidos (Fig. 4.14C).
* *Diques de arenito (diques clásticos)*: são projeções verticais de areia penetrando em camadas superiores/inferiores. São formados por preenchimento ou injeção.
* *Brecha intraformacional*: durante a compactação, algumas camadas são afinadas e rompidas, e seus fragmentos originam brechas sedimentares pós-deposicionais. Erosão de sedimentos recém-depositados e sedimentação rápida também geram brecha intraformacional sindeposicional.

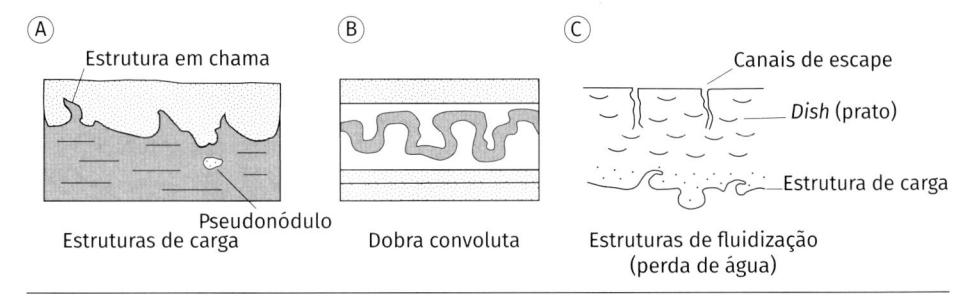

FIG. 4.14 *Estruturas pós-deposicionais: (A) estrutura de carga no contato arenito-pelito, (B) dobra convoluta e (C) estruturas de fluidização (perda de fluidos)*

Existem ainda estruturas pós-deposicionais químicas, resultantes da diagênese e percolação de fluidos diagenéticos, os quais precipitam e formam o cimento, processo que contribui para a litificação da rocha sedimentar. Alguns exemplos incluem:
* *concreções*: estruturas elipsoidais, geralmente de $CaCO_3$ ou SiO_2;
* *nódulos*: semelhantes às concreções, mas com tamanho menor;
* *estilólitos*: superfícies irregulares de dissolução formadas em carbonatos por fluidos sob pressão;
* *cone em cone*: cones invertidos justapostos;
* *septárias*: concreções recortadas por fraturas.

Exercícios de fixação
1. Compare os dois tipos de fluxo para transporte de grãos: fluido e denso.
2. Quais forças atuam sobre grãos sedimentares soltos?

3. Como explicar os fluxos laminar e turbulento? Pesquise e procure exemplos desses fluxos na natureza.
4. Explique o diagrama de regimes de fluxo e formas de leito da Fig. 4.3.
5. Liste as principais estruturas sedimentares.
6. Explique o que é uma estrutura sedimentar erosional.
7. Como se formam as estruturas de corte e preenchimento e as estruturas de marcas de sola?
8. Desenhe e explique a formação das seguintes estruturas sedimentares: estratificação plana, estratificação cruzada, marca ondulada, estratificação gradacional, estratificação *flaser*, lenticular e ondulada, e greta de contração (ressecamento).
9. Explique a formação de estratificações *hummocky* e *herringbone*.
10. Desenhe e explique a formação de dobra convoluta, estruturas de perda de água (fluidização), estrutura de carga, concreções, nódulos e septárias.
11. Explique a formação de estruturas biogênicas, como traços fósseis: pistas, pegadas, tubos e perfurações.
12. Como utilizar os traços fósseis em sedimentologia? O que são icnofácies?
13. Explique a formação de microbialitos em carbonatos e descreva os diferentes tipos.

Respostas

1. No fluxo fluido, os grãos estão soltos e são transportados por arraste, rolamento, saltação e suspensão, conforme a granulometria, densidade e forma de cada grão. No fluxo denso, uma grande concentração de sedimentos é mantida em suspensão pela ação de mecanismos diversos (coesão das argilas, choque de grãos, movimento ascendente da água, alta densidade da mistura), e a gravidade atua diretamente sobre a mistura fluido (água e ar) e sedimentos suspensos, de várias granulometrias. Toda a massa se desloca, formando escorregamentos, fluxos de detritos (avalanches) e correntes de turbidez.
2. Força peso, empuxo, coesão dos argilominerais, força tangencial, força ascendente.
3. No fluxo laminar, as partículas (grãos) se deslocam em trajetórias retilíneas, enquanto no fluxo turbulento as partículas descrevem trajetórias irregulares. Numa avalanche, com grãos imersos na lama, o fluxo é laminar. Numa corredeira de drenagem (rio) ou corrente de turbidez submarina, o fluxo é turbulento.

4. O diagrama é resultado de pesquisa em canais artificiais, com fundo arenoso e diferentes velocidades de fluxo. Essas pesquisas permitiram entender a formação das estruturas sedimentares. Em baixas velocidades, formam-se *ripples*; com velocidade um pouco maior, formam-se ondulações, que geram estratificações cruzadas. Já em altas velocidades forma-se leito plano (estratificação plana).
5. Estruturas sedimentares erosionais: canais, corte e preenchimento, marcas de sola.

   Estruturas sindeposicionais: estratificação plana, cruzada (tabular e acanalada), *hummocky*, *herringbone*, sigmoidal, gradacional, maciça, *flaser*-lenticular-ondulada, greta de contração.

   Estruturas biogênicas: bioclastos, bioturbações, ESIM em arenitos, microbialitos em carbonatos.

   Estruturas pós-deposicionais: deslizamentos, escorregamentos, dobras convolutas, estrutura de carga, escape de fluidos (*dish* e pilar), diques de areia, brechas, concreções, nódulos, estilólitos, septárias.
6. Estruturas erosionais são formadas por erosão em sedimento ainda não litificado, devido a fluxos sedimentares mais fortes, seguida de preservação, com nova sedimentação.
7. Estruturas de corte e preenchimento são formadas por erosão e depois preenchimento da depressão gerada pelo fluxo, com nova sedimentação. Marcas de sola são erosões pela corrente ou por objeto (clasto) que gera uma depressão, a qual é preservada posteriormente com nova sedimentação.
8. Estratificação plana na areia é formada por fluxos de alta velocidade, em regime de fluxo superior. Estratificação cruzada é gerada no regime de fluxo inferior, com ondulações assimétricas, de cristas retas (estratificação cruzada tabular) e sinuosas (estratificação cruzada acanalada). Marcas onduladas ou *ripples* são geradas no regime de fluxo inferior, com fluxo lento. Estratificação gradacional envolve o assentamento gradual dos grãos no fluxo gravitacional. *Flaser*-lenticular-ondulada são camadas e lâminas de areia fina, silte e argila, com sedimentação de tração e suspensão. Gretas de ressecamento são polígonos abertos em camadas de argila que ressecaram.
9. Estratificação *hummocky* são ondulações convexas e truncamentos de baixo ângulo, geradas por ondas de tempestades na plataforma continental e antepraia. Estratificação *herringbone* está associada ao ambiente de maré, com estratificações cruzadas bidirecionais.

10. Dobra convoluta é uma estrutura pós-deposicional, deformacional, formada pelo soterramento e peso das camadas superiores. Fluidização é a perda de fluidos por compactação. Estruturas de carga são afundamentos pelo peso da camada superior, enquanto concreções e nódulos são estruturas químicas geradas na cimentação da rocha.
11. Traços fósseis são estruturas que indicam a passagem de organismos pelo sedimento mole, ainda não litificado, deixando pistas, pegadas, tubos e perfurações para alimentação ou moradia.
12. O estudo de icnofácies (traços fósseis) auxilia no entendimento do paleoambiente de sedimentação e na geocronologia, ou seja, a indicação da idade da rocha.
13. Microbialitos são estruturas biogênicas em carbonatos, geradas quando organismos se alimentam e formam o carbonato de cálcio. Variam desde laminitos microbiais até estromatólitos e trombólitos.

Leitura complementar

COLLINSON, J.; MOUNTNEY, N. *Sedimentary Structures*. 4.ed. Edinburgh: Dunedin, 2019. 340 p.

GIANNINI, P. C. F.; RICCOMINI, C. Sedimentos e processos sedimentares. *In*: TEIXEIRA, W.; TOLEDO, M. C. M.; FAIRCHILD, T.; TAIOLI, F. (org.). *Decifrando a Terra*. São Paulo: Oficina de Textos, 2000. Cap. 9, p. 167-190.

SGARBI, G. N. C. Rochas Sedimentares. *In*: SGARBI, G. N. C. (org.). *Petrografia macroscópica das rochas ígneas, sedimentares e metamórficas*. Minas Gerais: Editora da UFMG, 2007. p. 273-446.

SUGUIO, K. As estruturas sedimentares. *In*: SUGUIO, K. *Geologia sedimentar*. São Paulo: Blücher, 2003. Cap. 6, p. 126-160.

cinco

Fácies sedimentares: conceitos, geometria, mobilidade, perfil colunar e paleocorrentes

5.1 Conceito de fácies sedimentar e geometria de depósitos

A fácies sedimentar é uma rocha sedimentar com diferentes atributos, como granulometria (textura), estrutura sedimentar, espessura, geometria (lente ou camada), paleocorrente, conteúdo fossilífero e litologia (arenito, folhelho, carbonato etc.), que permitem inferir o processo de sua formação (sedimentação) e o paleoambiente. Fácies também pode ser definida como o produto da atuação de processos físicos, químicos e biológicos no ambiente deposicional (local geográfico de sedimentação, por exemplo, ambiente fluvial, deltaico, marinho). Uma fácies apresenta atributos característicos diferentes das demais rochas sedimentares adjacentes. Uma sucessão sedimentar pode ser constituída por muitas fácies, que se repetem verticalmente, ou variam lateralmente (na horizontal), a partir da mudança de um, vários, ou todos os seus parâmetros definidores.

A variação lateral de fácies ocorre em dezenas ou centenas de metros até quilômetros, e refletem uma mudança importante no ambiente de sedimentação. Por exemplo, conglomerados lateralmente passando para arenitos grossos, com redução da granulometria. Outro caso é a passagem lateral de arenitos (borda de lago) para pelitos depositados no centro do ambiente lacustre, que é a porção mais profunda do lago. Mais um exemplo ocorre na plataforma continental, com a passagem de arenitos de praia e antepraia para siltitos e pelitos de plataforma continental, com o aprofundamento da lâmina de água da plataforma continental.

A geometria dos depósitos sedimentares representa a forma do corpo sedimentar dentro do ambiente de sedimentação. Existem camadas muito contínuas e camadas descontínuas e impersistentes. A geometria de uma camada ou fácies individual pode ser tabular (lateralmente extensiva), em forma de cunha (cuneiforme) se for impersistente e com superfícies de contato plano, e ainda lenticular, se for impersistente e com superfícies de contato curvas. Camadas muito extensas e contínuas podem ser descritas como depósito em lençol. Em relação aos depósitos, corpos sedimentares alongados podem ser caracterizados como lineares (por exemplo, cordão de areia de praia) ou dendroide, se for ramificado (por exemplo, depósitos fluviais). Sedimentos clásticos grossos podem formar cones ou leques ao sopé de encostas, ou então junto ao talude, em ambiente marinho profundo.

A seguir, apresenta-se a síntese das principais geometrias de camadas sedimentares e depósitos sedimentares regionais (Fig. 5.1):

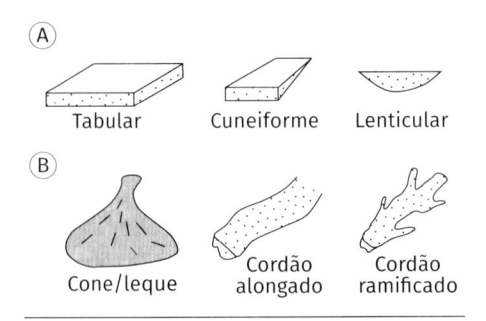

FIG. 5.1 *Principais geometrias de (A) camadas e (B) depósitos sedimentares*

* Tabular ou lençol: camadas extensas, contínuas lateralmente.
* Lenticular/em cunha (ou *pod*): camadas descontínuas, não persistentes.
* Em cone ou leque, com desconfinamento distal: corpo confinado, em geral lenticular, que se abre ou desconfina em porção distal.
* Cordão alongado e ramificado: com comprimento bem maior que a largura.

5.2 Mobilidade de fácies no registro sedimentar: a Lei de Walther

Walther (1894 *apud* Walker, 1979) formulou o que se chama de "lei da correlação das fácies", que posteriormente ficou consagrada como a Lei de Walther. O autor propôs que somente sedimentos representativos de sítios ou ambientes deposicionais contíguos poderiam ocorrer superpostos no registro geológico, desde que não haja quebra na sucessão sedimentar (discordância).

Para tanto, "todas as fácies que ocorrem lateralmente, associam-se na vertical" (Walther, 1894 *apud* Walker, 1979, p. 1). Além disso, o autor estabelece que "fácies que ocorrem em uma sequência vertical concordante, sem quebras na sedimentação (discordância), foram formadas em ambientes lateralmente, geograficamente, adjacentes" (Walther, 1894 *apud* Holz, 2012, p. 70).

Exemplos para a aplicação da Lei de Walther são apresentados a seguir, considerando a sedimentação fluvial, a sedimentação deltaica e a sedimentação costeira e marinha rasa. Esses exemplos permitem compreender a mobilidade das fácies sedimentares.

5.2.1 Sedimentação fluvial

Na sedimentação fluvial meandrante, existem três subambientes: (i) o canal fluvial, com sedimentação de cascalhos; (ii) barras em pontal, ou praias fluviais, com areias mal selecionadas; e (iii) planícies de inundação, com pelitos, sedimentados por decantação durante enchentes fluviais. O perfil vertical de fácies é do tipo *finning-upward*, isto é, de granodecrescência ascendente, com a diminuição da granulometria para o topo, produzido por migração lateral da corrente fluvial meandrante – os três subambientes mudam de posição em função do tempo geológico. Assim, na base existe fácies de canal (conglomerados e arenitos grossos), na parte média fácies de barra em pontal (arenitos), e no topo argilitos/siltitos da planície de inundação. O perfil vertical das fácies indica que o canal mudou de posição, sendo recoberto pela barra em pontal, que depois foi recoberta pela planície de inundação (Fig. 5.2).

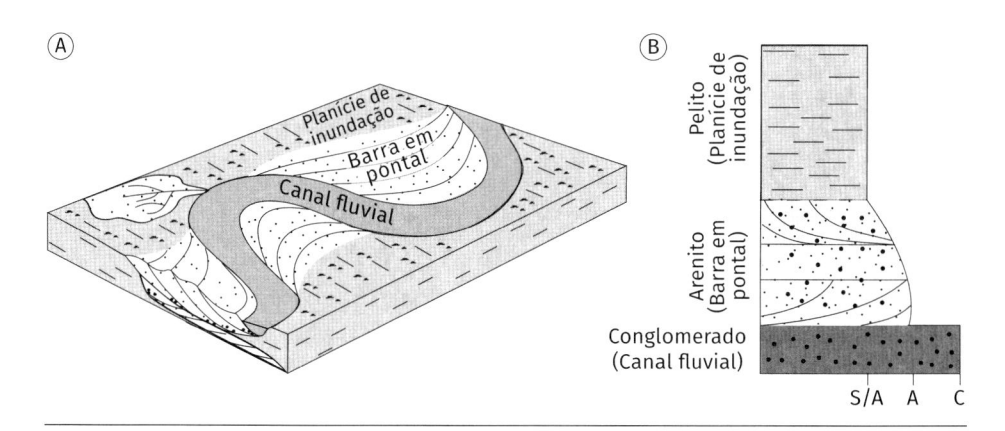

Fig. 5.2 *(A) Mobilidade de fácies sedimentares em ambiente fluvial meandrante e (B) perfil colunar com granodecrescência ascendente*

5.2.2 Sedimentação deltaica

A sedimentação deltaica também conta com três subambientes: a planície deltaica, situada no continente, a frente deltaica (arenitos) e o pró-delta (pelitos), ambos subaquosos, depositados na plataforma continental. Com uma regressão (abaixamento do nível do mar), pode acontecer uma sequência de fácies com engrossamento granulométrico (*coarsening-upward*) produzida por progradação deltaica, que é o avanço da frente deltaica sobre sedimentos finos do pró-delta. Formam-se perfis regressivos de fácies com sedimento marinho (base) e arenito de frente deltaica no topo, formando perfil colunar de fácies com granocrescência granulométrica (Fig. 5.3).

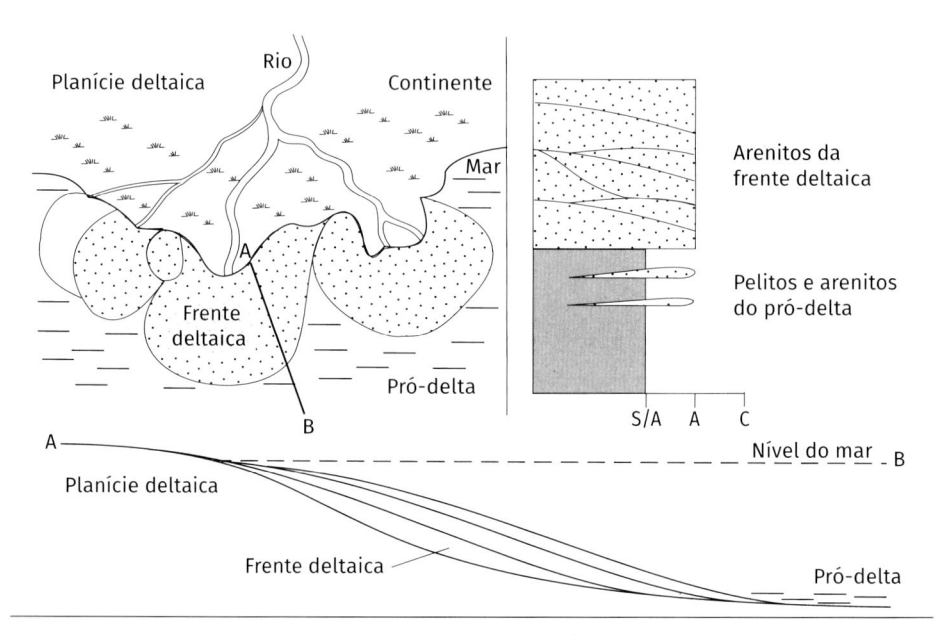

Fig. 5.3 *Mobilidade de fácies sedimentares no ambiente deltaico. Perfil colunar de progradação com granocrescência ascendente, com sedimentação da frente deltaica (arenitos) sobre pelitos e arenitos finos do pró-delta*

5.2.3 Sedimentação marinha costeira

A sedimentação costeira (litorânea) é formada por arenitos eólicos (dunas), situados atrás da praia, arenitos bem selecionados com estratificação plana e cruzada, depositados na região de praia, e arenitos finos e pelitos plataformais, de água mais profunda (plataforma continental). Com uma regressão (abaixamento do nível do mar), forma-se uma sequência de fácies do tipo *coarsening-upward* (engrossamento para o topo) resultante da progradação da linha de praia, que avança sobre a sedimentação plataformal. Assim, com sedimentação regressiva, forma-se perfil vertical de sedimento marinho (base), arenito de praia e arenito eólico (topo). Em função de uma transgressão (elevação do nível do mar), forma-se perfil vertical de fácies com arenito eólico (base), arenito de praia e depois pelitos de plataforma no topo, indicando afinamento granulométrico ascendente (Fig. 5.4).

Assim, na ausência de discordâncias internas, conforme a linha de costa avança em direção à bacia profunda (perfil regressivo) ou recua em direção ao continente (perfil transgressivo, com avanço do mar sobre o continente), as mesmas fácies se empilharão verticalmente, constituindo exemplos de aplicação da Lei de Walther (Fig. 5.4).

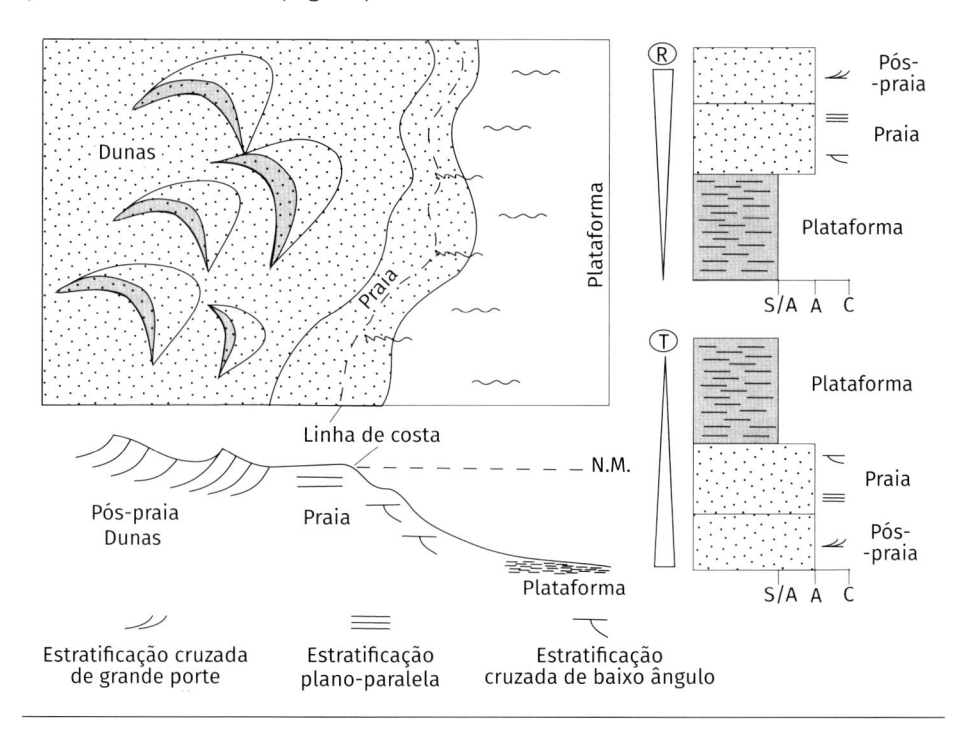

FIG. 5.4 *Sedimentação litorânea e mobilidade de fácies sedimentares: com regressão (R), fácies marinhas na base e continentais (praia, dunas eólicas) no topo; e com transgressão (T), fácies de dunas eólicas na base e fácies marinhas no topo*

5.3 Análise e interpretação de fácies sedimentares e construção de perfis colunares

O reconhecimento de diferentes fácies sedimentares é feito a partir do trabalho de campo, com detalhada e rigorosa descrição do afloramento. De início, é importante localizar bem o afloramento através das coordenadas com aparelho GPS (*Global Positioning System*), observando e descrevendo na caderneta de campo os seguintes aspectos: litologia(s), textura (granulometria), estruturas sedimentares, cor das rochas ou sedimentos, contatos, geometria da(s) camada(s), tipo ou natureza dos fósseis. As paleocorrentes devem ser identificadas e medidas com bússola. Deve-se observar intensamente os contatos entre as camadas, a fim de melhor identificá-los; eles podem ser definidos (bruscos), irregulares (ou erosivos) e gradativos (ou transicionais), sendo representados por linha reta, ondulada e tracejada, respectivamente. Amostras para petrografia microscópica devem ser coletadas. É importante fazer um desenho ou croqui do afloramento descrito na caderneta de campo, registrando fotos do afloramento e das fácies, e elaborar um perfil vertical das fácies (perfil gráfico-sedimentar ou colunar), medindo a espessura de cada fácies com trena ou bastão.

Um perfil colunar (ou gráfico-sedimentar) detalhado, com as fácies descritas, é a melhor maneira de representar a sucessão sedimentar estudada. Não há um formato padrão para esse tipo de perfil. Deve-se representar as fácies verticalmente, com escala gráfica horizontal para melhor marcar a granulometria, com maior destaque às diferentes fácies. A escala vertical vai indicar a espessura das fácies, podendo variar a depender da espessura total dos sedimentos e do tempo disponível. Em geral, escalas de detalhe são de 1:50 ou 1:100 (em que 1 cm no perfil equivale a 1 m de afloramento). Escala de 1:10.000, em que 1 cm equivale a 100 m no campo, possibilita o trabalho de reconhecimento numa área bastante grande, mas com pouco detalhe, sendo mais utilizada para mapeamento geológico.

A Fig. 5.5 apresenta um exemplo da construção de perfis colunares com empilhamento de fácies sedimentares. Outros modelos de perfis colunares e símbolos para representar fácies (litologias), estruturas sedimentares, contatos, fósseis e paleocorrentes podem ser encontrados em Nichols (2009), Tucker (2014) e Miall (2016).

Depois de construídos um ou vários perfis colunares, que podem ser correlacionados e comparados, deve-se selecionar as fácies sedimentares mais frequentes nos perfis e procurar interpretá-las, considerando os diversos processos sedimentares. A partir dos processos reconhecidos será possível identificar o paleoambiente deposicional, ou então, conforme o número de fácies descritas, distinguir vários paleoambientes deposicionais. Por exemplo, se as fácies descritas indicarem processos eólicos (ação do vento) e fluxo de correntes fluviais, os ambientes identificados serão o desértico e o fluvial. Para tanto, é fundamental

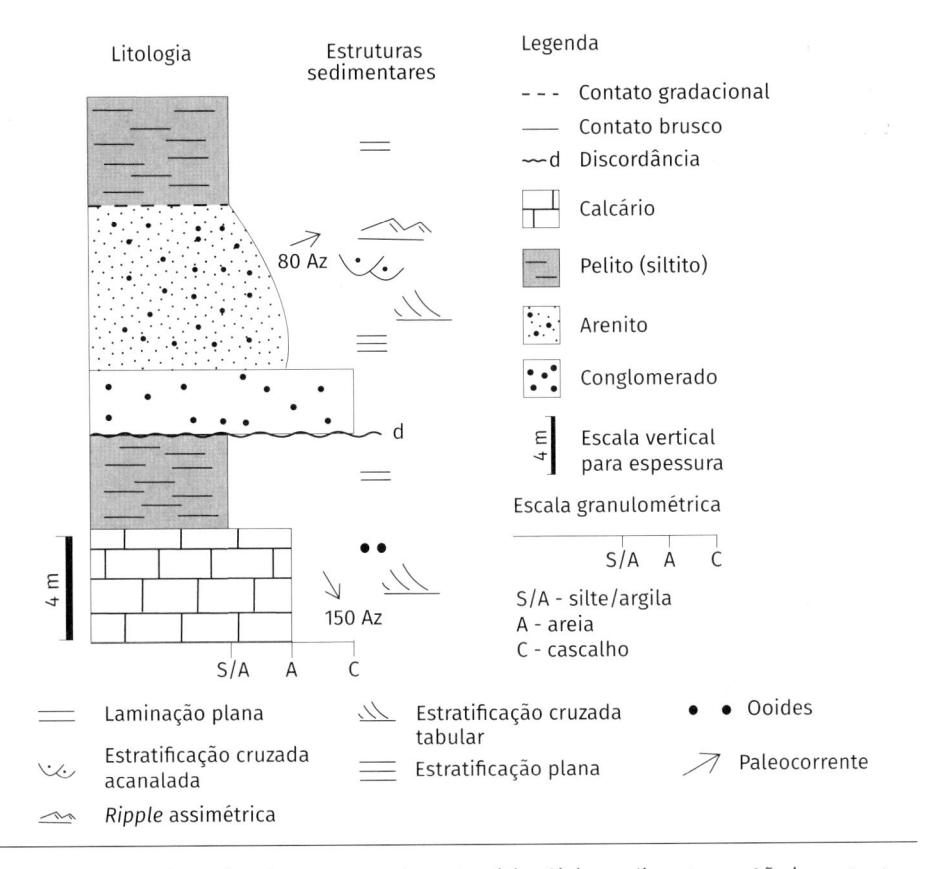

FIG. 5.5 *Exemplo de perfil colunar com registro de várias fácies sedimentares. São importantes a escala granulométrica e a escala vertical, para espessuras*

reconhecer a associação de fácies, que compreende um sistema deposicional com fácies geneticamente relacionadas entre si e com significado paleoambiental (Holz, 2012).

Portanto, ao descrever uma sucessão de rochas sedimentares e construir perfis colunares de fácies, pretende-se reconhecer os processos sedimentares atuantes durante a sedimentação e os paleoambientes, ou seja, compreender a paleogeografia pré-sedimentação (lagos, desertos, geleiras, mares antigos etc.).

Também é importante construir uma tabela das fácies identificadas no perfil colunar e referenciá-las com letras ou pequeno código de letras, geralmente a primeira letra da litologia e a segunda letra relacionada a algum atributo marcante da fácies, como a estrutura sedimentar (Holz, 2012). Assim, conglomerado maciço pode ser representado pelo código Gm (*gravel*, cascalho em inglês), arenito com estratificação plana horizontal pode ser representado pelo código Sh (S de *sandstone*), folhelho pela letra F (*fine*, em inglês) etc. Para os carbonatos, pode-se utilizar as iniciais de *grainstone* (G), *packstone* (P), *wackestone* (W), *mudstone* (M) com qualificativos apropriados, como bioclástico (b), oolítico (o), entre outros. Alguns exemplos de tabela de fácies com códigos são apresentados no Cap. 6.

Depois de elaborados os perfis colunares, as fácies devem ser interpretadas, considerando os processos e os possíveis paleoambientes deposicionais. Existem diversos textos na literatura científica que explicam os processos sedimentares em diferentes paleoambientes deposicionais, e os próximos capítulos desenvolverão mais o tema.

5.4 Análise de paleocorrentes

As medidas de paleocorrentes (antigos fluxos sedimentares) são uma parte importante do trabalho com rochas sedimentares, pois fornecem informações sobre a paleogeografia, paleodeclives (inclinação do substrato), direções de correntes, e até mesmo sobre a interpretação da associação de fácies.

As principais estruturas sedimentares utilizadas para indicar paleocorrentes são as estratificações cruzadas, as marcas de sola e as marcas onduladas assimétricas (Fig. 5.6). A paleocorrente deduzida pela estratificação cruzada tabular é indicada pelo sentido do ângulo máximo do mergulho dos planos oblíquos. Para a estratificação cruzada acanalada, são essenciais a exposição tridimensional ou os afloramentos horizontais, que possibilitam reconhecer o mergulho do sentido do eixo dos planos curvos e côncavos, indicado pelo mergulho dos planos curvos. Turboglifos (marca de sola) também fornecem o sentido da paleocorrente, especialmente em turbiditos ou tempestitos, indicando o paleofluxo das correntes de turbidez. Marcas onduladas assimétricas, algumas contendo laminações internas, são bons indicadores de paleocorrentes, ainda que, às vezes, indiquem apenas fluxos locais.

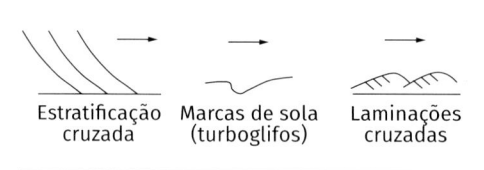

FIG. 5.6 *Principais estruturas sedimentares que indicam paleocorrentes*

As medidas são efetuadas com bússola, visando obter o azimute do sentido do transporte sedimentar (paleocorrente). Posteriormente, os dados são apresentados em diagrama de rosetas, com intervalos de 20° ou 30° (veja Tucker, 2014), em uma escala conveniente, representada pelo raio, para indicar o número de medidas. As paleocorrentes são representadas em perfis colunares como vetores ou setas do azimute do sentido da paleocorrente. Via de regra, as camadas sedimentares estão horizontais, mas podem estar inclinadas, basculadas ou deformadas. Para camadas com mergulhos baixos (até 20°), não é preciso fazer a correção da paleocorrente, mas, para camadas basculadas ou inclinadas (> 30°), as medidas de paleocorrentes devem ser corrigidas. Com auxílio da rede estereográfica de Wulff, o mergulho da camada pode ser horizontalizado, corrigindo a estrutura linear da paleocorrente.

Os diagramas de rosetas permitem a interpretação do padrão de paleocorrentes do paleoambiente deposicional. Segundo Tucker (2014), existem quatro tipos de padrão de paleocorrentes: unimodal, bimodal bipolar (duas direções opostas), bimodal oblíquo (dois sentidos, em ângulo menor que 180°) e polimodal.

As fácies do sistema fluvial mostram padrão unimodal, indicando o paleodeclive deposicional, em que rios entrelaçados mostram pequena dispersão e rios meandrantes apresentam maior dispersão. As estruturas direcionais são principalmente arenitos com estratificações cruzadas tabulares e acanaladas. Arenitos eólicos, com estratificações cruzadas de grande porte, mostram padrão comumente unimodal, mas também pode ser bimodal e polimodal. Planície de maré apresenta padrão bimodal – são duas direções opostas, com 180°, consideradas maré enchente (no sentido do continente) e maré vazante (retorno). O sistema deltaico também mostra padrão unimodal, no sentido da plataforma continental, mas também pode ocorrer padrão bimodal ou polimodal em deltas influenciados por correntes de marés. Sedimentos plataformais podem apresentar padrão bimodal devido a correntes de maré reversas, mas também padrões unimodal e polimodal (normal ou paralelo à linha de costa). Turbiditos em leques submarinos mostram marcas onduladas assimétricas e também marcas de sola (turboglifos), que geralmente indicam paleocorrentes com padrão unimodal, no sentido do paleodeclive do talude.

Exercícios de fixação

1. Explique o conceito de fácies sedimentar. Quais atributos permitem separar as rochas sedimentares em diferentes fácies?
2. Qual o resultado que se pretende alcançar ao trabalhar com análise de fácies sedimentares?
3. Indique três exemplos de diferentes geometrias de camadas e de depósitos sedimentares.
4. Explique com exemplos o conceito de mobilidade de fácies. Desenhe um perfil colunar de migração ou mobilidade de fácies.
5. Quatro fácies sedimentares sub-horizontais afloram numa região acidentada, com a fácies A na base, as fácies B e C em sequência e a fácies D no topo da elevação. A fácies A é um conglomerado suportado por clasto, de

2 m de espessura, com seixos e calhaus, apresenta clastos imbricados e é maciça, sem estratificação visível. Em contato brusco, logo acima, ocorre arenito médio a grosso, com estratificação cruzada acanalada e espessura de 6 m. A paleocorrente é para 90° Az. Em contato gradativo, ocorre a fácies C, de arenito fino, com marca ondulada (*ripple*) assimétrica, paleocorrente de 130° Az e espessura de 2 m. No topo, ocorre a fácies D, um lamito com espessura de 6 m, maciço a localmente laminado, com lâminas planas e descontínuas de silte, apresentando concreção carbonática. Desenhe o perfil colunar com escala horizontal (granulometria) e vertical (espessura) dessa composição, representando as fácies, os tipos de contatos e as estruturas sedimentares. Com ajuda da bibliografia, reconheça o ambiente de sedimentação.
6. Apresente as estruturas sedimentares direcionais, que permitem a inferência de paleocorrente (paleofluxo sedimentar). Explique como medir a paleocorrente a partir dessas estruturas.
7. Considerando as medidas de paleocorrentes a seguir, faça um diagrama de rosetas e indique qual o padrão e o provável ambiente sedimentar: 100°, 105°, 95°, 90°, 80°, 270°, 280°, 285°, 260°, 95°, 100°, 280°, 100°, 95°.

Respostas

1. Fácies é a rocha sedimentar passível de interpretação para reconhecer o processo sedimentar de formação e o paleoambiente deposicional. Os atributos que permitem separar as fácies são litologia, textura ou granulometria, estrutura sedimentar, geometria, espessura, conteúdo paleontológico, paleocorrente.
2. Ao trabalhar com fácies sedimentar, pretende-se reconhecer o paleoambiente deposicional e identificar a paleogeografia, ou seja, reconhecer antigos lagos, desertos, geleiras e mares do passado geológico da Terra.
3. As camadas contínuas e tabulares, geralmente de pequena espessura, e as lentes e cunhas, que são descontínuas, são em parte controladas pela geometria do ambiente deposicional. Os depósitos incluem geometria como leque ou cone, cordão alongado e cordão ramificado.
4. Os ambientes de sedimentação têm uma dinâmica própria que envolve subambientes, por exemplo, o canal do rio e a planície de inundação situada ao lado do canal. Com isso, diversas fácies se formam na horizontal, simultaneamente. Com o tempo geológico, elas se empilham na vertical, pois o canal muda de posição. Vários outros ambientes mudam também,

geleiras avançam e depois descongelam, lagos enchem de água e secam etc. Os perfis colunares são um registro dos eventos da história da Terra.
5. O perfil colunar a ser desenhado será semelhante ao perfil colunar da figura B do exercício de integração 3, ao final do livro.
6. Estratificações cruzadas tabulares e acanaladas, marcas de sola, *ripples* assimétricas e *climbing ripples* são estruturas que permitem obter dados de paleocorrentes. As medidas de paleocorrente são feitas com a bússola na horizontal e a leitura do azimute indicado pela agulha norte.
7. As medidas em azimute permitem obter médias de 100-90° e 270-280°, indicando paleocorrentes bidirecionais, típicas de ambientes dominados por marés (estuários, planície de maré).

Ambientes sedimentares continentais

6.1 Ambientes e fácies sedimentares

Ambientes de sedimentação constituem uma entidade geográfica natural onde ocorre a acumulação de sedimentos. São porções específicas da superfície da Terra, com propriedades físicas, químicas e biológicas bem definidas e diferentes das propriedades apresentadas em áreas adjacentes. Alguns parâmetros que definem um ambiente sedimentar são listados a seguir:

* parâmetros físicos: velocidade, direção e profundidade da água, velocidade e direção do vento;
* parâmetros físico-químicos: salinidade, pH (potencial de hidrogênio), Eh (potencial de oxirredução), temperatura;
* parâmetros biológicos: fauna, flora.

Assim, nos diversos ambientes naturais da superfície da Terra ocorrem diferentes processos sedimentares, sejam eles físicos, químicos e biológicos, e, como consequência, sedimentos se depositarão nesses locais. Depois, há a transformação em rochas sedimentares, por meio dos processos de litificação. As fácies sedimentares são os sedimentos (ou rochas) que se depositam em um determinado ambiente natural sob a ação de um processo superficial específico (gravidade, onda, vento, geleira etc.).

No Quadro 6.1, destacam-se as diferenças entre os processos sedimentares, os ambientes de sedimentação e as fácies sedimentares.

Quadro 6.1 Processos sedimentares, ambientes naturais e produtos (fácies) sedimentares

Processos sedimentares	Ambientes	Produtos (fácies) sedimentares
Físicos (ação de ondas, marés, vento), químicos (Eh, pH, solubilidade) e biológicos (bactérias)	Área geográfica, local de sedimentação. Por exemplo: rios, deserto, praia, oceano etc.	São os diversos sedimentos que se depositam em determinados ambientes

Como já mencionado, a fácies é a rocha sedimentar com descrição e identificação de atributos (litologia, textura, estruturas sedimentares, granulometria, espessura, geometria, paleocorrentes, conteúdo fossilífero), os quais permitem o reconhecimento de processos sedimentares genéticos em um ambiente sedimentar específico (paleoambiente). Ao trabalhar com fácies sedimentar, é possível reconhecer o paleoambiente de sedimentação, fazer uma reconstrução paleogeográfica e reconhecer a proveniência (local da área-fonte).

Então, como trabalhar com fácies sedimentares? Faz-se uma cuidadosa descrição de campo das fácies, reconhecendo as rochas sedimentares com os atributos mencionados e relacionando-as a processos sedimentares (ação da gravidade, ação de ondas, ação do vento etc.), antes de definir um eventual ambiente antigo de sedimentação. Importante também é a construção de um perfil gráfico-sedimentar (ou perfil colunar) com a identificação das fácies sedimentares e dos atributos de cada uma, conforme visto no Cap. 5. A partir dos perfis sedimentares, pode-se inferir os processos que formaram os sedimentos e reconhecer o paleoambiente deposicional. Por exemplo:

* Fácies de arenito grosso, mal selecionado, conglomerático, com estratificações cruzadas acanaladas de pequeno a médio porte, unidirecionais. Processo formador: carga de tração em correntes subaquosas unidirecionais. Paleoambiente: ambiente fluvial, com alta energia.
* Fácies de arenito bem selecionado e maturo, com estratificações cruzadas tangenciais e estratificação plana. Processo formador: ondas em arrebentação no litoral, com alta energia. Paleoambiente: litoral (praia).
* Fácies de arenito bem selecionado, com megaestratificação cruzada acanalada, com bimodalidade. Processo formador: sedimentação eólica (duna). Paleoambiente: deserto.

Via de regra, trabalha-se com várias fácies em perfis sedimentares verticais, por exemplo, 15 a 20 fácies diferentes, entre arenitos, conglomerados e pelitos ou carbonatos. Três ou quatro fácies são as mais importantes e diagnósticas para o reconhecimento do(s) processo(s) e do paleoambiente sedimentar, enquanto as demais são de menor frequência no perfil e normalmente de menor importância no diagnóstico paleoambiental. Entretanto, a descrição cuidadosa dessas fácies permite discernir os detalhes importantes do paleoambiente deposicional.

6.1.1 Classificação dos ambientes sedimentares

Os ambientes de sedimentação são unidades naturais, como rios, lagos, laguna, litoral, mar raso etc., onde operam processos e ocorre a sedimentação das fácies. O Quadro 6.2 e a Fig. 6.1 mostram a classificação dos ambientes sedimentares para rochas siliciclásticas.

Quadro 6.2 Classificação dos ambientes de sedimentação

Ambientes continentais	Leque aluvial Fluvial (entrelaçado e meandrante) Desértico (eólico) Lacustre Glacial (ação do gelo)
Ambientes transicionais	Ambiente deltaico (tipos de deltas) Ambiente litorâneo (praia, laguna e ilha--barreira, ou planície de maré)
Ambientes marinhos	Raso (plataformal) Profundo (leque submarino)

Ambientes deposicionais de carbonatos: litorâneo (planície de maré) a marinho raso/plataformal e de leque submarino

Fonte: Reading (1996) e Nichols (2009).

Existem cinco ambientes naturais continentais: leque aluvial, fluvial, eólico, lacustre e glacial. Os ambientes naturais chamados de transicionais, porque ocorrem parte no continente e parte no ambiente marinho, são: os deltas e, lateralmente, o ambiente litorâneo, que é subdividido em planície de maré e praia, às vezes com laguna e ilha-barreira. Para a sedimentação marinha, existem dois contextos fundamentais, o ambiente marinho raso ou plataformal, com ação de ondas, e o marinho profundo ou leque submarino, cujo processo principal é a ação da gravidade (Reading, 1996; Suguio, 2003; Nichols, 2009; Pomerol et al., 2013).

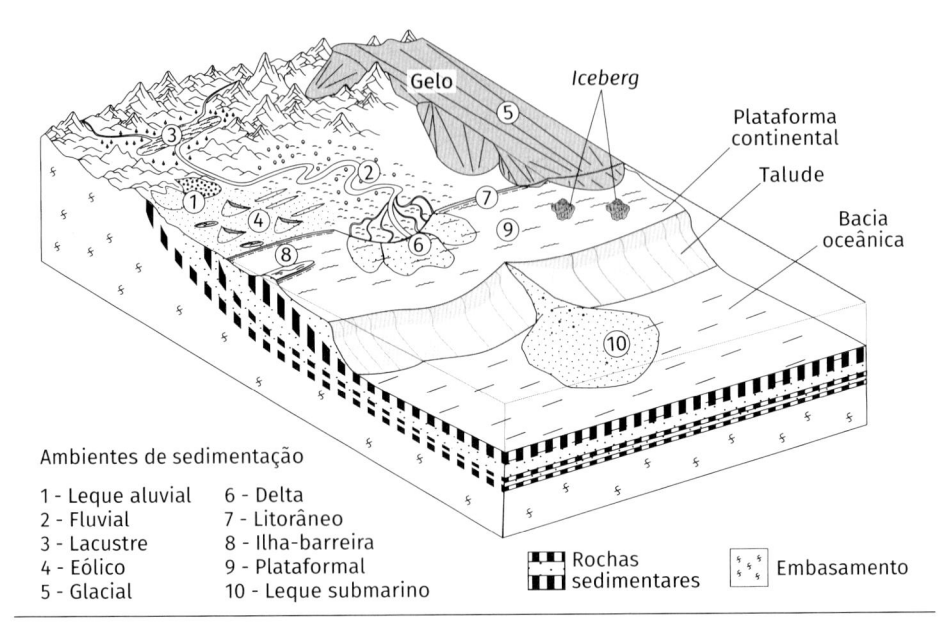

Fig. 6.1 *Ambientes de sedimentação para rochas sedimentares siliciclásticas*
Fonte: modificado de Reading (1996) e Nichols (2009).

Ambientes de sedimentação
1 - Leque aluvial
2 - Fluvial
3 - Lacustre
4 - Eólico
5 - Glacial
6 - Delta
7 - Litorâneo
8 - Ilha-barreira
9 - Plataformal
10 - Leque submarino

6.2 Leque aluvial

O leque aluvial é uma feição deposicional junto ou bem próximo da área-fonte, em vales ou cânions, encaixado em áreas montanhosas. Forma uma feição de cone de sedimentos rudíticos (brechas e conglomerados) proximais, e também forma depósitos sedimentares grossos e mal selecionados, com lobos deposicionais (grandes lentes cônicas amalgamadas), ao pé de escarpas, que podem ser tectônicas (escarpas de falhas). Os leques aluviais constituem depósitos sedimentares importantes em bacias do tipo rifte, constituindo cunha de clastos, formada no bloco baixo de falhas normais.

As características principais dos leques aluviais são listadas a seguir:
* acentuado gradiente topográfico;
* transporte curto, pobre seleção, predomínio de ruditos;
* formados em clima árido (ou úmido);
* deposição com desconfinamento e suavização topográfica;
* fácies proximal (mais grossa – conglomerados, brechas, diamictitos) e distal (mais fina – arenitos grossos, conglomeráticos, com estratificações cruzadas, e conglomerados).

Os processos sedimentares dominantes nos leques aluviais são os fluxos de detritos e lama (*debris flow, mud flow*), também chamados de fluxos gravitacionais, com seleção pobre, orientação aleatória de clastos, predomínio de ruditos suportados por matriz e ausência de estruturas sedimentares. Ocorrem, subordinadamente, os depósitos de correntes de tração de canal fluvial e de inundação (*sheetflood*), mais organizados, com seleção moderada, clastos imbricados, conglomerados suportados por clasto, às vezes com incipiente estratificação cruzada (Miall, 1992; Nichols, 2009).

A Fig. 6.2 apresenta a organização e a geometria de um leque aluvial, com as seguintes fácies:

* *Leque proximal*: predomínio de diamictitos espessos, brechas e ortoconglomerados lenticulares, com clastos de matacões e calhaus angulosos/subangulosos. Diamictito é um paraconglomerado com matriz argilossiltosa.
* *Transição*: ruditos (predominando conglomerados suportados por clasto ou ortoconglomerados) com intercalações de arenitos grossos, cascalhosos, com estratificações cruzadas e plana.
* *Leque distal*: predomínio de camadas de arenitos grossos, conglomeráticos, com estratificações cruzadas acanaladas e tabulares, e intercalações de ortoconglomerados subordinados, com calhaus e seixos subarredondados a subangulosos.

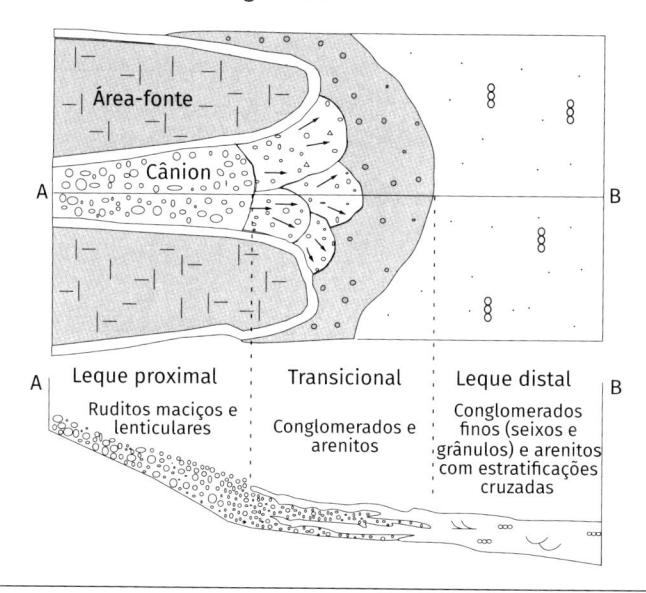

Fig. 6.2 *Visão em planta e de perfil destacando a organização e a geometria de um leque aluvial, com fácies proximais (ruditos com clastos angulosos) e distais (conglomerados e arenitos)*
Fonte: adaptado de Rust (1979), Miall (1992) e Assine (2008).

Leques aluviais também se estabelecem em escarpas de falha de bacias do tipo rifte, onde formam cones amalgamados nos blocos rebaixados de falhas normais (Fig. 6.3).

Gm - Conglomerados suportados por matriz ou diamictitos, clastos de matacões e calhaus, matriz arenoargilosa

Gcs - Conglomerados suportados pelo arcabouço

Sh, St, Sp - Arenitos cascalhosos com estratificação plano-paralela ou cruzada

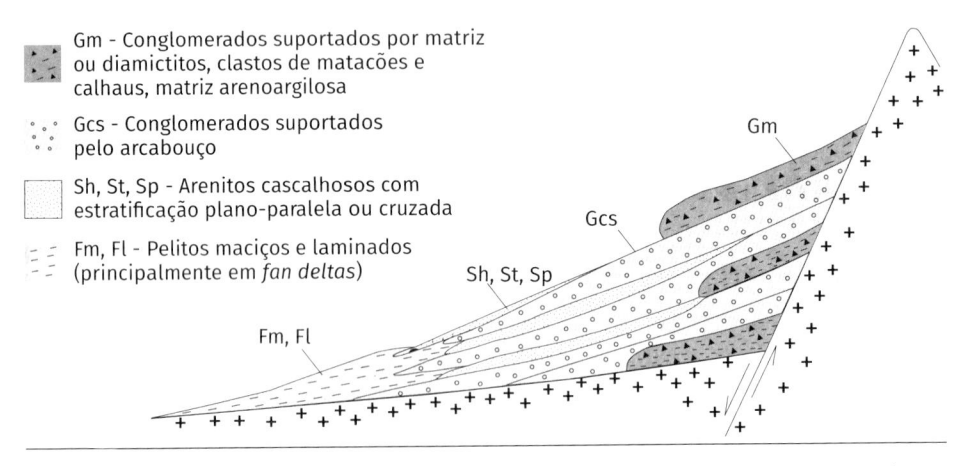

Fm, Fl - Pelitos maciços e laminados (principalmente em *fan deltas*)

FIG. 6.3 *Geometria de leque aluvial em rampa ou borda de falha normal, com representação das fácies com código de letras*
Fonte: modificado de Rust (1979) e Miall (1992).

As fácies sedimentares de um leque aluvial, tal como as de outros ambientes sedimentares, podem ser identificadas com um código de letras. Esse código inicia com a letra maiúscula, que indica a granulometria principal (tipo de rocha ou arcabouço), acrescida da letra que indica a estrutura sedimentar principal (Fig. 6.3). Essa metodologia foi estabelecida por Miall (1992) e utilizada por vários autores, como Riccomini, Giannini e Mancini (2000). Trata-se de metodologia prática que auxilia na identificação e interpretação das fácies. Veja no Quadro 6.3 as fácies principais de um leque aluvial, com descrição e interpretação.

Os leques aluviais comportam uma subdivisão em função dos processos dominantes, podendo ser dominados por fluxos gravitacionais ou dominados pela ação fluvial. Leques dominados por fluxos gravitacionais mostram ampla ocorrência de fluxos de detritos, como diamictitos, paraconglomerados ou ortoconglomerados grosseiros, com predomínio de matacões e calhaus. Ocorrem fluxos gravitacionais coesivos, ricos em argila, que formam diamictitos, e fluxos gravitacionais não coesivos, ricos em areia, formando paraconglomerados e ortoconglomerados com matriz arenosa. Por sua vez, leques aluviais dominados pela ação fluvial formam-se com escarpa pouco desenvolvida, baixo gradiente topográfico, e são gerados pela ação fluvial, com rios de padrão entrelaçado ou

Quadro 6.3 Fácies sedimentares de leques aluviais

Código/fácies	Descrição	Interpretação
Gm: *gravel*, cascalho, diamictito	Rudito suportado por matriz, clastos (matacão e calhaus) angulosos em matriz arenossiltoargilosa	Fluxos gravitacionais (avalanches) coesivos do tipo fluxo de lama e cascalhos (*mud flow, debris flow*)
Gcs: *gravel*, cascalho, ortoconglomerado	Rudito suportado por clasto, brecha ou conglomerado, com matriz arenosa, maciço ou com estratificação incipiente (gradação)	Fluxos gravitacionais não coesivos (*debris flow*)
Sh (areia): *sandstone*, arenito	Arenito conglomerático com estratificação plana (horizontal)	Regime de fluxo superior, deposição com leito plano
St: *sandstone*, arenito	Arenito cascalhoso com estratificação cruzada acanalada	Dunas subaquosas, no regime de fluxo inferior
Sp: *sandstone*, arenito	Arenito conglomerático com estratificação tabular ou planar	Barras transversais e ondulações de areia do regime de fluxo inferior
Fm, Fl: *fine*, pelitos	Pelitos maciços e com laminação incipiente	Decantação de finos, importante em *fan deltas*

Fonte: Miall (1992) e Assine (2008).

meandrante (com canal fluvial sinuoso). Um exemplo de leque fluvial recente é o megaleque aluvial do rio Taquari, no Pantanal (Mato Grosso), conforme Assine (2008).

Os leques aluviais podem evoluir no tempo e apresentar dois tipos básicos de sequências verticais de fácies: progradação e retrogradação. Leques aluviais progradantes mostram granocrescência ascendente, devido à atuação tectônica intensa, com soerguimento contínuo da área-fonte, apresentando ruditos mais grossos no topo. Leques aluviais retrogradantes, ao contrário, mostram granodecrescência ascendente produzida por erosão intensa da área-fonte, com retração da escarpa, ocorrendo ruditos grossos na base e mais finos no topo (Assine, 2008).

Conforme o clima predominante na área-fonte, os leques aluviais ainda podem ser subdivididos em:

* *Leques aluviais de clima seco*: predomínio de fluxos gravitacionais nas rampas de falhas, com sedimentação de ruditos desorganizados (fluxos gravitacionais coesivos e não coesivos), como

diamictitos e conglomerados, com clastos grossos (matacões e calhaus). Lagos temporários, efêmeros, e campo de dunas eólicas podem ocorrer, lateralmente.
* *Leques aluviais de clima úmido*: a atuação de correntes fluviais resulta no transporte de sedimentos grossos por tração, gerando barras longitudinais e maior organização sedimentar, gradando para depósitos fluviais de alta e baixa energia. Vegetação pode ser importante. As fácies principais são arenitos grossos, com paleocanais fluviais (ortoconglomerados) e depósitos lacustres (pântanos), onde pelitos espessos podem se formar.

Uma variação importante é o *fan delta*, um leque aluvial que termina num corpo d'água, geralmente um lago ou mar interior. Pode ocorrer uma borda tectônica, com falha normal, gerando uma rampa que permite fluxos gravitacionais para dentro do corpo d'água. Nesse caso, a sedimentação pelítica distal é importante, correspondendo à sedimentação do corpo d'água (decantação de finos). As fácies compreendem conglomerados, arenitos grossos turbidíticos, arenitos com estratificação cruzada *hummocky* (devida ao retrabalhamento por ondas), com pelitos e arenitos turbidíticos de pró-delta (distais) e, ainda, depósitos finos por decantação (pelitos). Num *fan delta* predominam fluxos densos altamente concentrados, em lençol, subaquosos, que evoluem para correntes de turbidez de alta e baixa concentração e sedimentação de turbiditos.

6.3 Ambiente fluvial

Rios constituem importantes agentes no transporte de sedimentos para os oceanos e também agentes deposicionais nos continentes. Constituem depósitos no registro estratigráfico de bacias sedimentares, ocorrendo em bacias rifte e aulacógenos, bacias *foreland* e bacias intracratônicas, de qualquer idade, tanto pré-cambrianas como fanerozoicas. Na América do Sul, os principais rios são do final do Cretáceo, com a abertura do Oceano Atlântico e o soerguimento da cadeia Andina.

Os sedimentos fluviais são transportados de três maneiras (Miall, 1992):
* fluxos gravitacionais (avalanches), na forma de cascalhos imersos na lama ou matriz arenossiltoargilosa;
* carga de fundo ou carga de tração, como cascalhos transportados por arraste e rolamento, no fundo do canal fluvial, e também por saltação (areia), gerando leito ondulado;

* carga de suspensão, com material síltico-argiloso carregado pelo fluxo turbulento.

Os sistemas fluviais podem ser classificados de acordo com o padrão dos canais e dos depósitos associados, que é controlado pela descarga do fluxo fluvial (períodos de cheias fluviais e de seca), pelo suprimento sedimentar, pela velocidade e energia de fluxo e pelo gradiente topográfico (declividade).

Os canais fluviais podem ser retos, entrelaçados, meandrantes e anastomosados, conforme a Fig. 6.4. O canal reto é simples e raro na natureza, com depósitos arenosos laterais raros e diques marginais. Os canais entrelaçados mostram um canal principal subdividido por barras ou ilhas longitudinais, que desviam o fluxo de água, enquanto o canal meandrante apresenta um canal único e bem sinuoso, com meandros abandonados e uma importante planície de inundação. Por fim, o canal anastomosado engloba múltiplos canais dentro da planície de inundação.

Existe um padrão geral de distribuição dos canais fluviais na superfície da Terra. Na porção proximal, um rio tende a ser do tipo entrelaçado, enquanto em sua porção distal ele tende a ser meandrante. Esse padrão decorre do gradiente topográfico da região fluvial (inclinação do substrato), energia do fluxo e granulometria dos sedimentos transportados. O perfil longitudinal de um rio é a expressão da sua declividade ou gradiente topográfico e, via de regra, a curva representativa tem forma parabólica, com perfil côncavo, mais alto na nascente e baixo na desembocadura (ou foz). Esse perfil é dinâmico e pode mudar com o tempo; por exemplo, se ocorrer transgressão (subida do nível do mar), o rio perde força e capacidade erosiva, predominando a sedimentação. Se ocorrer regressão (abaixamento do nível do mar), o rio aumenta a energia, erode mais o substrato e deposita menos no continente.

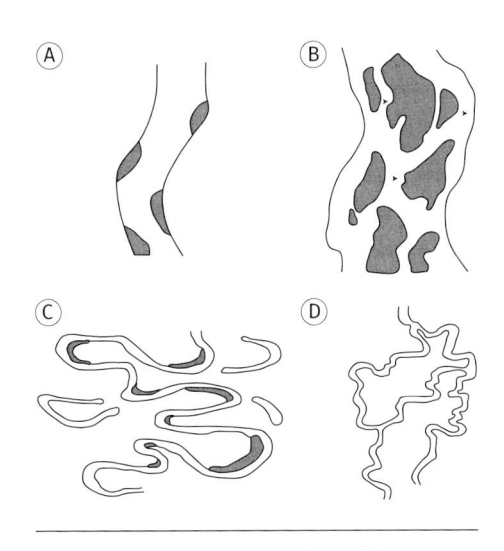

Fig. 6.4 *Morfologia de canais fluviais: (A) canal reto, (B) canal entrelaçado, (C) canal meandrante (com canais ou lagos abandonados) e (D) canal anastomosado* Fonte: adaptado de Miall (1992) e Scherer (2008).

Com isso, classificam-se dois tipos de canais fluviais fundamentais e contrastantes na sedimentologia:
* *Tipo fluvial entrelaçado*: de alta energia e mais próximo da área-fonte, com vários canais e barras arenosas e cascalhosas, e fluxo de água rasa contornando as barras;
* *Tipo fluvial meandrante*: de baixa energia e mais próximo da foz, carga sedimentar arenopelítica predominante, sinuosidade importante, com canal fluvial simples e lagos laterais ao rio, que evoluem a partir de meandros abandonados, e, principalmente, com planície de inundação.

No ambiente fluvial, acontece principalmente transporte de sedimentos pelo canal e, em situações especiais, sedimentação. Neste último caso, dois mecanismos de sedimentação se destacam:
* Sedimentos acumulados a partir da carga de tração (cascalhos e areia), transportados no canal e sedimentados como barras longitudinais, barras em pontal (*point bar*), barras em canal e ilhas fluviais.
* Sedimentos finos (arenossiltoargilosos) resultantes da acreção vertical (decantação), a partir da carga de suspensão (areia, silte e argila), que constrói depósitos de transbordamento do canal em cheias fluviais. Nesse caso, são formados os diques marginais e, principalmente, os depósitos da planície de inundação (decantação de finos durante enchentes, quando o canal transborda).

Os depósitos sedimentares fluviais resultam da complexa interação de processos erosivos e deposicionais. As principais fácies sedimentares formadas nos ambientes fluviais incluem os conglomerados e arenitos, com diversas estruturas sedimentares, em função da variação na velocidade do fluxo da água do rio (no canal ou nas margens – praias fluviais), além de vários tipos de pelitos, que se formam principalmente na planície de inundação (Miall, 1992; Riccomini; Giannini; Mancini, 2000; Scherer, 2008).

Os conglomerados suportados por matriz, maciços ou gradados, representam fluxos gravitacionais, em geral avalanches nas margens íngremes do curso fluvial, enquanto os conglomerados suportados por clasto, maciços ou estratificados, formam as barras longitudinais ou de preenchimentos de canal. Os arenitos grossos, conglomeráticos, com estratificação cruzada acanalada e tabular formam dunas subaquosas e barras transversais, respectivamente. Arenitos grossos a finos com estratificação plana formam-se em regime de fluxo superior (alta velocidade da água do rio), assim como arenitos finos com *ripples* assimétricas formam-se como pequenas ondulações (regime de fluxo inferior) onde o canal fluvial tem baixa velocidade. Arenitos grossos a finos com decrescência ascendente formam barras em pontal (praias fluviais) com acreção lateral, combinada à sinuosidade do canal, com erosão e sedimentação em margens distintas. Arenitos com intraclastos, pelitos, laminados ou maciços, às vezes com gretas de contração, representam depósitos na planície de inundação devido ao transbordamento do canal fluvial em inundações. Depósitos orgânicos de acumulação de restos vegetais (turfa, linhito e carvão) podem ocorrer nas planícies de inundação, inicialmente como restos vegetais depositados em terrenos alagadiços ou pântanos (Miall, 1992; Riccomini; Giannini; Mancini, 2000; Scherer, 2008).

Fácies pedogênicas (paleossolos) com frequência se associam a ambientes fluviais, sobretudo meandrantes e anastomosados, em superfícies abandonadas e horizontes expostos em topos de ciclos fluviais e lacustres. Ocorrem na forma de horizontes enriquecidos em carbonatos (calcretes), grão fino/médio, textura mosqueada, com marcas de raízes e descolorações.

O Quadro 6.4 apresenta o código de fácies para depósitos fluviais mais expressivos, além da descrição e interpretação de processos formadores das fácies sedimentares fluviais. Nos códigos, utiliza-se a metodologia de Miall (1992), em que a primeira letra maiúscula corresponde à granulometria da rocha (arcabouço) – por exemplo, G para *gravel*, S para *sandstone*, F para pelitos – e as demais letras minúsculas representam um atributo importante da fácies.

A seguir, pretende-se melhor caracterizar os processos sedimentares e as fácies sedimentares do ambiente fluvial, considerando os dois tipos mais frequentes de padrão de canal fluvial, entrelaçado e meandrante, e também o padrão anastomosado.

6.3.1 Ambiente fluvial entrelaçado

O ambiente fluvial entrelaçado apresenta morfologia de canais rasos, bifurcados, com alta energia do fluxo fluvial, transportando carga de tração expressiva. Em geral, localizam-se próximo da área-fonte e mostram alguma continuidade com sistemas de leque aluvial (seção 6.2). Dentro dos canais rasos, formam-se diversas barras cascalhosas e arenosas (Fig. 6.5). As principais características desse ambiente são:
- predomínio de carga de fundo de granulação grossa (cascalhos e areia);
- razão largura/profundidade de canal > 40 ou > 300, predominando canais rasos interconectados, separados por barras de cascalhos;

Quadro 6.4 Principais fácies sedimentares em ambientes fluviais

Código	Descrição	Interpretação
Gmm	Conglomerado suportado por matriz, maciço	Fluxo de detritos plástico, coesivo
Gcs	Conglomerado suportado por clasto	Fluxo de detritos com alta concentração de clastos, não coesivo
Gh	Conglomerado suportado por clasto, acamamento plano, imbricamento de clastos	Barra longitudinal, depósitos residuais
Gs	Conglomerado suportado por clasto, com estratificação cruzada	Preenchimento de canal ou depósito de barra transversal
St	Arenito fino a grosso, cascalhoso com estratificação cruzada acanalada	Dunas 3D, ondulações sinuosas ou linguoides, regime de fluxo inferior
Sp	Arenito fino a grosso, conglomerático, com estratificação cruzada tabular ou planar	Dunas 2D, ondulações de crista reta, barra transversal
Sh	Arenito fino a grosso, conglomerático, com estratificação plana, lineação de partição	Camada plana do regime de fluxo superior
Sr	Arenito muito fino a grosso com marcas onduladas assimétricas (*ripples*)	Ondulações do regime de fluxo inferior
Sm	Arenito fino a grosso, maciço	Fluxos hiperconcentrados, fluidizados ou bioturbados
Fl, Fm	Pelitos laminados ou maciços com greta de ressecamento	Depósito de transbordamento ou decantação na planície de inundação
Inundito	Brechas, arenitos gradados, arenitos com estratificação plana e pelitos com *ripples* e gretas de contração	Constitui associação de fácies de depósitos de inundações violentas, episódicos (tipo *crevasse splay*)
P	Paleossolo (calcrete, caliche) com feições pedogenéticas	Desenvolvimento de solos em horizontes, na planície
Tu	Turfa ou linhito, com restos vegetais, filmes de lama	Depósito de pântano

Fonte: Miall (1992), Riccomini, Giannini e Mancini (2000) e Scherer (2008).

AMBIENTES SEDIMENTARES CONTINENTAIS

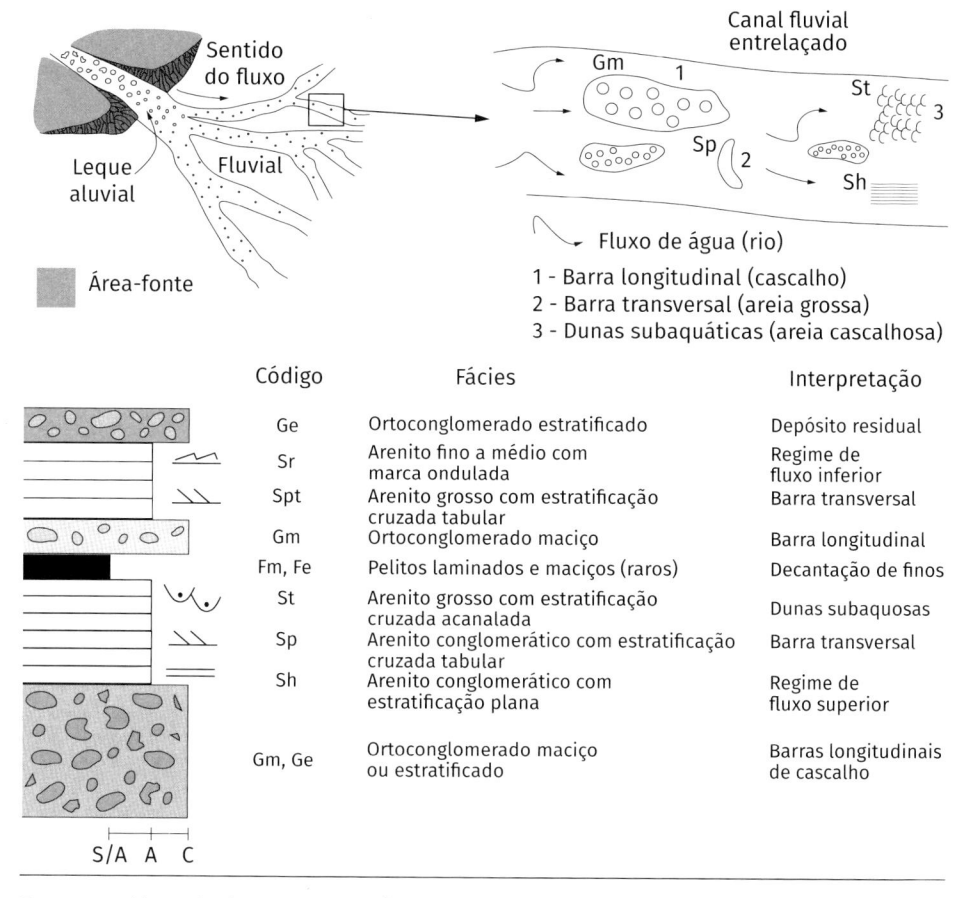

FIG. 6.5 *Ambiente fluvial entrelaçado (alta energia) na continuidade de um leque aluvial, com feições internas do canal e principais fácies sedimentares em perfil colunar*
Fonte: modificado de Scherer (2008).

Código	Fácies	Interpretação
Ge	Ortoconglomerado estratificado	Depósito residual
Sr	Arenito fino a médio com marca ondulada	Regime de fluxo inferior
Spt	Arenito grosso com estratificação cruzada tabular	Barra transversal
Gm	Ortoconglomerado maciço	Barra longitudinal
Fm, Fe	Pelitos laminados e maciços (raros)	Decantação de finos
St	Arenito grosso com estratificação cruzada acanalada	Dunas subaquosas
Sp	Arenito conglomerático com estratificação cruzada tabular	Barra transversal
Sh	Arenito conglomerático com estratificação plana	Regime de fluxo superior
Gm, Ge	Ortoconglomerado maciço ou estratificado	Barras longitudinais de cascalho

- declividade média-alta (> 5°), próximo da área-fonte;
- variabilidade de descarga e erosão nas margens;
- formação de barras que obstruem a corrente e ramificam-na (barras longitudinais e transversais);
- formação de depósitos de conglomerados (com matacões, calhaus e seixos subangulosos a subarredondados), maciços ou estratificados, com clastos imbricados, intercalados com arenitos conglomeráticos com estratificações cruzadas, em ciclos granodecrescentes.

6.3.2 Ambiente fluvial meandrante

O canal fluvial meandrante (Fig. 6.6) possui menor energia e alta sinuosidade e geralmente se situa mais próximo da desembocadura do rio. Sua alta sinuosidade gera margens alternadas com erosão e com sedimentação, onde se formam barras em pontal (praias fluviais, com importante sedimentação arenosa). A migração lateral dos canais ocorre através da erosão progressiva das margens côncavas e da sedimentação nas margens convexas, devido ao fluxo helicoidal da água no canal e ao baixo gradiente topográfico, gerando perfil assimétrico do canal fluvial (Fig. 6.6B). Nas barras em pontal, que crescem lateralmente, ocorrem estruturas sigmoidais amalgamadas que geram a estratificação cruzada em épsilon, que representa a evolução da acreção lateral da barra em pontal. Nas cheias fluviais, o canal transborda e gera ampla sedimentação pelítica por acreção vertical (decantação) na planície de inundação (Fig. 6.6C).

As principais características do ambiente fluvial meandrante são:
* canais fluviais com alta sinuosidade e baixo gradiente topográfico;
* razão largura/profundidade do canal < 40, canais profundos e relativamente estreitos;
* transporte de carga de tração (cascalhos, seixos e grânulos) e, principalmente, sedimentos em suspensão (areia, silte, argila);
* migração lateral dos canais através da erosão progressiva das margens côncavas e sedimentação nas convexas, construindo barras em pontal

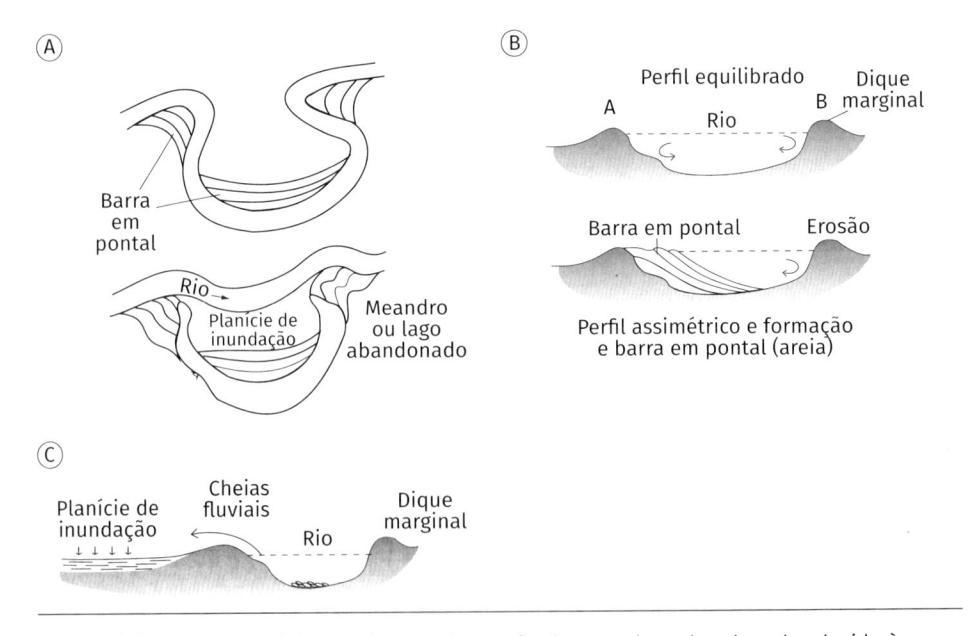

FIG. 6.6 *(A) Ambiente fluvial meandrante e formação de meandros abandonados devido à sinuosidade do canal; (B) formação de barra em pontal com sigmoides e estratificação épsilon; e (C) formação de planície de inundação em cheias fluviais*

com superfícies de acreção lateral (estratificação cruzada em épsilon) (Fig. 6.6B);
* abandono de meandros quando o rio constrói um atalho por erosão, deixando um lago ou meandro abandonado (oxbow lake) preenchido por sedimentos pelíticos e turfa (Fig. 6.6A);
* formação de planícies de inundação por decantação de lama durante enchentes fluviais (Fig. 6.6C), assim como depósitos cascalhosos de canal (lag), dique marginal, depósito de rompimento do dique marginal, e meandros abandonados, como já explicado.

Os diques marginais (levees) correspondem a feições elevadas, paralelas ao canal, formadas por areia, silte e argila, que se depositaram em fases de cheias fluviais. Eventualmente, enchentes catastróficas podem romper o dique marginal e gerar depósitos de rompimento (crevasse splay), sedimentando, na planície de inundação, brechas intraformacionais (com intraclastos arenopelíticos) e arenitos com marcas onduladas cavalgantes (climbing ripples). Podem ocorrer fácies de lobos sigmoidais deltaicos ou de inunditos (depósitos de inundação fluvial), conforme Della Fávera (2001). Neste último caso, ocorrem arenitos com estratificação plana e com marcas onduladas cavalgantes e pelitos maciços e laminados, com evidências de exposição subaérea, como gretas de contração, paleossolos e marcas de raízes.

Em resumo, o ambiente fluvial meandrante apresenta canais sinuosos, com amplas planícies de inundação e barras em pontal. As principais fácies do sistema fluvial meandrante estão relacionadas a seguir (Fig. 6.7):
* ortoconglomerados depositados no canal fluvial, com calhaus, seixos, grânulos subangulosos a subarredondados e matriz arenosa subordinada;
* arenitos grossos a médios com estratificação cruzada acanalada e tabular, assim como arenitos finos com marcas onduladas assimétricas (variação de regime de fluxo) nas barras em pontal;
* pelitos laminados e maciços, com marcas de raízes (associadas com turfa/carvão), e pelitos com bioturbação, gretas de contração e marcas de pingos de chuva, depositados na planície de inundação;
* brecha intraformacional, arenitos e pelitos com laminações cruzadas devido a depósitos de rompimento de diques marginais após cheias fluviais catastróficas (crevasse splay).

① Canal - *channel lag* (cascalho, areia grossa)

② Barra em pontal - *point bar* (areia)

③ Planície de inundação - *flood plain* (pelitos, turfa, arenitos)

④ Dique marginal - *levee*

⑤ Rompimento do dique marginal - *crevasse splay*

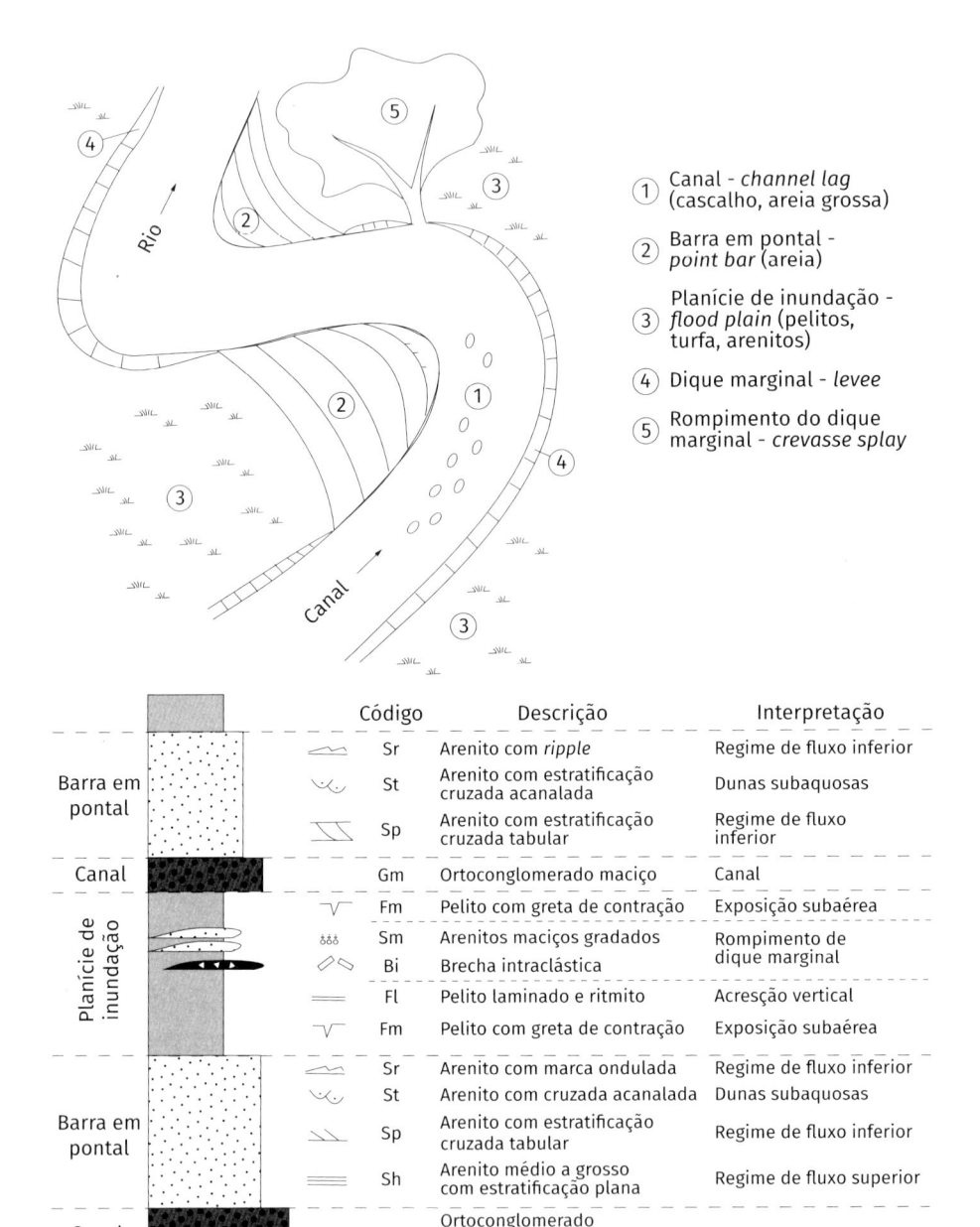

	Código	Descrição	Interpretação
Barra em pontal	Sr	Arenito com *ripple*	Regime de fluxo inferior
	St	Arenito com estratificação cruzada acanalada	Dunas subaquosas
	Sp	Arenito com estratificação cruzada tabular	Regime de fluxo inferior
Canal	Gm	Ortoconglomerado maciço	Canal
Planície de inundação	Fm	Pelito com greta de contração	Exposição subaérea
	Sm	Arenitos maciços gradados	Rompimento de dique marginal
	Bi	Brecha intraclástica	
	Fl	Pelito laminado e ritmito	Acresção vertical
	Fm	Pelito com greta de contração	Exposição subaérea
Barra em pontal	Sr	Arenito com marca ondulada	Regime de fluxo inferior
	St	Arenito com cruzada acanalada	Dunas subaquosas
	Sp	Arenito com estratificação cruzada tabular	Regime de fluxo inferior
	Sh	Arenito médio a grosso com estratificação plana	Regime de fluxo superior
Canal	Gm	Ortoconglomerado maciço a estratificado imbricamento dos clastos	Depósito de canal

S/A A C

FIG. 6.7 *Ambiente fluvial meandrante, com os principais subambientes (canal, barra em pontal, planície de inundação) e as principais fácies sedimentares em perfil colunar*
Fonte: adaptado e modificado de Scherer (2008).

6.3.3 Ambiente fluvial anastomosado

O ambiente fluvial anastomosado apresenta uma rede de múltiplos canais interconectados, profundos e estreitos, com baixo gradiente topográfico e baixa energia. Ocorrem em área plana, onde os canais bifurcam e convergem numa planície de inundação. Como exemplo, têm-se as turfeiras em áreas pantanosas (depósitos recentes de restos vegetais) e as lagoas de inundação fluvial, as quais compreendem cerca de 50% da área de um ambiente fluvial anastomosado. Também apresentam diques marginais e depósitos de rompimento de diques. Diferem do modelo meandrante por apresentar pouca migração dos canais e ausência de depósitos de barras em pontal. As principais fácies são arenitos grossos e conglomerados sedimentados nos canais, com pelitos em grande quantidade e espessura, e ainda turfeiras e siltitos argilosos ricos em matéria orgânica, constituindo a planície de inundação, as lagoas e os diques marginais.

O estudo sistemático de depósitos fluviais em vários locais do mundo possibilitou o reconhecimento de elementos arquiteturais, que são associações tridimensionais de fácies caracterizadas pela geometria interna e externa que indica um processo específico, representando subdivisão de um sistema deposicional. A identificação e interpretação desses elementos permite detalhar o modelo fluvial, de forma a reconhecer tipos intermediários entre os três tipos básicos descritos anteriormente. De início, foram individualizados elementos arquiteturais de canal fluvial (Scherer, 2008), sobretudo depósitos de acreção lateral (LA) e de acreção frontal (DA), além de: canal (CH), formas de leito arenosas (SB), lençóis de areia laminados (LS), *hollow* (HO), formas de leito e barras cascalhosas (GB), fluxos de gravidade de sedimentos (SG). Posteriormente, foram especificados os elementos arquiteturais externos ao canal (Miall, 1992; Scherer, 2008), os quais abrangem: diques marginais (LV), canais de *crevasse* (CR), espraiamento de *crevasse* (CS), finos de planície de inundação (FF) e canais abandonados CH (FF).

6.4 Ambiente desértico (eólico)

A envoltória da Terra é formada por ventos, que são aquecidos no equador e fluem em direção aos polos terrestres. O vento constitui massas de ar que se deslocam por diferenças de temperatura e também de densidade, a depender da menor ou maior incidência de energia solar sobre a Terra. Em relação à temperatura, o ar mais quente da região do equador flui para os polos, quando esfria e fica mais denso, afundando. Já em relação à pressão, as massas de ar fluem de zonas de alta pressão (tendência descendente) para as de baixa pressão. Em geral, os fluxos de ar são turbulentos; ventos fortes podem atingir de 100 km/h a 150 km/h.

O vento comumente atua erodindo áreas-fonte (montanhas), arrancando grãos, transportando e construindo dunas e lençóis de areia fina, bem selecionada. A grande diferença de densidade entre o ar e a areia limita o tamanho dos grãos transportados: o vento transporta grãos maiores por tração e suspensão, os quais são arrastados e rolados, e grãos menores por saltação e suspensão, formando nuvens ou "tempestades de areia". O choque entre os grãos é muito frequente, resultando em grãos arredondados e foscos. A Tab. 6.1 relaciona a intensidade dos ventos com o diâmetro da partícula (Φ) sedimentar transportada.

Tab. 6.1 Velocidade do vento e diâmetro dos grãos transportados

	Velocidade (km/h)	Φ partícula movimentada
Vento suave	11-17	0,25 mm (areia fina)
Vento forte	30-40	1,00 mm (areia grossa)
Furacão	60-150	30 mm (seixo)

Há dois tipos de desertos no mundo:
* Quente (clima árido): Saara, Gobi, desertos da Arábia, EUA, Austrália;
* Frio (árido glacial): Antártida, Groelândia, Atacama (Chile).

Desertos são locais da Terra caracterizados por pequena taxa de precipitação pluviométrica, grande variação de temperatura, predomínio de evaporação, intemperismo físico predominante, escassa vegetação e ação do vento. O clima varia de hiperárido, árido até semiárido (Giannini; Assine; Sawakuchi, 2008).

O ambiente eólico ocorre atualmente em grandes desertos no interior dos continentes, como os desertos da Austrália, Saara (África Setentrional), oeste dos Estados Unidos (desertos de Sonora e Monjave), norte do Chile (deserto de Atacama) e na Ásia, mas também aparece em regiões costeiras e litorâneas, como na famosa região dos Lençóis Maranhenses, entre outros locais do Brasil. Nesses casos (ambiente eólico-litorâneo), o vento retrabalha acumulações de areia de praia, construindo dunas e lençóis de areia.

Os desertos apresentam os seguintes subambientes (Fig. 6.8):
* Hamada: leque aluvial em forma de cone, cascalhoso, próximo das montanhas (áreas-fonte). Fácies principais: conglomerados e arenitos cascalhosos, imaturos.

* Wadi: rios efêmeros (temporários) e arenocascalhosos produzidos por enxurradas esporádicas. Fácies: arenitos conglomeráticos (mal selecionados) com estratificações cruzadas.
* Playa: lagos efêmeros (temporários), com significativa evaporação, se for de clima árido. Ocorre *sabkha* (planície de evaporação continental) associada. Fácies: arenitos, pelitos e evaporitos (carbonato, gipsita, anidrita, cloretos).
* Depósitos de areia (*sand sea* ou *erg*): grande acumulação, com várias morfologias de dunas, predominando as dunas barcanas e transversais e, ainda, os lençóis de areia.
* Depósitos distais de *loess*: depósitos siltoargilosos de poeira que se depositam no continente ou no oceano. São transportados por tempestades de areia nos desertos.

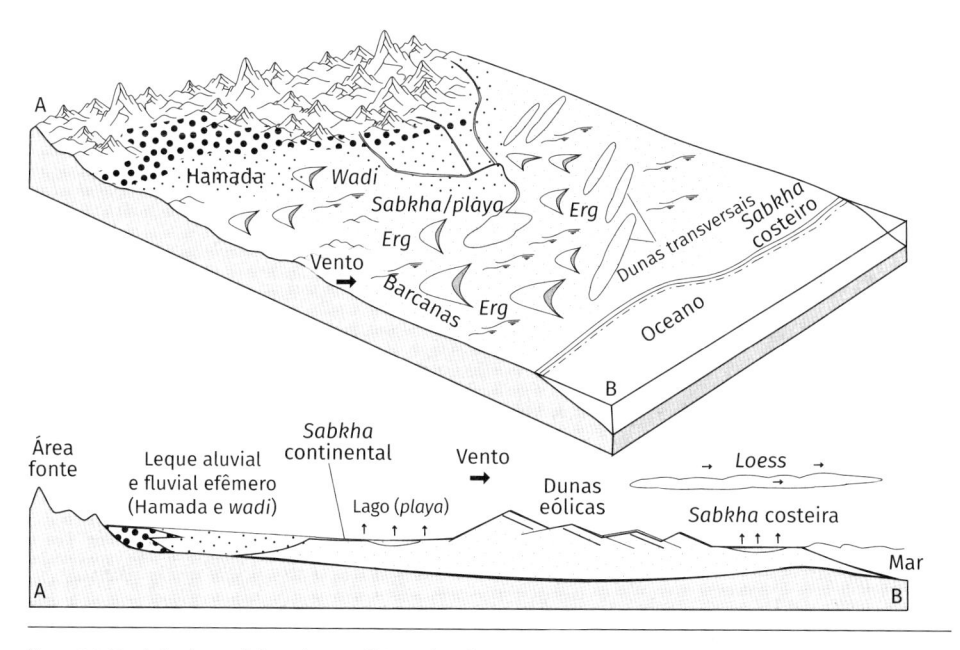

FIG. 6.8 *Modelo deposicional e perfil longitudinal A-B para ambiente desértico, com destaque para os subambientes de dunas e lençóis de areia, lagos efêmeros (playa) com sabkha continental, wadis e leques aluviais (hamada), estes últimos próximos de áreas-fonte*
Fonte: adaptado e modificado de Suguio (2003).

6.4.1 Mecanismos de transporte de grãos pelo vento e sedimentação eólica

Pela ação do vento, formam-se superfícies de deflação em desertos, formando níveis de cascalhos e removendo o material mais fino intersticial (areia). A erosão pelo vento pode levar à formação de ventifactos (cascalhos com duas ou mais faces planas e polidas pela abrasão eólica).

A poeira (silte e argila), assim como a areia, é transportada em função do diâmetro dos grãos e da intensidade do vento. O transporte em geral pode ser feito por rolagem ou arraste, saltação (provocando choques entre os grãos) e suspensão:

- Transporte de poeira (< 0,125 mm, como areia fina, silte, argila): o fluxo turbulento mantém a poeira em suspensão.
- Transporte de areia grossa a fina (2 mm a 0,125 mm): saltação/suspensão.

Quando a velocidade do vento diminui, os grãos transportados sedimentam, podendo formar empilhamentos arenosos ondulados (dunas) e pavimentos (lençóis arenosos). As dunas são acumulações assimétricas de grãos de areia seca, com dezenas de metros de altura e centenas de metros de comprimento, cuja formação envolve algum obstáculo (matacão, forma de relevo, vegetação) que desacelera a velocidade do vento, provocando a sedimentação. Elas mostram grande mobilidade devido à variação de energia do vento (dunas migratórias), exceto quando são fixadas pela vegetação, transformando-se em dunas estacionárias (geralmente mais antigas). Em geral, as dunas eólicas continentais são constituídas de areia silicosa (grãos de quartzo), no entanto, podem ser encontradas dunas de composição carbonática (eolianitos), com fragmentos de bioclastos e ooides (grãos carbonáticos tamanho areia), em regiões litorâneas com alta produtividade de carbonatos.

Os grãos de areia transportados pelo vento sobem a face da duna voltada para o vento (*stoss side*). Na face oposta, a sotavento (*lee side*), a areia se move por fluxo de grãos (*grain flow*), pequenas avalanches de material arenoso na frente da duna que formam bolsões ou lentes com gradação inversa. A areia também pode se depositar diretamente da suspensão (queda de grãos, ou *grain fall*) na frente das dunas, gerando alternância de lâminas com diferentes granulometrias e muito bem selecionadas, o que se chama de bimodalidade. Na parte baixa ou plana da duna, formam-se *climbing ripples* transladantes, subcrítico a crítico, pela ação do vento em areia seca (Fig. 6.9).

A preservação dos depósitos eólicos se limita às porções inferiores das dunas, em consequência da elevação do nível freático, do soterramento e da cimentação dos grãos. As dunas constituem a forma de leito, ou seja, a acumulação original, e são preservadas no registro geológico como camadas arenosas bem selecionadas, com estratificação cruzada de grande porte, tabular ou acana-

AMBIENTES SEDIMENTARES CONTINENTAIS | 139

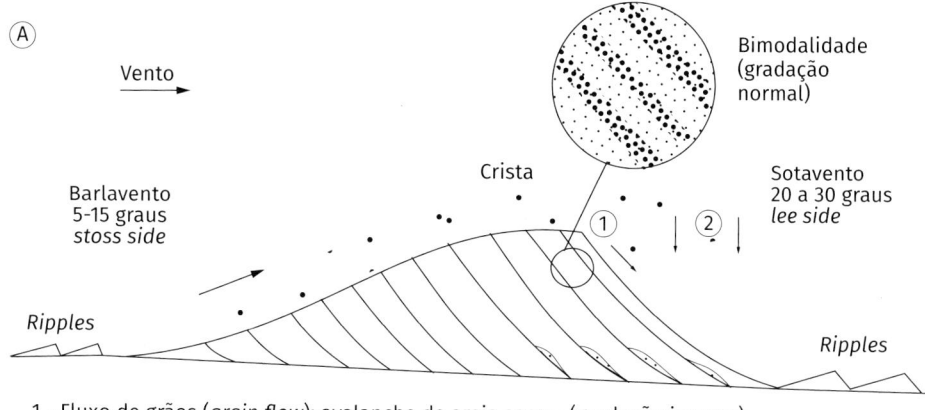

1 - Fluxo de grãos (*grain flow*): avalanche de areia seca – (gradação inversa)
2 - Queda de grãos (*grain fall*): formação de bimodalidade – (gradação normal)

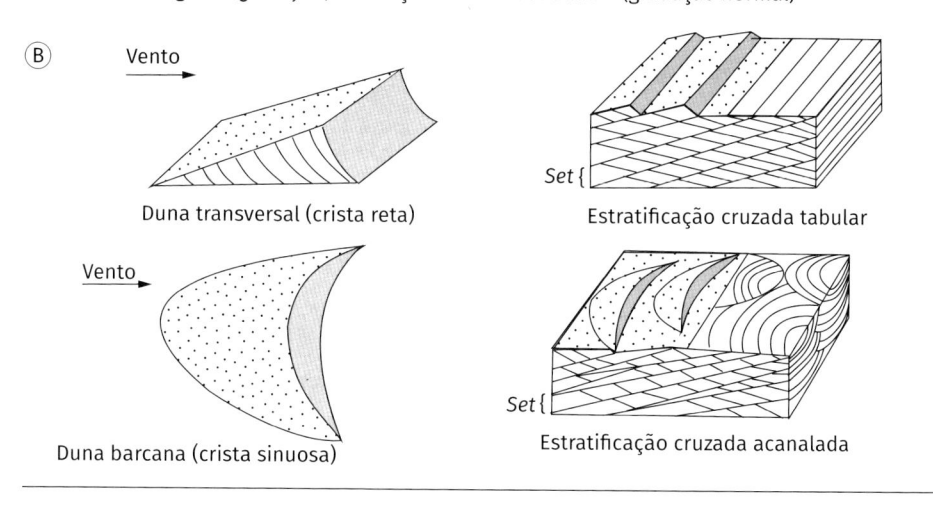

FIG. 6.9 *Ambiente desértico, dunas eólicas e formação de grandes estratificações cruzadas: (A) formação de duna a partir de ondulação assimétrica que cresce com fluxo e queda de grãos; (B) formação de megaestratificação cruzada tabular e acanalada a partir de dunas transversais e barcanas, respectivamente*

lada, geralmente tangencial à base (Fig. 6.9). Cada *set* de estratificação cruzada é limitado por superfícies planas (superfícies de reativação), interpretadas como superfícies de deflação.

As acumulações de areia nos desertos ocorrem no chamado *erg* ou *sand sea* (mar de areia). Nesse domínio ou subambiente existem diferentes morfologias de dunas eólicas, cuja classificação morfológica baseia-se no número e na posição das fácies a sotavento, por consequência, no número de direções dos ventos predominantes. Dunas barcanas e transversais são formadas por uma única direção de vento predominante e podem gradar entre si (barcanoides). Dunas do tipo estrela e longitudinal são formadas por ação de ventos com duas direções predominantes. Estratificações cruzadas acanaladas de grande porte são atribuídas a dunas de crista sinuosa (tipo barcana ou barcanoides), enquanto estratificações cruzadas tabulares de grande porte em geral sugerem ter sido dunas transversais de crista reta, perpendiculares ao vento. Em resumo, as principais morfologias de dunas eólicas são (Kocurek, 1996; Suguio, 2003; Giannini; Assine; Sawakuchi, 2008):

* *Transversais*: duna de crista reta, perpendicular ao fluxo do vento.
* *Barcana*: forma de meia-lua, crista sinuosa, com as extremidades no sentido do vento.
* *Parabólica*: forma de meia-lua (U), com as extremidades contrárias ao vento.
* *Estrela*: combinação de duna transversal e longitudinal, com várias direções de fluxo do vento.
* *Longitudinal* (seif): duna alongada, subparalela ao fluxo, com vento bidirecional.

Em relação às fácies (Fig. 6.10), no ambiente eólico predominam arenitos bem selecionados com estratificações cruzadas de grande porte, acanaladas e tabulares (antigas dunas eólicas), com bimodalidade (estratificação gradacional) nas lâminas arenosas do *set* da estratificação cruzada e lentes com fluxos de grão (avalanches de areia seca com gradação inversa).

As fácies de grandes dunas eólicas se intercalam com depósitos de interduna, que podem ocorrer de duas formas: seca ou úmida. Os depósitos de interduna

	Dunas	Arenitos bem selecionados com estratificações cruzadas de muito grande porte, tabular ou acanalada, tangenciais (*erg* ou *sand sea*)
	Interduna	1) seco - lençóis de areia com arenitos com estratificação plana (regime de fluxo superior) 2) úmido - *playa* ou lago efêmero com sedimentos arenopelíticos com gretas de contração e *sabkas*
	Dunas	Arenitos com estratificações cruzadas de grande porte (antigas dunas transversais e barcanas)
	Fluvial	Arenitos mal selecionados, cascalhosos, com estratificação cruzada de pequeno porte - rios temporários alimentando lagos efêmeros (*wadi*)

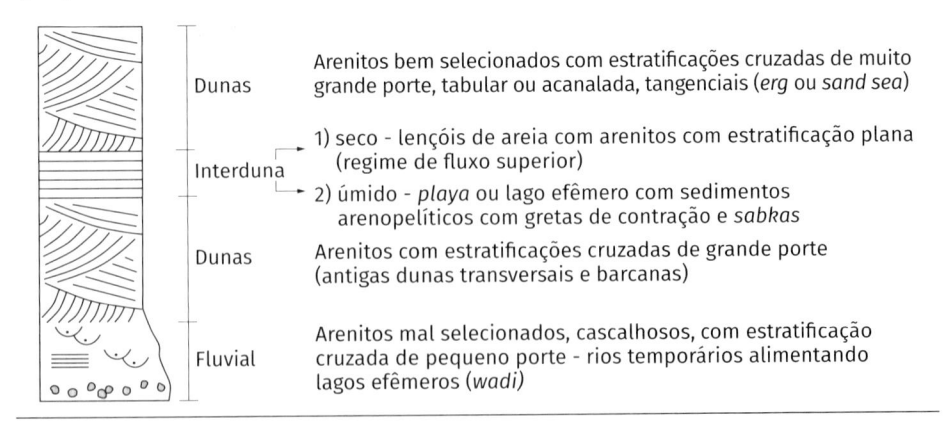

FIG. 6.10 *Principais fácies sedimentares em desertos, com ambiente fluvial efêmero* (wadi), *dunas e interdunas úmido (com* playa) *e seco (com lençóis de areia)*

secos contam com lençóis de areia, camadas planas, granulometria de areia fina/média a grossa. Formam-se neles arenitos bem selecionados, com estratificação plana do regime de fluxo superior (ventos com maior velocidade).

Os depósitos de interduna úmidos, por sua vez, apresentam formação de lagos efêmeros e *playa* em depressões no deserto, em regiões próximas do nível do lençol freático, sujeitas a inundações. Nessas regiões ocorre sedimentação de arenitos e pelitos, que mostram gretas de contração, com eventuais minerais evaporíticos (anidrita e pseudomorfos de halita) e *sabkha* continental, ou seja, planície de evaporação adjacente aos lagos efêmeros.

Essas fácies eólicas de dunas e interdunas podem ocorrer com intercalações de sedimentos fluviais, rios efêmeros tipo *wadis*, com arenitos mal selecionados e cascalhosos, com estratificações cruzadas de pequeno a médio porte e conglomerados fluviais (Fig. 6.10).

Por fim, apresenta-se uma síntese das principais características dos sedimentos e fácies eólicas:

* sedimentos monominerálicos, geralmente quartzo arenitos bem selecionados, às vezes subarcózios (feldspato se preserva em clima seco);
* estratificação cruzada de grande porte (antigas dunas eólicas);
* sedimentos geralmente de cor vermelha ou rosa, com película de óxido de ferro sobre os grãos de quartzo;
* poucas classes granulométricas, sedimento maturo;
* tamanho de grão variando de areia fina a grossa, com bimodalidade (alternância de lâminas grossas e finas devida à queda de grãos), mica usualmente ausente;
* grãos com polimento fosco, morfologia arredondada e alta esfericidade (alto impacto entre os grãos).

6.5 Ambiente lacustre

Lagos são corpos de água doce/salgada situados no continente, sem conexão com o oceano, em que operam processos físicos, como descarga fluvial, ondas e marés, processos químicos, como salinidade, Eh e pH, e processos biológicos, a exemplo da atividade microbial. Lagos possuem variadas dimensões, podendo ser pequenos (geralmente chamados de lagoas) ou apresentar dimensões massivas, e até configurar grandes mares interiores, como o Mar Cáspio (Ásia). Os maiores lagos de água doce do mundo são os Lagos Superior, Michigan e Ontário, os três localizados no sul do Canadá.

Fatores como clima e natureza da área-fonte influenciam a formação dos lagos. O clima regula a precipitação, a evaporação e o tipo de intemperismo nas áreas-fontes; por exemplo: um lago glacial é abastecido por água de degelo, enquanto um lago em ambiente desértico (*playa*) apresenta predomínio de evaporação. Já a natureza da área-fonte influi na composição química da água do lago.

Existem vários tipos de lagos no mundo em função dos diferentes climas e preenchimentos sedimentares (Neumann *et al.*, 2008):

* lagos em regiões glaciais, abastecidos com águas de degelo, com relevo alto;
* lagos em regiões de clima árido, com depósitos salinos e sabkha continental (planície de evaporação, com sais dentro de sedimentos detríticos) e relevo baixo;
* lagos de regiões temperadas e úmidas, com depósitos terrígenos e/ou carbonáticos;
* lagos com depósitos sapropélicos (turfa) e associação com pântanos marginais;
* lagos em regiões cársticas, formados por dissolução de carbonatos e formação de dolinas;
* lagos originados de meandros abandonados na evolução de um ambiente fluvial meandrante.

Destacam-se ainda os lagos tectônicos, gerados em bacias extensionais do tipo rifte, nas depressões de blocos de falhas, com aporte fluvial. Mostram cunha de conglomerados de borda de falha que gradam para depósitos arenopelíticos subaquosos, lacustres, em um ambiente de *fan delta* (seção 6.2).

Outra classificação possível é em relação à hidrologia. Lagos hidrologicamente abertos possuem equilíbrio entre a entrada de água (água de rios e da chuva) e a evaporação. Já os lagos hidrologicamente fechados não apresentam esse equilíbrio, são efêmeros, secam e enchem periodicamente, com importante sedimentação química (evaporitos). A respeito da sedimentologia, os lagos baixos mostram ciclos sedimentares progradacionais, com redução do volume de água, enquanto os lagos altos apresentam ciclos sedimentares retrogradacionais, com maior influência fluvial.

Nos lagos há sedimentação clástica e química. A sedimentação clástica ou detrítica ocorre através do aporte de rios em lagos, onde os rios trazem sedimentos da área-fonte, gerando um padrão zonado (Fig. 6.11), com uma auréola de arenitos grossos a finos (maior granulometria, depositam primeiro) que interdigitam (transicionam) para pelitos decantando na parte central e mais profunda dos lagos (granulometria fina, depósito siltoargiloso distal, às vezes rico em matéria orgânica). A água dos lagos apresenta estratificação, sendo mais oxigenada e quente nas bordas e mais redutora (anóxica) e fria nas porções mais profundas dos corpos de água. Lagos rasos são dominados por sedimentação deltaica, com a frente deltaica e o pró-delta lacustre. Lagos profundos podem mostrar importante sedimentação turbidítica, com correntes de densidade e decantação de sedimentos finos, que podem formar folhelhos negros, possíveis rochas geradoras de hidrocarbonetos (petróleo).

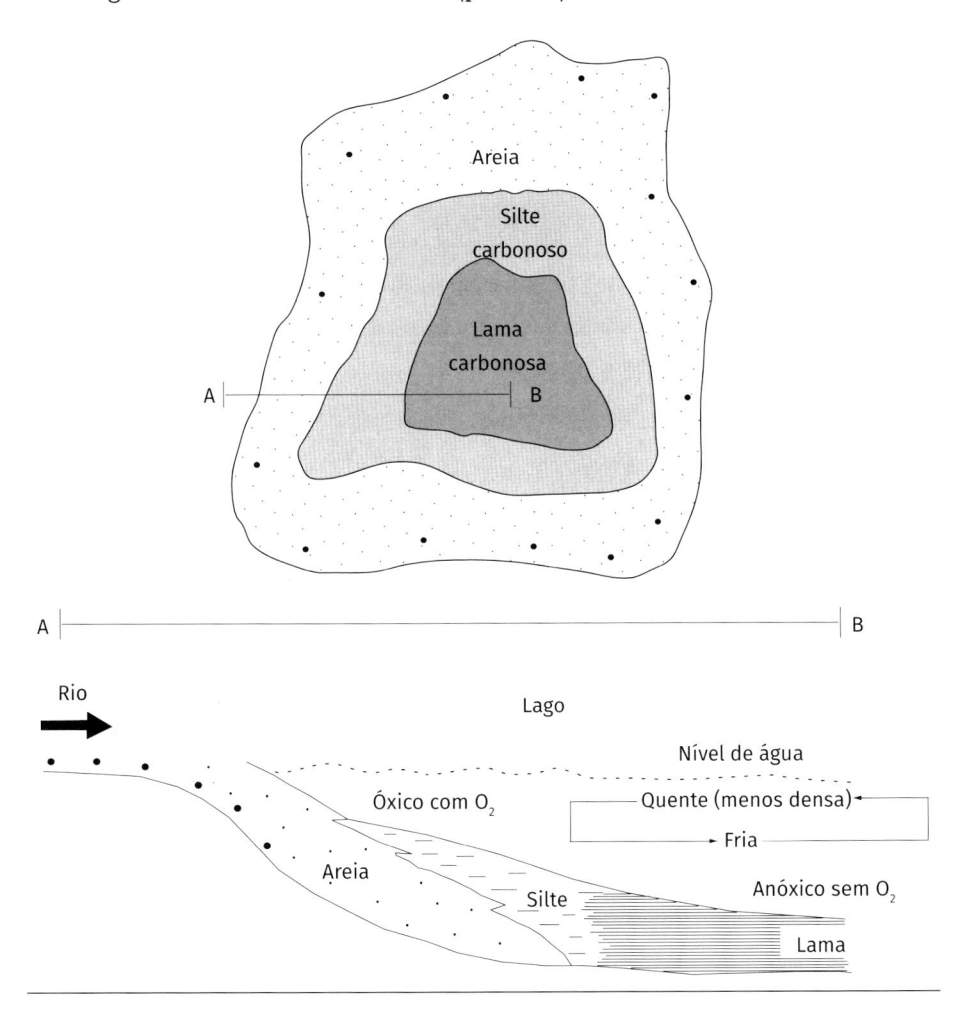

Fig. 6.11 Modelo de distribuição de sedimentos num lago: auréola de areia grossa/fina e uma parte central siltoargilosa de decantação. Perfil vertical mostrando sedimentos e estratificação da água do lago
Fonte: adaptado de Suguio (2003) e Neumann et al. (2008).

A sedimentação química é mais comum em lagos de clima árido (lagos efêmeros), em que há uma forte evaporação, com a diminuição do volume de água e o aumento da sua densidade até uma salmoura, com precipitação de minerais evaporíticos, como carbonatos, sulfatos (anidrita, gipsita), cloretos (halita, silvita) e folhelhos. Também pode ocorrer a sedimentação lacustre orgânica, com acumulação de restos vegetais e plâncton, que se depositam lentamente no fundo dos lagos. Com o soterramento crescente, eles podem evoluir, pela diagênese e maturação da matéria orgânica, para depósitos de turfa (restos vegetais) ou hidrocarbonetos. Hidrotermalismo e exalações vulcânicas nos lagos também podem complicar a mineralogia e petrografia das rochas sedimentares.

Assim, podemos descrever as fácies lacustres da seguinte forma:

- *Fácies marginais*: arenitos grossos/médios, às vezes conglomeráticos, com estratificação cruzada e estratificação sigmoidal, de frente deltaica. Arenito fino/médio com laminação horizontal e estratificação cruzada de baixo ângulo (ambiente de praia). Arenitos grossos, maciços ou gradados, por corrente de turbidez proximal. Calcários estromatolíticos.
- *Fácies lacustre central*: carbonatos micríticos (mudstones), margas e folhelhos. Sedimentos heterolíticos (arenito fino e pelito, com estratificação *flaser*, lenticular, ondulada), arenitos gradados, turbiditos e, ainda, folhelhos distais (Tcde), ricos em matéria orgânica.

6.5.1 Critérios diagnósticos para reconhecer sedimentação lacustre antiga

Em geral, os lagos apresentam uma auréola externa de arenitos conglomeráticos e pelitos na porção central, com ocorrência de várias outras fácies, como já mencionado, principalmente em função de diferentes climas: arenitos, ritmitos, folhelhos, calcários, dolomitos e evaporitos.

Essas fácies lacustres são semelhantes às fácies sedimentares depositadas em ambiente marinho raso ou plataformal. Então, como reconhecer depósitos lacustres antigos sem confundi-los com depósitos marinhos antigos? Os critérios diagnósticos são os seguintes:

- Ambos os sedimentos podem ser diferenciados pelo conteúdo paleontológico: fósseis de água doce para depósitos lacustres e fósseis de água salgada para depósitos marinhos.
- Extensão da área: em geral, depósitos lacustres apresentam menor dimensão do que depósitos marinhos.
- Associação com outras fácies continentais (fluviais, eólicas etc.) intercaladas na sequência lacustre, ou seja, proximidade com fácies eólicas e fluviais.

6.5.2 Tipos de influxo fluvial em lagos

Influxo fluvial é quando a corrente fluvial deságua num lago, ou seja, o fluxo confinado do rio perde velocidade, desconfina e libera a carga sedimentar dentro do lago. Existem diferentes tipos de influxo fluvial: superficial (*overflow*), no meio (*interflow*) e rente ao fundo (*underflow*). Isso acontece porque correntes fluviais com densidades distintas ingressam nos lagos (Fig. 6.12).

Alta descarga fluvial em lagos rasos gera sedimentação deltaica expressiva, com fluxo homopicnal (areias de frente deltaica) e hipopicnal (argilas de pró-delta, que ficam em suspensão e lentamente decantam). Descarga fluvial de material mais denso que o meio receptor causa fluxo gravitacional no fundo do lago (*underflow*) e os fluxos densos geram correntes de turbidez, ocasionando sedimentação turbidítica expressiva dentro dos lagos.

Dessa forma, existem três situações contrastantes no influxo fluvial em lagos, que produzem diferentes fácies sedimentares, a partir do contraste de densidades da corrente fluvial e do meio receptor (lago) (Fig. 6.12):

* Fluxo hipopicnal: acontece quando a densidade de descarga fluvial é menor que a densidade da água do lago. Ocorre a formação de pluma de suspensão (*overflow*), que gera sobretudo pelitos lacustres devido a processos de decantação. Há ainda deposição de argila e silte em suspensão e carga arenosa constituindo uma barra submersa na borda do lago.
* Fluxo homopicnal: a densidade da corrente fluvial é igual à densidade da água do lago. Aqui há formação de lobos sigmoidais ou lobos de suspensão na frente deltaica, quando uma corrente carregada de sedimentos entra num corpo de água estático, perdendo competência e depositando

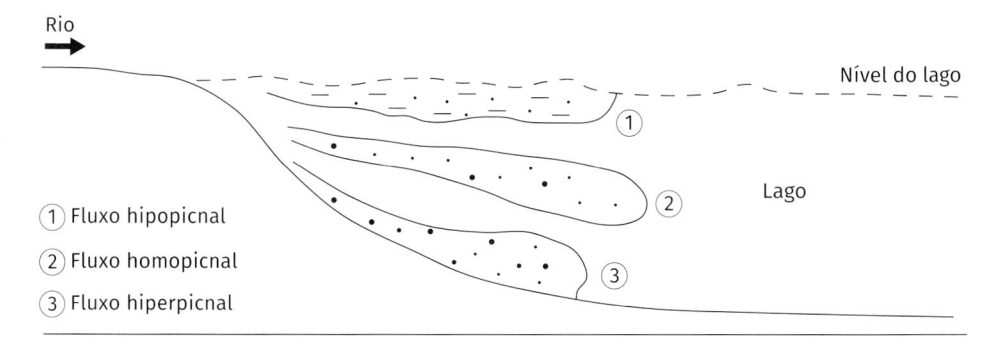

FIG. 6.12 *Diferentes influxos sedimentares em lagos considerando o contraste de densidade entre a água do rio e a água do lago: influxo hipopicnal, com pluma de suspensão e decantação de finos; influxo homopicnal, com águas de mesma densidade, gerando sigmoide de frente deltaica; e influxo hiperpicnal, de fluxo denso, produzindo corrente de turbidez e fácies turbidíticas lacustres*

sua carga sedimentar. Formam-se arenitos lenticulares amalgamados, com estratificações cruzadas internas e *ripples* assimétricas (*climbing ripples*). Assim, em corte paralelo à paleocorrente, observam-se as lentes sigmoidais amalgamadas, com *climbing ripples* na parte inferior, enquanto em corte perpendicular à paleocorrente (perfil A-B da Fig. 6.13A) identificam-se lentes na forma de "olho".

* Fluxo hiperpicnal: quando a densidade da corrente fluvial é maior do que a densidade da água do lago, formam-se correntes densas e correntes de turbidez no fundo do lago (*underflow*), o que gera turbiditos, que são depósitos arenopelíticos gradados e com divisões Ta, Tb, Tc, Td/e, conforme Bouma (1962), em que Ta é a estratificação gradacional (cascalho fino ou areia gradada), Tb é estratificação plana em arenitos, Tc é arenito fino com *climbing ripples* e Td/e constitui nível superior, pelítico, de decantação, o que ocorre com a passagem da corrente de turbidez (Fig. 6.13B).

Exemplos de sedimentação lacustre antiga (paleolagos) são descritos por Suguio (2003) e Newmann *et al.* (2008) e incluem sobretudo paleolagos do Cretáceo, da fase rifte das bacias do Recôncavo (BA), Potiguar (*graben* Pendência) e também na bacia do Araripe (Newmann, 1999). Pode-se exemplificar ainda paleolagos desenvolvidos no pré-sal da bacia de Santos (fase rifte), com influência de hidrotermalismo e evaporação, que possuem importantes reservatórios carbonáticos de óleo e gás (Farias *et al.*, 2019).

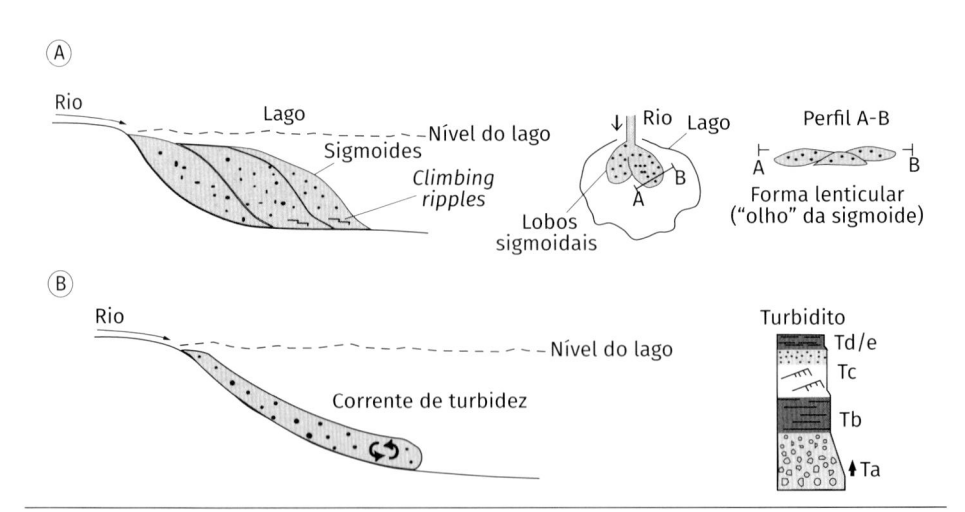

FIG. 6.13 *(A) Formação de sigmoides deltaicas (lobos de suspensão) por fluxos homopicnais e (B) sedimentação turbidítica por fluxos hiperpicnais em ambientes lacustres*

6.6 Ambiente glacial

A formação das geleiras ocorre pela migração dos continentes, que, ao longo do tempo geológico, atingiram regiões de altas latitudes. Nessas regiões da Terra, de clima muito frio, ocorre a acumulação de neve e sua posterior compactação por pressão, que a transforma em gelo. A neve é uma massa de flocos soltos que, com o soterramento crescente, recristaliza em gelo, eliminando grande parte do ar do empacotamento dos cristais. A localização geográfica das geleiras atuais é muito variável: próximo aos polos da Terra (geleira polar, por exemplo, Antártica, Groenlândia, Sibéria) ou em regiões montanhosas, regiões de grande altitude (geleira temperada, por exemplo, nos Alpes, Andes ou Himalaia).

Com o tempo, o gelo se espessa, seja em áreas montanhosas, seja ocupando grandes continentes na forma de manto ou domo. A espessura aumenta até que o gelo vence o atrito e se desloca lentamente pela gravidade, arrancando blocos e grãos do substrato e transportando-os. Com a mudança climática, o gelo derrete e se retrai, liberando sedimentos e água de degelo, que se depositam, constituindo registros de eventos glaciais no passado da Terra.

Assim, o ambiente glacial é o conjunto de feições erosivas e deposicionais da atividade geológica do gelo, e é dividido em dois subambientes sedimentares ligados à ação do gelo: glaciocontinental e glaciomarinho (Fig. 6.14).

Existem dois tipos básicos de geleiras: as geleiras de vale (alpinas, de montanha ou de altitude) e as geleiras continentais (mantos de gelo ou geleiras de latitude). Em relação ao regime termal, as geleiras continentais são de base seca e, em geral, geleiras alpinas são de base úmida, o que favorece o deslocamento do gelo pela gravidade.

Em regiões glaciais, forma-se uma zona de acumulação, onde a neve se transforma em gelo por recristalização sob pressão, e zonas de derretimento e desprendimento de grandes blocos flutuantes (*icebergs*). Em fases de clima muito frio, a acumulação supera o derretimento (ablação) e a geleira expande gradualmente no continente, chegando até o oceano e passando a influenciar a sedimentação marinha. Durante fases mais quentes, há a deglaciação (degelo) e o derretimento do gelo, e a geleira diminui, retraindo-se e liberando a carga sedimentar transportada. A manutenção da geleira depende do equilíbrio entre a acumulação e o derretimento (ablação).

As geleiras se movem por uma combinação de fluxo plástico e deslizamento basal. O fluxo plástico predomina nas geleiras continentais, com o movimento ocorrendo dentro do gelo, a partir de deslocamentos intracristalinos. O desliza-

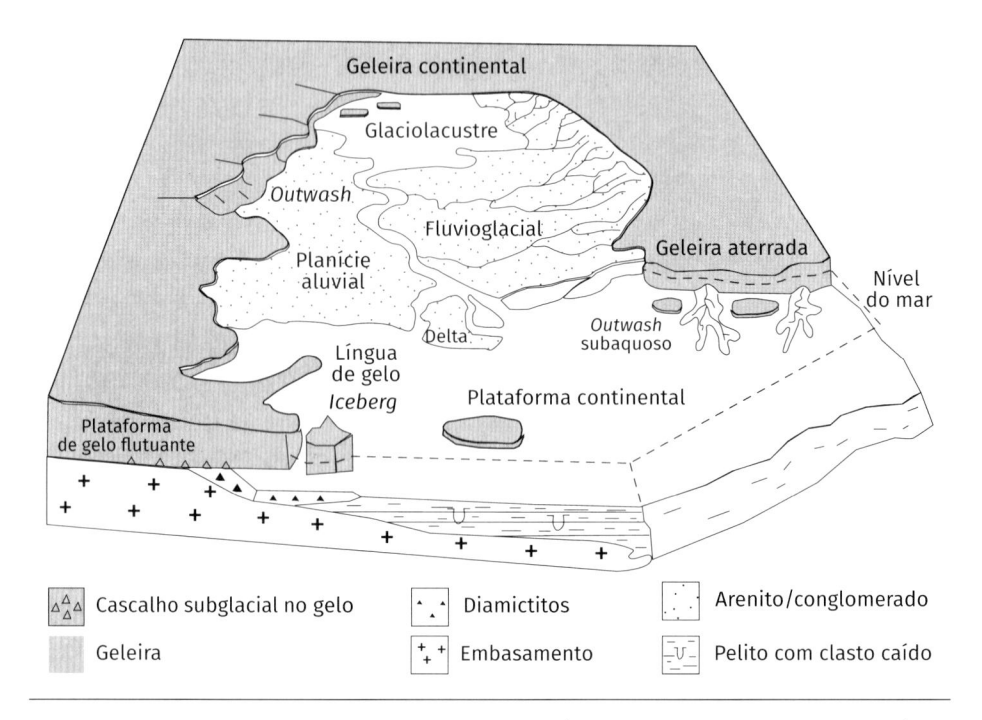

FIG. 6.14 *Ambientes glaciocontinental e glaciomarinho (situado na plataforma continental), com geleiras flutuantes (banquisa) e aterradas (apoiadas no substrato)*
Fonte: adaptado de Eyles e Eyles (1992) e Rocha-Campos e Santos (2000).

mento basal prevalece em geleiras de montanha, que nos verões desenvolvem uma camada de degelo basal que lubrifica e facilita o deslocamento do gelo pela gravidade. As geleiras continentais são mais estáveis, pois as temperaturas permanecem muito frias e não ocorre degelo basal. A gravidade é a força responsável pelo fluxo das geleiras, gerando um cisalhamento interno, com deformações compressivas e distensivas na geleira. Por exemplo, diferentes orientações de fraturas (também chamadas de *crevasses*) distensivas ocorrem na geleira: radiais, longitudinais, transversais (Rocha-Campos; Santos, 2000). Quando a geleira se move lentamente sobre o substrato, ocorre importante efeito abrasivo sobre o embasamento (formação de pavimentos estriados), intensa erosão, com remoção e incorporação de detritos (matacões, seixos, areia, argila etc.) arrancados pela ação do gelo e incorporados à base da geleira.

Em relação à localização geográfica, as geleiras são encontradas próximas aos polos da Terra (geleira polar, por exemplo, Antártica, Groenlândia, Sibéria) ou em regiões montanhosas, de grande altitude (geleira temperada, por exemplo, nos Alpes, Andes ou Himalaia).

6.6.1 Erosão e sedimentação glaciocontinental

A erosão glacial ocorre como abrasão, isto é, o desgaste ou polimento do substrato pela ação do gelo e de detritos carregados na base do gelo, e também pela retirada ou remoção de fragmentos e incorporação deles pela geleira. A erosão glacial produz pavimentos estriados, que podem ter finas e alongadas estrias, com largura de até 5 mm, ou sulcos (feição negativa) e cristas (saliências alongadas) com mais de 5 mm de largura. O pavimento estriado indica a direção do fluxo do gelo, mas não o sentido do deslocamento. Para definir o sentido de transporte do gelo, deve-se analisar as fraturas curvas em crescente e estrias do tipo cabeça-de-prego (Rocha-Campos; Santos, 2000; Assine; Vesely, 2008).

Vales em "U" e circos glaciais são importantes estruturas de erosão glacial. A ação abrasiva do gelo modifica a forma do vale, que originalmente era mais fechado (em "V") e, com a erosão, adquire forma mais alargada, com perfil transversal em "U". Circo glacial se configura na parte alta do vale, com forma de depressão ou bacia rochosa côncava.

Como já mencionado, partículas e fragmentos rochosos são arrancados do substrato ou embasamento e transportados pelas geleiras. Esse transporte pode acontecer na superfície da geleira (supraglacial), no interior da geleira (englacial) e na base (transporte subglacial).

A sedimentação glacial terrestre ocorre próximo ou distante da geleira quando esta termina em condições subaéreas, e acontece a partir da água de degelo, nas formas fluvioglacial e glaciolacustre. Sedimentação próxima à geleira inclui a formação de till, morenas e eskers (Fig. 6.15).

O till é um sedimento inconsolidado, mal selecionado, com clastos angulosos numa matriz arenossiltoargilosa. Seu equivalente litificado são os tilitos, que consistem em paraconglomerados (conglomerados suportados por matriz) geneticamente relacionados à ação do gelo. Eles ocorrem como um diamictito maciço, preservado sobre o embasamento, amoldando-se à paleotopografia, com geometria lenticular, pequena espessura e com planos de cisalhamento/fissilidade. Geralmente possuem matriz cominuída (farinha de rocha), pelos processos de compactação do gelo. Dois tipos de tills ou tilitos podem se formar:

* tilito de alojamento, depositado sob a geleira ativa em pequenas depressões subglaciais, através de derretimento sob pressão;
* tilito de ablação ou derretimento, quando a geleira estagnada entra no derretimento e libera clastos grossos e finos.

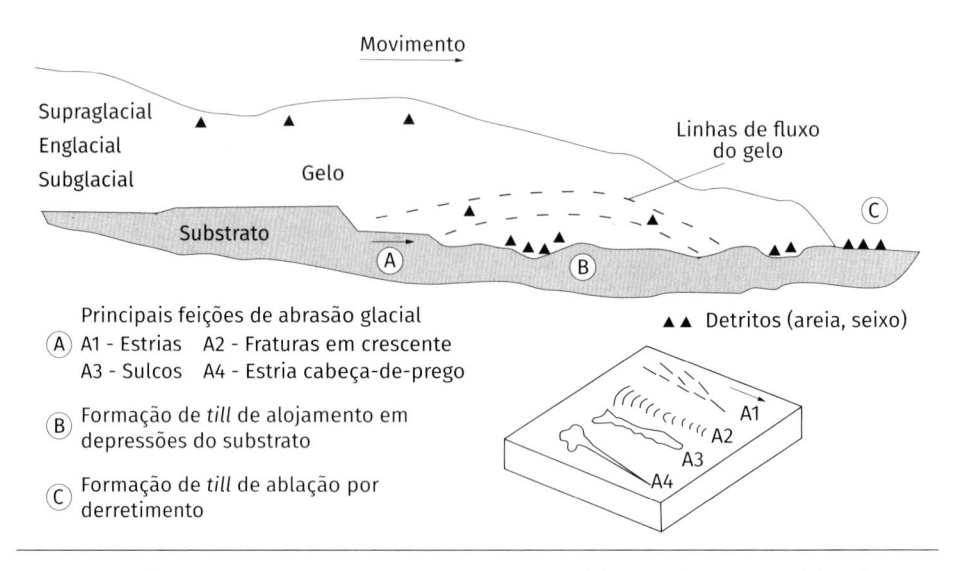

FIG. 6.15 *Geleira terrestre, sobre o substrato, mostrando feições erosivas e deposicionais*

Ressalta-se que, para sedimentos antigos, é preferível utilizar a nomenclatura diamictito, visto que o tilito é um diamictito glacial depositado diretamente pela geleira em área terrestre ou continental. Como às vezes é difícil reconhecer a origem glacial do sedimento, é preferível utilizar um termo descritivo, como diamictito, e não genético.

Morenas constituem uma acumulação de sedimentos liberados ou despejados pela geleira. Podem ser frontais (ou terminais) e laterais, e em geral possuem forma lobada, com cristas e depressões (Rocha-Campos; Santos, 2000).

O subambiente glaciocontinental compreende a geleira e seu entorno, e várias feições morfológicas e deposicionais podem ocorrer, como sedimentos fluvioglaciais e glaciolacustres (Fig. 6.16). Sedimentos fluvioglaciais resultam da ação de água de degelo e formam a planície de lavagem glacial (*outwash plain*), com múltiplos canais de padrão entrelaçado, rios de alta energia e importante carga de fundo (cascalhos e areia), gerando fácies de ortoconglomerados e arenitos cascalhosos, com estratificação plana e estratificações cruzadas. *Eskers* se formam como túneis internos à geleira, por onde flui água de degelo e também se formam sedimentos fluvioglaciais (ortoconglomerados e arenitos com estratificação cruzada).

Lagos glaciais são frequentes, abastecidos de águas de degelo, e podem ser alimentados por diversos rios distantes da geleira, ou então situados bem próximos dela e abastecidos pelos rios de degelo, *eskers* e por grandes blocos de gelo flutuante (*icebergs*). Os lagos apresentam fácies sedimentares como arenitos deltaicos e pelitos laminados, às vezes com clastos caídos ou pingados (*drops-

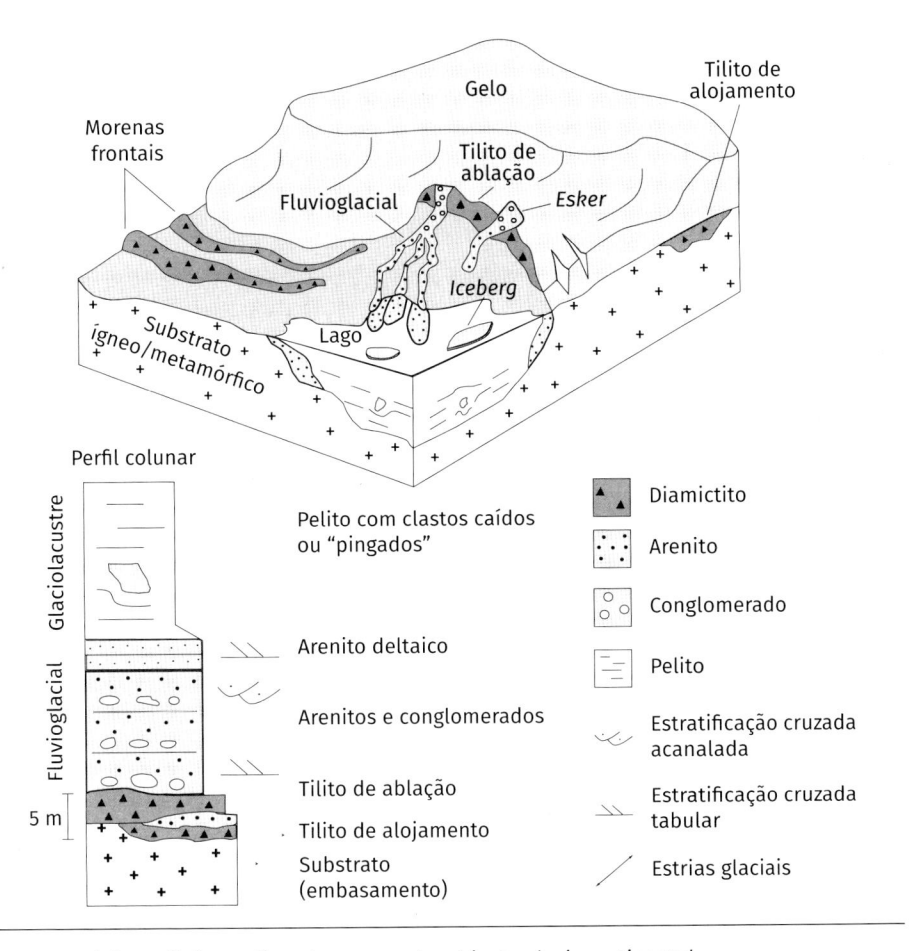

Fig. 6.16 *Feições e fácies sedimentares no subambiente glaciocontinental*
Fonte: adaptado de Eyles e Eyles (1992) e Rocha-Campos e Santos (2000).

tones) de *icebergs*. Varvitos são sedimentos finos, laminados, constituídos por siltito e argilito, às vezes com clastos pingados (clastos que caem verticalmente, provenientes de *icebergs*), e podem ocorrer em lagos glaciais.

Em síntese, a erosão e sedimentação glacioterrestre ocorrem da seguinte forma:

* Formação de estrias e sulcos no embasamento devido à erosão pela geleira.
* Avanço da geleira, arrancando fragmentos de rochas variadas do embasamento (substrato) e incorporando o material.
* Deposição de *tills* e tilitos (diamictitos glaciais) em duas situações:
  * till de alojamento (*lodgement till*): depositado por baixo de uma geleira ativa, pela fricção contra o substrato;

- *till* de ablação (*melt-out till*): lento derretimento de gelo estagnante. Com a litificação, formam-se diamictitos descontínuos, lenticulares, de pequena espessura, associados a pavimentos estriados.
* Formação de um sistema fluvioglacial, com águas de degelo, de alta energia, depositando fácies de ortoconglomerados e arenitos cascalhosos com estratificações cruzadas.
* Formação de lagos glaciais, com sedimentação deltaica nas bordas e pelitos na parte central, às vezes com clastos caídos de *icebergs*.

6.6.2 Sedimentação glaciomarinha

Os locais mais importantes para a deposição dos materiais transportados pelas grandes geleiras continentais são os mares e oceanos nas bordas desses continentes. Essa liberação de material no mar é realizada por diversos fluxos gravitacionais e plumas gigantescas de lama, seixos e matacões.

Há duas maneiras principais para as geleiras chegarem ao mar: arrastando-se sobre o substrato (geleira aterrada) ou como uma plataforma de gelo flutuante no mar (geleiras flutuantes, ou banquisa). Geleiras aterradas no substrato vão liberar material sedimentar através de túneis englaciais e formar leques de *outwash* subaquosos, com diamictitos e arenitos maciços ou com estratificações cruzadas, proximais, e pelitos mais distais na plataforma continental (Fig. 6.14). Já as geleiras flutuantes (banquisas), carregadas de sedimentos, liberam detritos glaciais na plataforma continental de diferentes formas (Fig. 6.17):

* sedimentos finos formam plumas de suspensão, mais afastadas do gelo, decantando lentamente;
* a desagregação da margem da geleira produz blocos de gelo flutuantes (*icebergs*);
* o derretimento de *icebergs* provoca chuva de detritos (*rain-out*) no ambiente marinho;
* o derretimento da borda da geleira gera fluxo gravitacional subaquoso com formação de diamictitos espessos.

Assim, pode-se reconhecer um ambiente glaciomarinho proximal pelas camadas espessas de diamictitos subaquosos, e o ambiente glaciomarinho distal pelos pelitos, arenitos e clastos pingados ou caídos de *icebergs*.

Em síntese, no subambiente glaciomarinho ocorrem as seguintes fácies sedimentares: (i) camadas de diamictitos espessos junto à margem do gelo, depositados por fluxos gravitacionais subaquosos; (ii) camadas de diamictitos

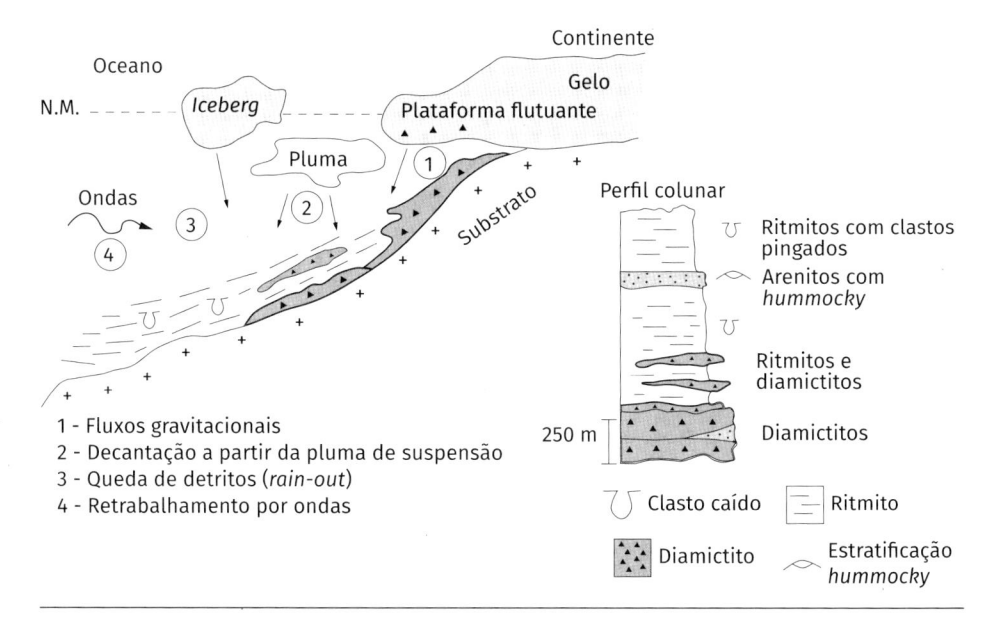

Fig. 6.17 *Ambiente glaciomarinho: processos e fácies sedimentares*
Fonte: adaptado de Eyles e Eyles (1992) e Rocha-Campos e Santos (2000).

intercalados em arenitos e ritmos; (iii) ritmitos (siltitos e argilitos) e arenitos depositados longe do gelo (fácies distais), devido à decantação de plumas de sedimentos finos, às vezes com clastos pingados de *icebergs*. Retrabalhamento por ação de ondas e correntes marinhas também pode ocorrer, gerando arenitos com estratificação por ondas de tempestades (*hummocky*) (Fig. 6.17).

Muitas vezes é difícil reconhecer um verdadeiro tilito, depositado embaixo ou na frente de uma geleira ativa, em comparação aos diamictitos glaciomarinhos, depositados por fluxo gravitacional subaquoso – ambos os processos geram rochas muito semelhantes (conglomerados suportados por matriz – diamictitos). Não existe um critério textural confiável para separá-los; em vez disso, utiliza-se um conjunto de critérios. Identifica-se origem glacial subaérea para o diamictito (tilito) quando há:

* proximidade com pavimentos estriados;
* contato basal discordante com o embasamento (substrato);
* diamictito lenticular, com pequena espessura (alguns metros);
* planos de cisalhamento/fissilidade, devido ao peso e compactação do gelo;
* associação com fácies de *outwash* subaéreo (sedimentos fluviais, *eskers*, sedimentos lacustres);
* feições microscópicas de cominuição (moagem) de grãos sedimentares na matriz do diamictito (esmagamento de grãos pela geleira).

Já os critérios que indicam origem subaquosa, por fluxo gravitacional, para o diamictito são:
- presença de estratificação ou gradação incipiente no diamictito;
- associação com sedimentos turbidíticos;
- presença de clastos de argilitos e folhelhos (rochas moles), que não teriam sido preservados num tilito;
- grandes espessuras para os diamictitos, de dezenas a centenas de metros;
- orientação de clastos paralela ao fluxo e estruturas de carga e escape de fluidos.

Eventualmente, pode haver dificuldade em reconhecer a sedimentação glacial a partir dos diamictitos, sobretudo porque eles também ocorrem em outros ambientes sedimentares, como leques aluviais e leques submarinos. Nesse caso, o reconhecimento de pavimentos estriados, clastos estriados e facetados (por exemplo, clasto pentagonal, do tipo "ferro de engomar") e sedimentos laminados com clastos grandes isolados (pingados ou caídos de *icebergs*) é uma evidência conclusiva a favor da influência glacial na sedimentação.

6.6.3 Evolução, causas e idades das glaciações

As glaciações afetam profundamente a Terra, porque trazem uma considerável variação no nível global dos mares. Três fases evolutivas são reconhecidas: pré-glacial, glacial e pós-glacial (Fig. 6.18).

Fase pré-glacial

Fase glacial inicial
Regressão marinha, avanço da geleira;
Subsidência devida ao peso da geleira;
Sedimentação glaciocontinental e glaciomarinha.

Fase glacial final
Transgressão marinha, recuo da geleira;
Soerguimento isostático pós-glacial;
Sedimentação glaciomarinha final.

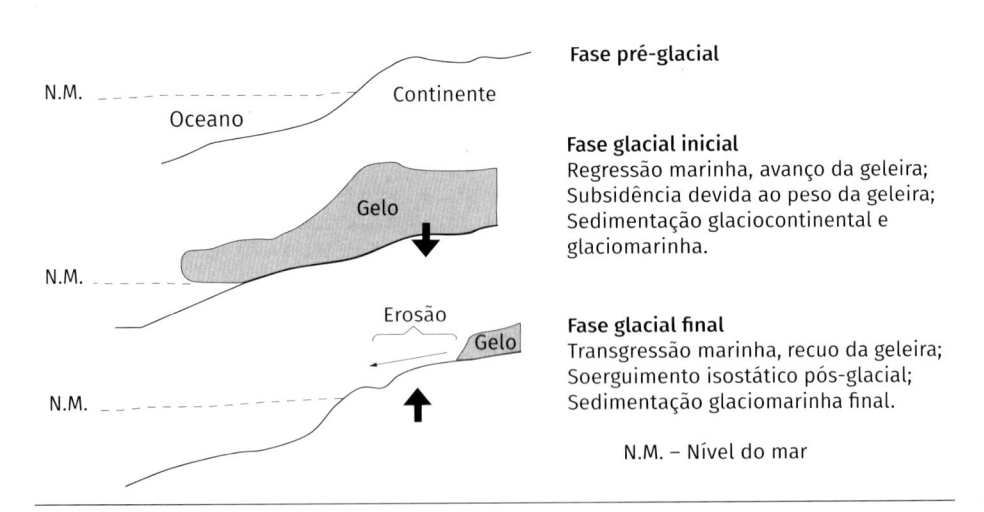

N.M. – Nível do mar

FIG. 6.18 *Sequência de eventos eustáticos (variação global do nível do mar) e isostáticos (reajuste crustal por efeito de carga) associados a uma glaciação continental*
Fonte: adaptado de Eyles e Eyles (1992).

Antes da glaciação (fase pré-glacial), o mar está em sua posição inicial. Com o continente migrando para uma região próxima do polo, é estabelecido um clima glacial, com baixas temperaturas e acumulação de neve, a qual se transforma em gelo. Normalmente, o ciclo hidrológico prevê a evaporação no mar, a precipitação da chuva no continente e o retorno da água para os mares através dos rios. Esse ciclo hidrológico natural é interrompido com a glaciação, porque a água fica retida no continente na forma de neve ou gelo.

Assim, durante a glaciação (fase glacial), a água da chuva fica retida no continente, transformada em gelo. À medida que o gelo aumenta de espessura e extensão nos continentes, ocorre uma regressão global, com abaixamento progressivo do nível do mar, e um ajuste isostático no manto, devido ao peso da calota de gelo no continente (efeito de carga). Com o avanço da glaciação, desenvolve-se a sedimentação glacial terrestre e marinha.

Com a deglaciação (término da glaciação, fase pós-glacial), ocorre um soerguimento isostático pós-glacial, isto é, um reajuste positivo por perda da calota de gelo, e também um evento transgressivo global (subida do nível dos mares) após o derretimento da geleira, além da erosão por água de degelo das fácies continentais terrestres eventualmente depositadas na borda do continente.

Os geólogos, astrônomos, físicos e climatologistas debatem há tempos sobre as causas das glaciações. Três fatores são relacionados como prováveis causas. O primeiro são as variações na intensidade da radiação solar, influenciadas pela oscilação periódica do eixo de rotação da Terra, denominada ciclo orbital de Milankovitch. Assim, mudanças periódicas pequenas na excentricidade da órbita terrestre e na precessão de seu eixo de rotação poderiam alterar a quantidade de calor do Sol recebida pela Terra, o que se refletiria na formação das geleiras. O segundo fator são as variações na composição da atmosfera terrestre, como o aumento de CO_2 por erupções vulcânicas ou por queda de meteoros, gerando grande quantidade de poeira na atmosfera e bloqueando a radiação solar. Por fim, o terceiro fator são as alterações na posição paleogeográfica dos continentes e mares, isto é, a migração de continentes para regiões polares, como já mencionado.

O registro geológico da história da Terra indica que o planeta passou por várias "eras do gelo", com alternância de fases glaciais e não glaciais. A presença de pavimentos estriados e a identificação de sedimentos glaciais (tilitos), clastos estriados e facetados pela ação do gelo, e clastos pingados (*dropstones*) em sedimentos finos e laminados são importantes evidências de glaciações antigas no registro geológico. No Brasil e no mundo, foram registrados depósitos glaciais relacionados ao Paleoproterozoico (cerca de 2 bilhões de anos atrás) e três eventos glaciais no Neoproterozoico, denominados Sturtiano (730 a 660 milhões de anos), Marinoano (630 milhões de anos) e Gasquiers (560 milhões de anos). Durante o Fanerozoico, três registros glaciais foram identificados no Paleozoico, iniciando no Ordoviciano-Siluriano (cerca de 450 milhões de anos), depois no Devoniano (cerca de 400 milhões de anos) e, finalmente, a glaciação do Permocarbonífero (cerca de 300 milhões de anos), bem representada pelo Grupo Itararé na bacia do Paraná (Rocha-Campos; Santos, 2000; Assine; Vesely, 2008). No interior de Minas Gerais há dois registros de rochas glaciais, a glaciação Jequitaí, do Neoproterozoico (Marinoana), e a glaciação Santa Fé, de idade permocarbonífera (Uhlein; Uhlein, 2022). No Pleistoceno do hemisfério norte (cerca de 2,5 milhões de anos até 11 mil anos atrás – idade do gelo), ocorreram múltiplos avanços (intervalo glacial) e recuos glaciais (intervalo interglacial) de mantos de gelo, com variações globais no nível dos mares, cada avanço glacial correspondendo a um rebaixamento no nível do mar e exposição da plataforma continental (Press et al., 2006).

Exercícios de fixação

1. Diferencie ambiente de sedimentação, processo sedimentar e fácies sedimentar.
2. Elabore uma tabela com os ambientes de sedimentação para rochas siliciclásticas e para rochas carbonáticas.
3. O que é um leque aluvial? Quais as principais fácies sedimentares que se formam nesse contexto?
4. Faça um desenho em planta e também um perfil longitudinal mostrando a geometria e o empilhamento das diferentes fácies de um leque aluvial.
5. Desenhe as morfologias mais frequentes de canal fluvial e resuma as principais características.
6. Compare os canais fluviais entrelaçado e meandrante e desenhe um perfil colunar com fácies sedimentares de cada tipo.
7. Faça um perfil com os subambientes desérticos, explicando as principais características de cada segmento.
8. Como se formam as dunas eólicas? Quais as estruturas sedimentares relacionadas a elas?
9. Faça um perfil colunar com fácies sedimentares de ambiente desértico ou eólico.
10. Qual o modelo ideal de sedimentação lacustre?
11. Explique os três tipos de influxo fluvial em lagos e quais fácies podem se formar nesses diferentes contextos.
12. Quais são os subambientes glaciocontinentais? Construa um perfil colunar com as fácies desse subambiente.

13. Desenhe um perfil com as fácies mais frequentes da sedimentação glaciomarinha (geleira flutuante) e explique os processos que ocorrem nesse contexto.
14. Explique como as grandes glaciações causam variações eustáticas e isostáticas.

Respostas

1. Ambiente de sedimentação é um local na superfície da Terra onde atuam diferentes processos físicos, químicos e biológicos que possibilitam a sedimentação, gerando as fácies sedimentares.
2. Os ambientes sedimentares siliciclásticos são: leque aluvial, fluvial, eólico, lacustre, glacial, delta, praia, laguna e ilha-barreira, planície de maré, plataforma, leque submarino. Os ambientes sedimentares carbonáticos podem ser de transicionais a marinhos: planície de maré, laguna, recife, bacia aberta ou plataformal. Também há os carbonatos lacustres.
3. Leque aluvial é um cone de sedimentos rudíticos ou arenoconglomeráticos próximo de áreas montanhosas ou em escarpas de falhas normais. Brechas, conglomerados e diamictitos predominam, muitas vezes com intercalações de arenitos conglomeráticos com estratificações plana e cruzadas.
4. Leque aluvial proximal conta com amplo predomínio de ruditos (brechas, conglomerados, diamictitos com matacões e calhaus), enquanto leque aluvial transicional apresenta ruditos e arenitos cascalhosos. Por fim, no leque distal há predomínio de arenitos com ruditos subordinados, com menor espessura e clastos menores (seixos e calhaus).
5. Os canais de rios podem ser retos, entrelaçados, meandrantes e anastomosados. Os canais entrelaçados têm alta energia, com o fluxo de água contornando barras cascalhosas. Já o canal meandrante é sinuoso, com barra em pontal, meandros abandonados (lagos) e planície de inundação. Canal reto é muito raro, e o canal anastomosado é sinuoso e dentro da planície de inundação.
6. Rios de canais entrelaçados apresentam conglomerados maciços e arenitos com estratificações plana e cruzadas tabulares e acanaladas. Pelitos são raros. Já rios de canais sinuosos e meandrantes possuem conglomerado residual, barra em pontal (arenitos com estratificações cruzadas, arenito sigmoidal, arenito com *ripples* assimétricas) e planície de inundação (pelitos com gretas de contrações, lamitos, paleossolos etc.).
7. Subambientes desérticos: hamada (conglomerados de leque aluvial de borda de deserto), *wadi* (rios efêmeros que alimentam lagos sazonais), campo de dunas e lençóis de areia, lagos tipo *playa* (lagos efêmeros, às vezes com evaporitos) e acumulações de silte e argila (*loess*).

8. Dunas eólicas são acumulações arenosas assimétricas de cristas muito variáveis, conforme as direções de vento, onde ocorrem sucessivas avalanches de fluxo de grãos de areia, formando planos inclinados. Há também queda de grãos na frente da duna, formando laminação bimodal. Com a migração da duna, ocorre a preservação e cimentação próxima do lençol freático.
9. Ambientes desérticos podem associar fácies fluviais de *wadi* (rios efêmeros), campo de dunas, lençóis de areia seca de interduna, *playa* de interduna úmido (ambiente lacustre efêmero) e, eventualmente, depósitos de *loess*.
10. Lagos são corpos de água sem comunicação com o mar, abastecidos por rios. Eles apresentam arenitos grossos e finos nas bordas (deltaicos), interdigitando com pelitos na porção central.
11. Existem três tipos de influxo de materiais no lago, em função da diferença de densidades: no influxo hipopicnal, forma-se pluma de suspensão com decantação de finos; o influxo homopicnal acontece quando as águas têm a mesma densidade, gerando sigmoide de frente deltaica; e o influxo hiperpicnal tem fluxo denso, gerando corrente de turbidez e fácies turbidíticas lacustres.
12. O ambiente glaciocontinental pode ser subdividido em área de influência da geleira, compreendendo tilitos e morenas laterais e frontais, e área de degelo, com rios de padrão entrelaçado, de alta energia, que podem depositar ortoconglomerados e arenitos grossos, cascalhosos, com estratificação plana e cruzadas. Além disso, lagos de degelo podem ocorrer, com sedimentação arenopelítica e clastos pingados ou isolados em ritmitos.
13. A geleira flutuante na plataforma continental induz a formação de diversas camadas espessas de ruditos, sobretudo diamictitos, por fluxos gravitacionais, com arenitos e pelitos mais distais, frequentemente com clastos pingados e caídos (*rain-out*) de blocos de gelo flutuantes (*icebergs*).
14. Glaciações são eventos globais. O peso da calota de gelo causa um ajuste isostático e aprisiona a água no continente, causando lento rebaixamento do nível do mar. A deglaciação (degelo) libera grande quantidade de água, que produz transgressão e soerguimento isostático do continente.

Leitura complementar

JAMES, N. P.; DALRYMPLE, R. W. (ed.). *Facies Models* 4. Canada: Geological Association of Canada, 2010. 586 p.

NEUMANN, V. H. *Estratigrafia, sedimentologia, geoquímica y diagenesis de los sistemas lacustres Aptiense – Albienses da la Cuenca de Araripe.* (Nordeste de Brasil). 1999. 244 f. Tese (Doutorado) – Universidade de Barcelona, 1999.

SILVA, A. J. C. L. P.; ARAGÃO, M. A. N. F.; MAGALHÃES, A. J. C. (ed.). *Ambientes de Sedimentação Siliciclástica do Brasil.* São Paulo: Beca, 2008. 343 p.

sete

Ambientes sedimentares transicionais

Ambientes sedimentares transicionais ocorrem entre o continente e o mar ou oceano, com influência de ambos no contexto deposicional, ou seja, influência continental e também marinha. Deltas e litorais são ambientes sedimentares transicionais.

7.1 Ambiente deltaico

Deltas são feições da linha de costa formados na foz ou na desembocadura de rios com oceanos, mares, lagos ou lagunas. Foram nomeados a partir da quarta letra do alfabeto grego, cuja forma triangular (Δ) é típica da foz ou desembocadura dos rios. Os deltas apresentam uma porção subaérea e continental, chamada de planície deltaica, e uma porção subaquosa, marinha ou lacustre, denominada de frente deltaica e pró-delta (Fig. 7.1). Alguns exemplos de delta são a foz do rio Nilo, no Egito, e a foz do rio Amazonas, no Brasil.

A seguir são apresentados alguns conceitos sobre deltas:

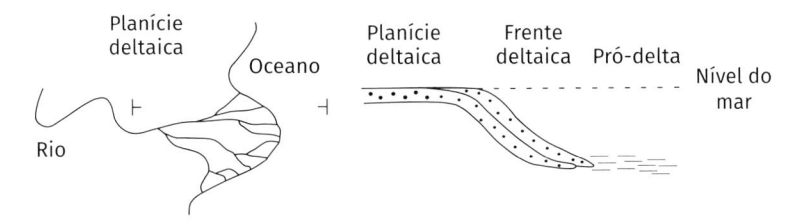

FIG. 7.1 *Aspectos gerais dos deltas em planta e perfil, com destaque para os três subambientes: planície deltaica (emersa), frente deltaica e pró-delta (ambos submersos)*

- É um depósito sedimentar subaéreo/subaquoso na transição entre um rio e outro corpo d'água (lago, mar ou oceano).
- É o local onde uma corrente fluvial carregada de sedimentos desemboca na bacia receptora (oceano, baía, lago).
- É um fluxo canalizado de água e sedimento que, ao entrar no corpo desconfinado, se expande e desacelera, depositando a carga sedimentar.

Alguns fatores influem nos processos deltaicos, como:
- regime fluvial (sazonalidade dos rios, épocas de cheias e épocas de secas);
- processos costeiros (ondas, marés), geralmente destrutivos;
- comportamento tectônico da região, em especial o afundamento gradual da borda continental (subsidência);
- fatores climáticos.

Os deltas podem ser classificados em função da morfologia, forma e configuração da área deltaica, a partir de observações em mapas ou imagens de satélite:
- delta lobado e alongado: com ação fluvial importante;
- delta em franja: com várias ilhas na desembocadura e influência de marés;
- delta em cúspide: extensos cordões litorâneos laterais formados sob ação de ondas.

A classificação também pode ser feita pela predominância do processo construtor do delta: se é dominado pelo rio, dominado por ondas ou dominado pela maré (Fig. 7.2):
- Deltas dominados por rios ocorrem em litoral com pouca ação de marés e ondas, como em golfos ou baías e lagos e lagunas. Nesse caso, o curso fluvial atua fortemente para construir o delta. Um exemplo é o delta do rio Mississippi, com formas lobadas e alongadas, que desemboca na região do golfo do México.
- Deltas dominados por ondas são encontrados em litorais com grande ação de ondas, mostrando planície deltaica e frente deltaica associada a extensos cordões litorâneos (cordões de areias de praia). Um exemplo é o delta do rio São Francisco.
- Deltas dominados por marés, também chamados de estuários, ocorrem em litorais com marés de grande amplitude e pouca ação de ondas, desenvolvendo uma série de barras alongadas (barras de marés) na foz, na forma de ilhas paralelas ao fluxo das marés. Um exemplo é o delta do rio Amazonas.

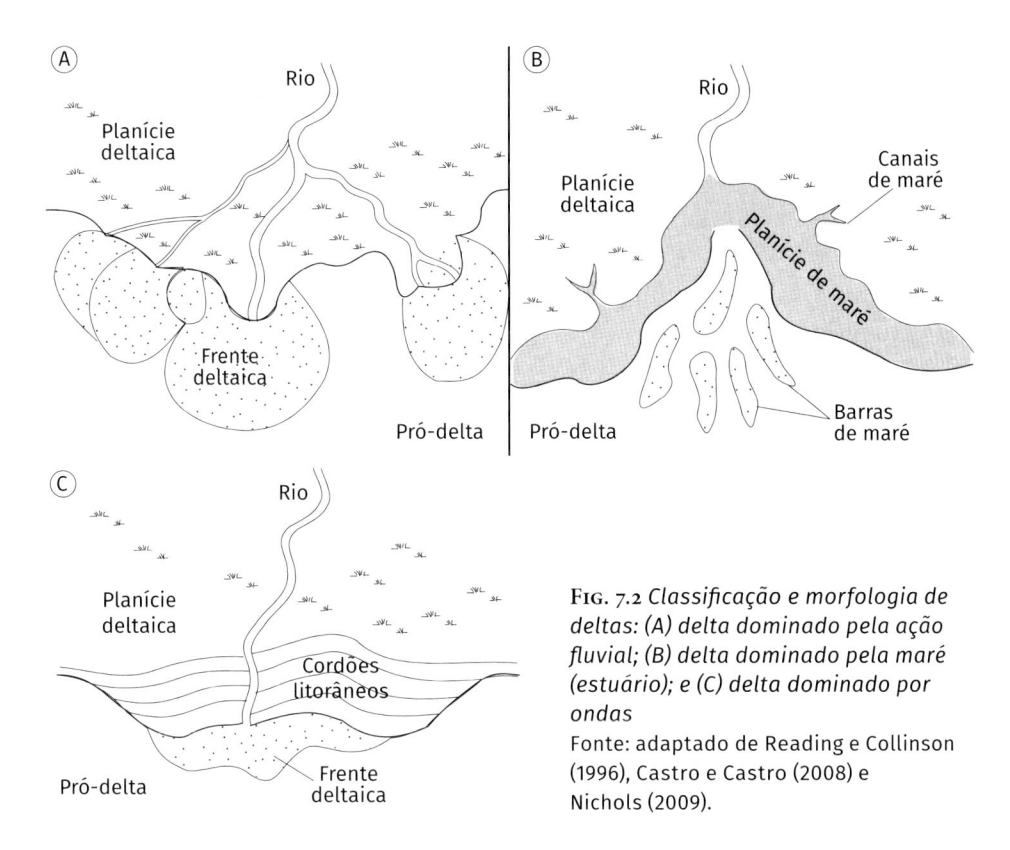

FIG. 7.2 *Classificação e morfologia de deltas: (A) delta dominado pela ação fluvial; (B) delta dominado pela maré (estuário); e (C) delta dominado por ondas*
Fonte: adaptado de Reading e Collinson (1996), Castro e Castro (2008) e Nichols (2009).

7.1.1 Sedimentação nos subambientes deltaicos

Como já mencionado, um delta compreende a planície deltaica, que é a porção emersa, e a frente deltaica e o pró-delta, que são as partes submersas. Processos sedimentares distintos ocorrem em cada subambiente, favorecendo a formação de fácies sedimentares diferenciadas.

Planície deltaica

Trata-se da parte subaérea, continental, com grande influência fluvial, semelhante ao ambiente fluvial meandrante (Fig. 7.3). Há um canal principal que se ramifica em canais secundários, mostrando sinuosidade, com pântanos em regiões de planícies. Paleocanais são frequentes, posteriormente soterrados.

Os canais distributários da planície deltaica são canais ativos e abandonados, com diques marginais, semelhantes ao ambiente fluvial meandrante. Nos canais ocorrem conglomerados com clastos subarredondados, arenitos grossos/finos com estratificações cruzadas e pelitos, formando ciclos com granodecrescência ascendente (*finning upward*).

Outro elemento importante nesse subambiente são as planícies intercanais ou interdistributárias, com lagos e pântanos. Elas se situam entre os canais distributários e apresentam semelhança com a planície de inundação do ambiente fluvial. São constituídas por pelitos com gretas de contração e turfa (depósitos orgânicos, acumulação de vegetais). Eventualmente ocorrem arenitos com estratificação cruzada e brechas intraformacionais, de depósitos de rompimento de diques marginais (*crevasse splay*) (Fig. 7.3).

Frente deltaica

Na frente deltaica, a velocidade da corrente fluvial unidirecional decresce radialmente, e se depositam areias espessas com estratificação cruzada e estratificação sigmoidal (lentes arenosas amalgamadas). Canais distributários subaquosos e lobos de rompimento de diques marginais subaquosos também podem ocorrer na frente deltaica. A progradação, isto é, o avanço da frente deltaica sobre o pró-delta gera ciclos com granocrescência e espessamento ascendentes (*coarsening upwards*). A frente deltaica mostra a seguinte organização sedimentar:

* Barra de desembocadura: arenitos grossos com estratificações cruzadas acanaladas (festões), estratificações sigmoidais e estratificações plano-paralelas, com pelitos muito delgados separando os corpos arenosos.
* Barra distal: arenito médio/fino com intercalações pelíticas que aumentam de espessura em direção ao pró-delta. Ondulações cavalgantes (*climbing ripples*), feições de deformação (escorregamentos, dobras convolutas), intensa bioturbação e estruturas de perda d'água (fluidizações) são frequentes.

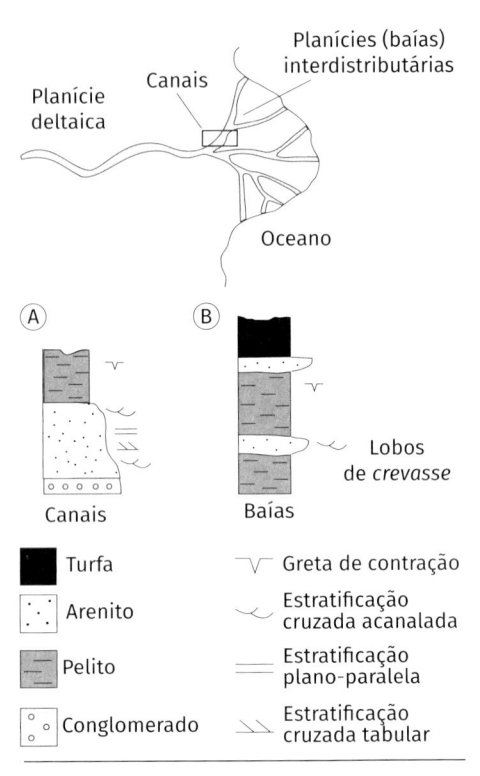

Fig. 7.3 *Planície deltaica (porção emersa do delta) com canais ativos e abandonados e regiões de planície interdistributária, com lagos e pântanos. Perfil colunar com fácies sedimentares em (A) canais e (B) planícies*

Eventualmente, nas barras de desembocadura podem ocorrer diápiros de lama, os quais consistem em projeções de argilas pró-deltaicas dentro dessas barras, devido ao peso de carga da sedimentação arenosa grossa sobre a sedimentação fina.

Deltas dominados por rios também podem desenvolver lobos sigmoidais, que são lentes amalgamadas, formadas por fluxos homopicnais que desenvolvem tração e suspensão. Em cortes e afloramentos paralelos ao fluxo, eles mostram a estratificação sigmoidal característica e *climbing ripples* na base da estrutura (Fig. 7.4). Em cortes perpendiculares ao fluxo, observa-se feição lenticular ("olho da sigmoide"), lentes com base plana e topo convexo. Estruturas de perda e escape de água (*dish*) podem ocorrer, superimpostas.

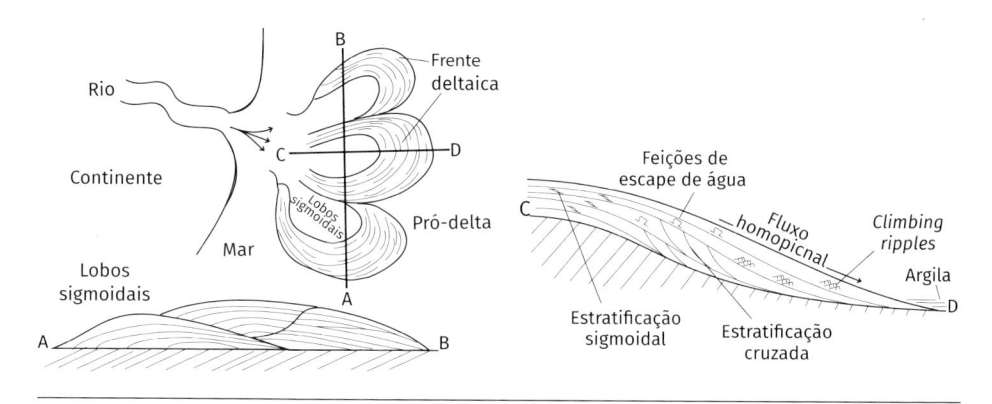

Fig. 7.4 *Sedimentação de lobos sigmoidais na frente deltaica, com geometria das sigmoides*

Pró-delta

No pró-delta, encontra-se sedimentação arenossiltoargilosa ou siltoargilosa, rica em matéria orgânica (folhelho carbonoso) e fauna marinha, depositadas por correntes fracas de tração e por acreção vertical (decantação), dentro do corpo d'água, próximo da desembocadura (foz). Há também sedimentação marinha ou lacustre, influenciada por material deltaico que entra no corpo d'água. Fácies heterolíticas são frequentes no pró-delta, com areia fina, silte e argila, mostrando estruturas *flaser*, ondulares e lenticulares. Interdigitação também é recorrente, entre areias da barra distal e argilas e siltes do pró-delta.

A elevada taxa de sedimentação em deltas e a superfície inclinada geram escorregamentos, falhas de crescimento e diápiros de argila. O peso dos sedimentos arenosos trazidos pelo rio (frente deltaica) provoca intensa deformação nos sedimentos lamosos do pró-delta.

A continuidade da sedimentação deltaica pode evoluir, com o tempo, para situação de avanço do delta na plataforma continental. Nesse caso, formam-se ciclos com granocrescência e espessamento ascendente (*coarsening upwards*) com areias da frente deltaica progradando ou avançando sobre argilas e siltes do pró-delta. A migração de barras deltaicas ou barras de desembocadura (digitiformes radiais) sobre o pró-delta favorece a progradação, assim como o abaixamento gradual do nível do mar (regressão).

Ainda outra característica importante da sedimentação deltaica é a diferença de densidade da água do rio em relação à água do meio receptor (lago ou mar). Assim, como no ambiente lacustre, existe (i) o fluxo hipopicnal, em que a densidade da água do rio é menor do que a do corpo receptor; (ii) o fluxo homopicnal, em que a densidade da água do rio é igual à do corpo receptor; e (iii) o fluxo hiperpicnal, quando a densidade da água do rio é maior do que a do meio receptor. No fluxo hipopicnal, caso de um rio com pouca carga sedimentar que entra no mar, há lenta decantação de sedimentos finos. O fluxo homopicnal favorece a formação de lobos sigmoidais de frente deltaica, estruturas lenticulares longitudinais e com geometria de "olho" em cortes transversais (com base plana e topo convexo). Já o fluxo hiperpicnal favorece a sedimentação de correntes de densidade, sobretudo correntes de turbidez com formação de turbiditos na plataforma continental.

7.1.2 Sedimentação em deltas dominados por rios, ondas e marés
Deltas dominados pela ação fluvial

Os deltas dominados pelo rio (Fig. 7.5) são construídos em ciclos repetidos de progradação (avanço da frente deltaica em direção ao mar), expansão e abandono, resultando em depósitos descontínuos de areia fina, na forma de barras de desembocadura. O melhor e mais estudado delta desse tipo é o do rio Mississippi, nos Estados Unidos, que possui lobos de sedimentos com formas alongadas de pés de pássaro (*bird foot*) adentrando o Golfo do México. É caracterizado por sedimentos finos transportados em suspensão (fluxo hipopicnal), que flutuam como pluma de suspensão, a qual adentra num corpo de água tranquilo (o Golfo do México) e decanta lentamente.

Na planície deltaica (porção emersa) ocorrem canais distributários ativos e abandonados, com erosão e deposição de sedimentos grossos, e planícies interdistributárias, com solos, vegetação e pântanos. Na frente deltaica encontram-se barras de desembocadura com espessos corpos de arenitos depositados por correntes de tração desacelerantes unidirecionais. Esses deltas apresentam

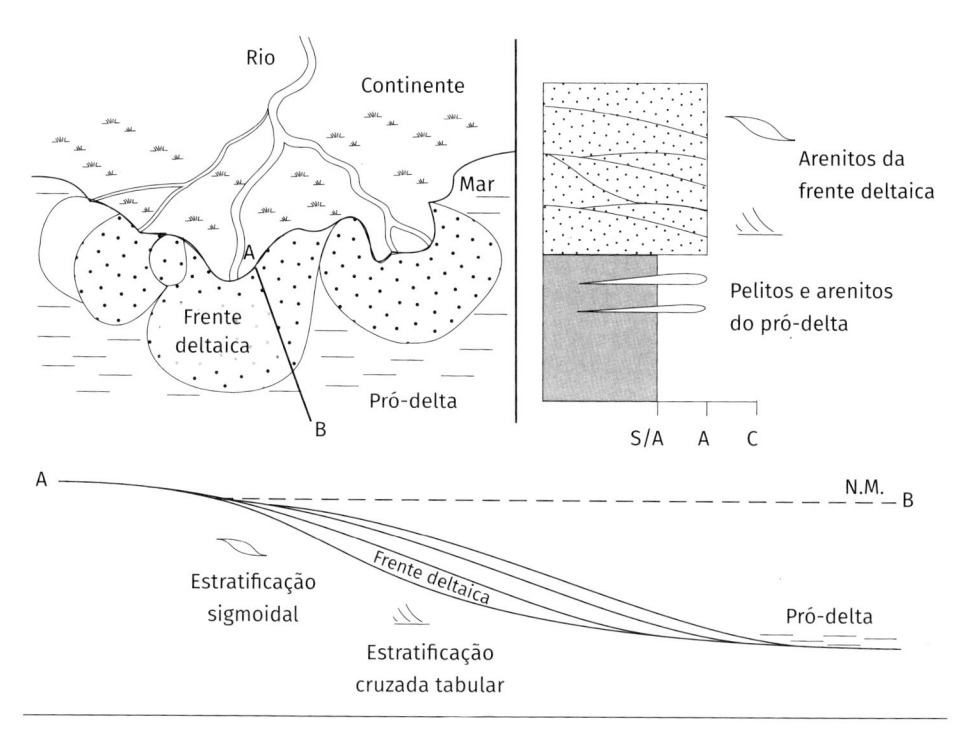

FIG. 7.5 *Estruturas e fácies em deltas dominados pelo rio, com grande frente deltaica*

fácies como arenitos grossos ou finos, com geometria sigmoidal, mostrando estratificações cruzadas. A jusante ocorre a barra distal, com arenitos finos com intercalações pelíticas, que interdigita com o pró-delta. O pró-delta apresenta pelitos com deformações e intensa bioturbação.

Uma variante de delta dominado pelo rio foi proposta por Mutti *et al.* (1996 *apud* Della Fávera, 2001), considerando a ocorrência frequente de inundações catastróficas no continente, que poderiam produzir fluxos hiperpicnais (fluxos densos). Esses fluxos gerados por inundações se movem pelo canal do rio, são confinados e espalham-se na desembocadura. O sistema fluvio-deltaico influenciado por inundações forma lobos submersos com camadas arenoconglomeráticas gradadas e camadas arenosas retrabalhadas por ondas de tempestades, com estratificação cruzada tipo *hummocky*, além de depósitos formados por correntes de turbidez de alta e baixa concentração (turbiditos) e pelitos maciços e laminados distais, no pró-delta.

Deltas dominados por ondas

Esse tipo de delta se desenvolve em litorais dominados pela ação de ondas, onde os sedimentos são trazidos pelos rios e intensamente retrabalhados pelas ondas do mar, que constroem extensos cordões litorâneos ao lado da foz (depósitos de praia). Assim, o rio fornece o sedimento que vai se distribuir em barras com geometria controlada pela energia do mar (ondas). Esses deltas apresentam associação de fácies com padrão de empilhamento progradante, com areias de frente deltaica sobre folhelhos marinhos, com fácies de praia e também fácies eólicas (pós-praia) para o topo (Fig. 7.6). As fácies deltaicas são retrabalhadas por ondas normais e, principalmente, ondas de tempestades (arenitos com estratificação *hummocky*). Um exemplo famoso é o delta do rio São Francisco, no Brasil.

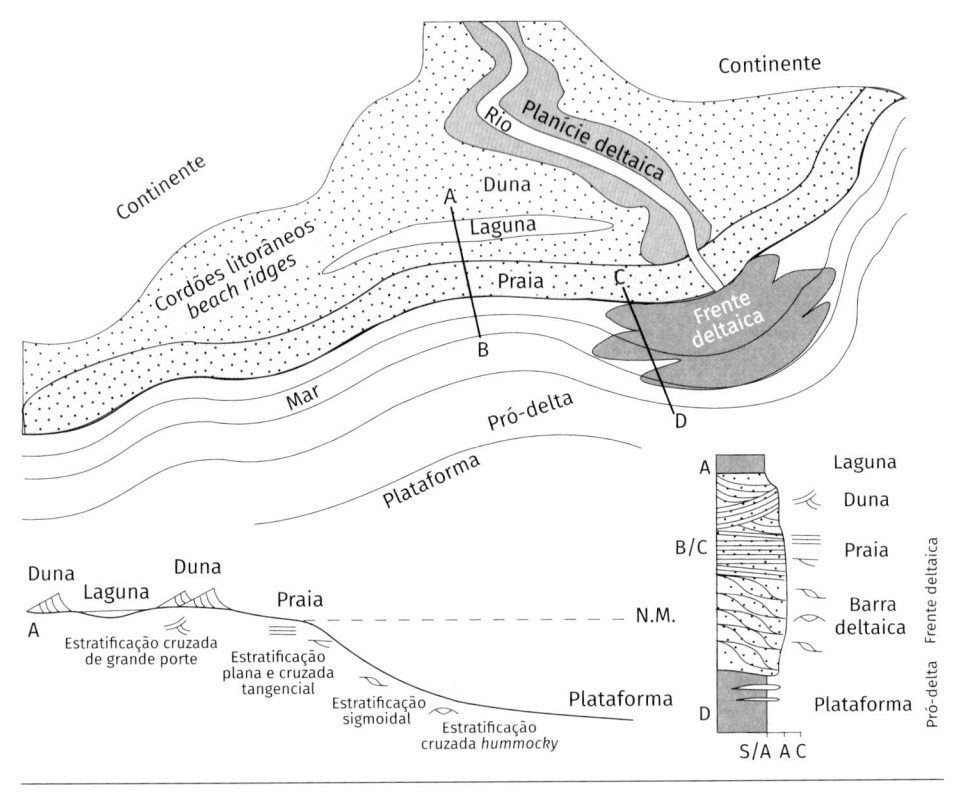

FIG. 7.6 *Delta destrutivo dominado por ondas, constituído basicamente de associação de areias fluviais (ao longo do rio) e areias litorâneas (areias de praias do tipo beach ridges, bem selecionadas e com estratificação cruzada e plana), barras deltaicas com arenitos sigmoidais e dunas eólicas ativas (areia retrabalhada pelo vento)*

Delta dominado por marés (estuário)

Os estuários, que são vales fluviais afogados pela maré enchente, ganharam relevância a partir de conceitos como a formação de vales incisos e a estratigrafia de sequências. Com isso, Dalrymple (1992) se propôs a descrevê-los separados dos deltas clássicos.

Estuários ocorrem em litorais dominados pela ação da maré, quando há fortes correntes de marés que redistribuem os sedimentos trazidos pelo rio. As correntes de marés são formadas por ciclos diuturnos de avanço (enchente) e recuo (vazante) das marés, controlados pelas fases da lua (atração gravitacional entre Terra, Lua e Sol). Ao contrário dos deltas dominados pelo rio, nesse caso, a taxa de fornecimento dos sedimentos é inferior à capacidade de retrabalhamento pela maré. A forma e a extensão da plataforma continental ampliam bem as correntes de marés, resultando em regimes de macromarés, com a diferença entre maré baixa e alta atingindo mais de 4 m e a velocidade das correntes podendo alcançar 150 cm/s (Suguio, 2003; Rosseti, 2008).

A ação das correntes de maré no litoral e em estuários produz estruturas sedimentares diagnósticas do processo sedimentar, tais como:

* estratificação cruzada espinha de peixe (*herringbone*), com estratos cruzados bidirecionais, a 180°, indicando maré enchente e vazante;
* estratificações cruzadas bidirecionais com lâminas de argila (*mud drapes*), formadas por decantação durante a calmaria das correntes da maré;
* superfícies de reativação separando conjuntos bidirecionais de maré, indicando a variabilidade energética;
* bandeamentos de maré (*tidal bundles*) ou sigmoide de maré com estratificações cruzadas variáveis e lâminas de argilas.

Os sedimentos redistribuídos pela maré formam ilhas e barras alongadas segundo a maré, aproximadamente ortogonais à direção da costa (Fig. 7.7). Formam-se, então, canais subaquosos separados por barras alongadas de marés, submersas ou não (ilhas), que ocorrem paralelas às correntes da maré na desembocadura de deltas franjados.

O perfil colunar deltaico dominado por maré apresenta perfil vertical progradante, com pelitos marinhos na base, arenitos de frente deltaica intensamente retrabalhados pelas marés, eventualmente mostrando estratificações cruzadas bidirecionais (*herringbone*), e arenitos/pelitos de intermaré, com estratificações *flaser*, ondulada e lenticular (ver seção 7.2.1).

7.2 Ambientes litorâneos (costeiros)

No Brasil, existe grande diversidade de paisagens litorâneas: a planície arenosa longa e reta da costa do Rio Grande do Sul, as costas rochosas do Rio de Janeiro, com baías e lagoas ou lagunas, e ainda os litorais com falésias e recifes de corais, encontrados principalmente no Nordeste do País.

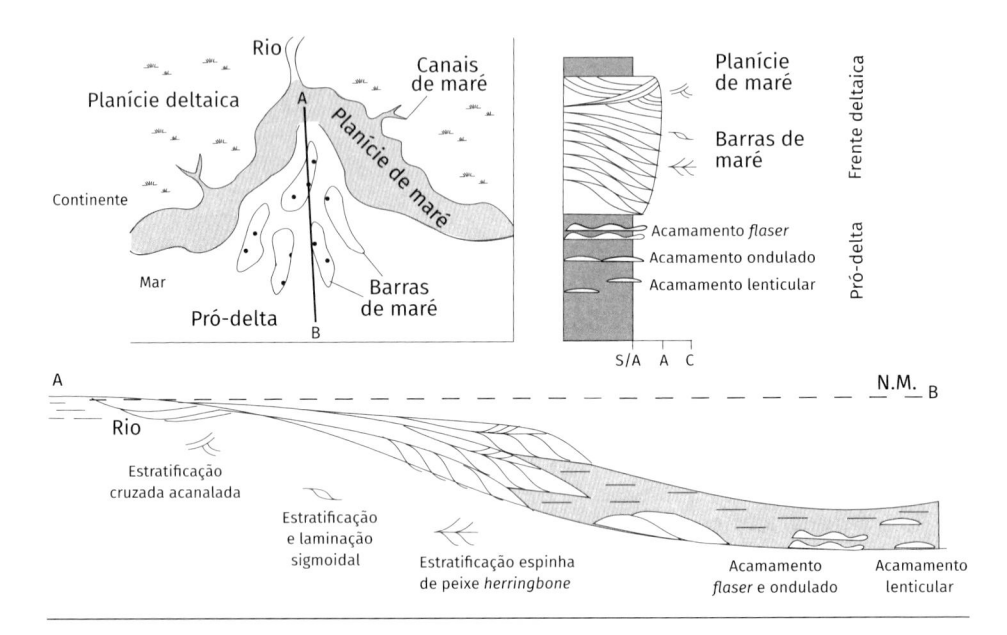

FIG. 7.7 *Estuário ou delta destrutivo dominado por marés, em planta, com destaque para as barras de marés, perfil A-B e perfil colunar indicando progradação*
Fonte: adaptado de Dalrymple (1992) e Rosseti (2008).

Diversos processos hidrodinâmicos são fundamentais para a formação e evolução das regiões litorâneas, com destaque para a ação de ondas, marés e correntes marinhas costeiras. O vento também é um processo importante, que retrabalha areia de praia, construindo dunas eólicas próximas da praia.

As ondas se originam no meio dos oceanos, devido à ação de ventos, e se propagam para os continentes. Ventos fracos criam ondas pequenas, e ventos mais fortes formam ondas mais altas e intensas. Próximo à superfície, pequenas partículas de água movem-se em órbitas circulares, cujos raios decrescem gradualmente com a profundidade da lâmina de água. Em regiões profundas, ocorre atenuação do movimento orbital da onda, preservando apenas o seu "balanço". No litoral, com a diminuição da profundidade, a onda "sente o fundo", ou seja, perde o equilíbrio, tornando-se assimétrica – é quando ocorre sua quebra e espraiamento (arrebentação), em profundidades menores que metade do comprimento de onda (λ). A zona de surfe é a zona de colapso e arrebentação da onda. A zona de espraiamento vem logo na sequência, compreendendo as quebras da onda na face da praia, com grande energia de movimento. Ocorre deposição apenas de areia grossa e média no fundo marinho, eventualmente também de grânulos e seixos; calhaus são raros. O tipo de arrebentação, se mais distante ou mais próxima da praia, varia conforme a declividade do litoral.

Assim, um perfil de litoral com ondas normais e de tempestades (altas e intensas) apresenta o pós-praia (*backshore*), a praia (*foreshore*) com a zona de espraiamento, e a antepraia (*shoreface*) com a zona de surfe, que grada para a plataforma continental (*offshore*) (Fig. 7.8).

As marés constituem movimentos de subida e descida do mar duas vezes ao dia, resultantes do empuxo gravitacional da Lua e do Sol nas águas dos oceanos. São fenômenos ondulatórios, gerados por processos de atração gravitacional entre Terra, Sol e Lua, que marcam a interação entre astronomia e dinâmica dos oceanos. Essa atração gravitacional atinge o seu máximo no lado da Terra que está de frente para a Lua e o seu mínimo no lado oposto a ela. A amplitude das marés, isto é, a diferença entre maré alta e baixa, é muito variável, desde alguns centímetros até mais de 4 m (macromarés), a depender do tipo de litoral. Amplitudes de marés excepcionais podem chegar a 12 m, como acontece na costa leste do Canadá. A variação das marés induz a formação de correntes no mar.

Marés de sizígia ocorrem quando a Terra, a Lua e o Sol estão alinhados, correspondendo aproximadamente às luas cheia e nova. Maré de quadratura ocorre quando a Lua e o Sol formam um ângulo reto em relação à posição da Terra.

As correntes costeiras se configuram quando as ondas se aproximam obliquamente do litoral, gerando correntes longitudinais à costa e promovendo remobilização de sedimentos arenosos no litoral. Assim, os rios descarregam sedimentos no mar através dos deltas, e as ondas e correntes remobilizam o material arenoso. Existem dois tipos de correntes costeiras:

* corrente longitudinal, paralela à linha de costa, entre a zona de arrebentação ou surfe e a zona de espraiamento;

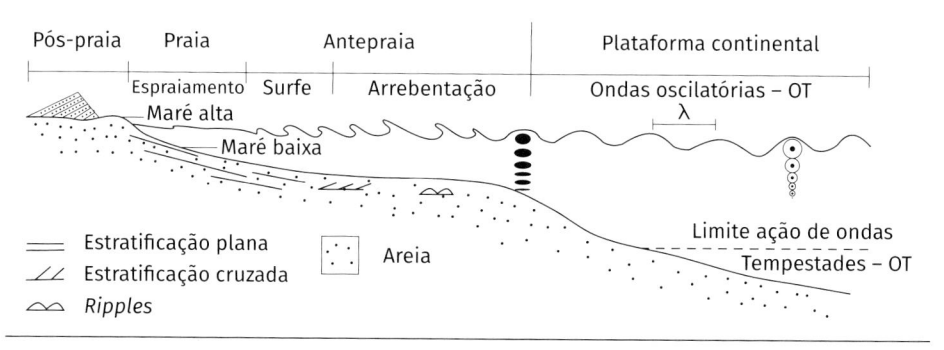

Fig. 7.8 *Formação de ondas na praia e antepraia. No mar alto, a onda é de oscilação, e o movimento das partículas se atenua em profundidade. No litoral, com a diminuição da profundidade, ocorre instabilidade e formação de onda com zonas de arrebentação, surfe e espraiamento*

* corrente de retorno, com fluxo transversal à costa, em canais ou cânions perpendiculares à praia, na transição plataforma-antepraia.

Ressalta-se que o vento também remobiliza o material arenoso, podendo formar dunas atrás da praia.

Em resumo, são diversos os processos associados à ação de ondas normais e de tempestades, marés e correntes induzidas por macromarés e, ainda, correntes longitudinais e de retorno que operam no ambiente litorâneo. A partir deles, classificam-se dois tipos básicos de ambiente litorâneo (Fig. 7.9):

* estuário (delta dominado pela maré) e planície de maré, formados pela ação das marés;
* praia (cordão arenoso litorâneo), às vezes com ilha-barreira e laguna, formada pela ação de ondas.

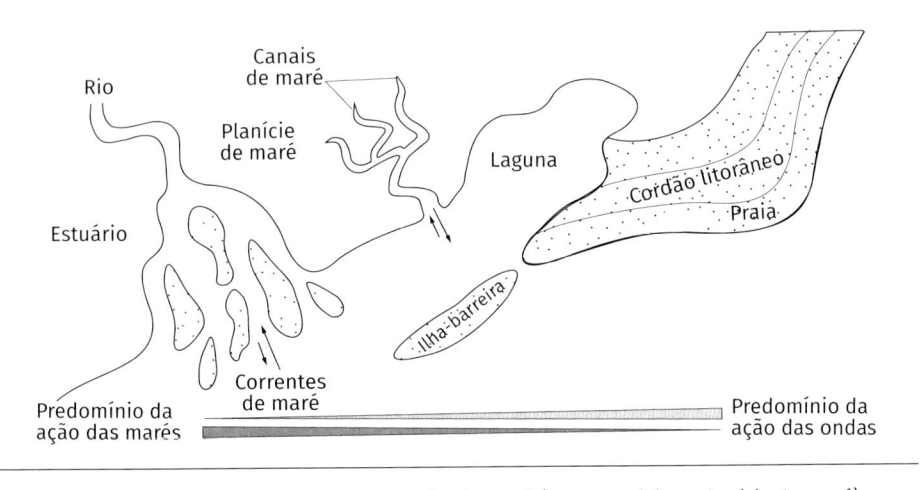

FIG. 7.9 *Exemplo de litoral dominado pela ação da maré (com estuário e planície de maré) e litoral com ação de ondas (praia, cordão litorâneo arenoso e ilha-barreira)*

7.2.1 Estuário e planície de maré

Estuários são deltas dominados pela ação da maré que ocorrem em litoral preservado da ação das ondas. São corpos de água rasa e salobra (salinidade variável conforme influxo da maré) na foz de vales fluviais "afogados", em que as marés são os principais agentes deposicionais para a sedimentação. Lateralmente aos estuários ocorre, no continente, a planície de maré. Os estuários compreendem canais subaquosos separados por barras alongadas, em geral submersas e retrabalhadas pelas correntes de marés. Muitas vezes as barras de marés afloram na superfície da água, formando ilhas alongadas paralelamente às correntes de maré enchente e vazante. Um exemplo é o estuário do rio Amazonas, com vários quilômetros de sedimentos cenozoicos.

A planície de maré ocorre em regiões protegidas ao longo da costa, onde a ação de ondas é insignificante. A amplitude das marés é variável, conforme a região do litoral, podendo ser desde micromaré (1 m), mesomaré (~2 m), até macromaré (> 4 m).

São três os subambientes na planície de maré (Fig. 7.10): (i) supramaré, região alta e que não inunda, com terminação de canais; (ii) intermaré, região afetada intensamente pela maré enchente e vazante e que fica molhada e seca de forma alternada; (iii) inframaré, região sempre coberta pela água do mar.

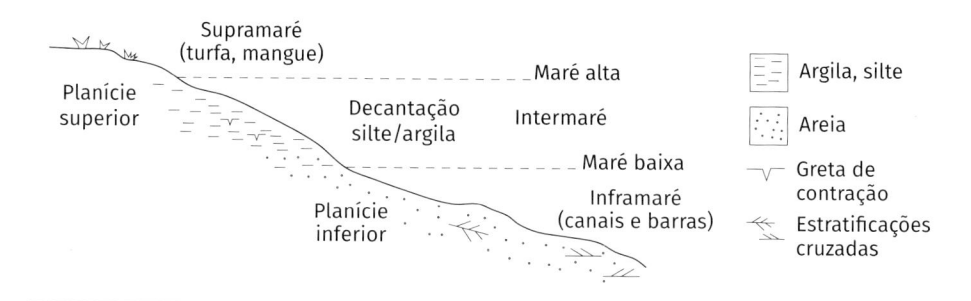

Fig. 7.10 *Compartimentos da planície de maré: supramaré, intermaré e inframaré*

A velocidade das correntes de maré é variável, desde 50 cm/s até 150 cm/s. São correntes bidirecionais, maré enchente e vazante, que ocorrem aproximadamente transversais à linha do litoral. Entre a maré vazante e a maré enchente (e vice-versa) existem períodos de baixa energia onde ocorre decantação de argila, que forma finas lâminas argilosas, recobrindo ondulações arenosas.

A planície de maré conta com uma subdivisão entre planície inferior (*sand flat*), dominada por canais meandrantes de maré, com mais energia, e planície superior (*mudflat*), com canais rasos e regiões planas, argilosas, entre os canais.

Os canais de maré se configuram como numerosos canais lineares e também meandrantes, alguns efêmeros, que drenam a planície de maré. A água do mar entra pelos canais (maré enchente), que, ao transbordarem, permitem a inundação das regiões planas, situadas entre os canais (regiões de planícies intercanais). Nos canais ocorrem correntes de maré enchente e vazante e, na base, formam-se arenitos intraclásticos, ricos em bioclastos (conchas), arenitos com cruzadas bidirecionais (*herringbone*) com lâminas de argila (*mud drapes*), e estratificação sigmoidal de maré (*tidal bundles*), também com *drapes* de argila (Fig. 7.11). Quando os canais migram, a parte superior do seu perfil é dada por pelitos depositados no abandono do canal, com laminações lenticular e ondulada. Canais de maré meandrantes podem mostrar superfície de acreção lateral, semelhante às barras de pontal fluviais.

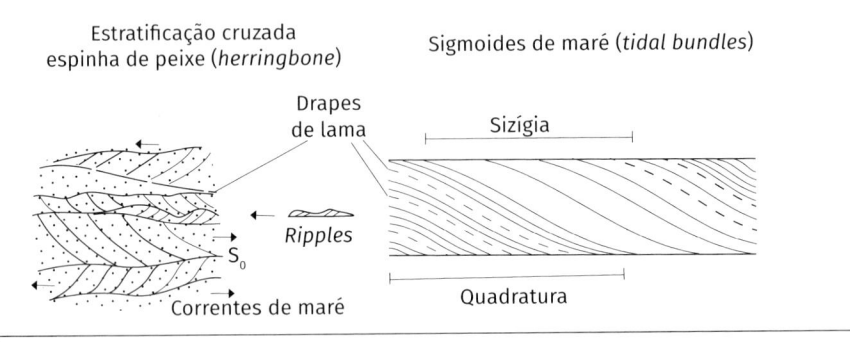

Fig. 7.11 *Estruturas sedimentares formadas pela ação de marés*
Fonte: adaptado de Dalrymple (1992), Della Fávera (2008) e Nichols (2009).

A planície de maré situada entre os canais é essencialmente siltoargilosa, com acamamento lenticular, e laminação ou estratificação ondular (*wavy bedding*). Estratificação *flaser* ocorre na transição para a planície de maré arenosa inferior.

Um perfil completo com fácies de planície de maré mostra uma sucessão granodecrescente ascendente, com arenitos com cruzadas bidirecionais na base, arenitos com laminação *flaser* na transição, e pelitos com laminação ondulada e lenticular no topo, intensamente bioturbados (Fig. 7.12).

Também é importante ressaltar que o ambiente de planície de maré varia com o clima da região. A planície de maré em clima árido, com alta taxa de evaporação, como no Golfo Pérsico, apresenta sedimentos hipersalinos, como evaporitos na região intermaré, e mostra pouco desenvolvimento dos canais de maré. Em regiões de clima úmido, como nas Bahamas, os canais de maré ocorrem em grande quantidade.

7.2.2 Praia, laguna, ilha-barreira e cordão litorâneo

Os tipos de regiões costeiras e a morfologia do litoral são listados na sequência:
- litoral com esporões: promontórios que avançam mar adentro;
- praia: cordões litorâneos arenosos, paralelos à costa;
- ilha-barreira: ilha paralela à praia, que funciona como barreira às ondas, geralmente com uma laguna atrás, em direção ao continente;
- costa com biohermas (recifes): costa protegida por recifes, geralmente construções carbonáticas (recifes de corais etc.).

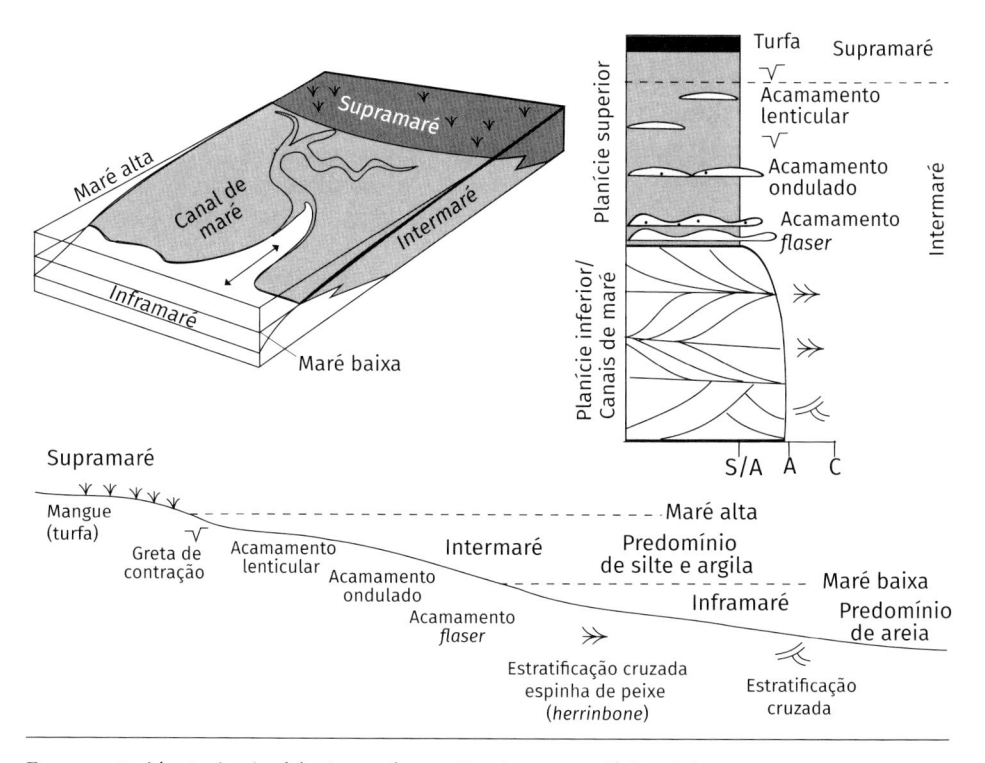

FIG. 7.12 *Ambiente de planície de maré e perfil colunar com fácies típicas*
Fonte: adaptado de Dalrymple (1992), Della Fávera (2008) e Nichols (2009).

Praias

Praias são depósitos arenosos estreitos e alongados formados na região litorânea, em resposta à dinâmica costeira, dominada pela ação de ondas, marés e correntes. Elas podem ocorrer como praias anexas ao continente e como ilha-barreira. Nessas regiões, os rios entregam e distribuem sedimentos (cascalho fino, areia, silte e argila) na costa, que são retrabalhados pelas ondas, construindo cordões litorâneos arenosos na borda do continente.

Assim, as praias resultam do balanço entre suprimento de areia, morfologia da costa, energia das ondas e variações do nível do mar. Desde o continente até o mar pode-se distinguir diversos subambientes (Fig. 7.13):

* *Pós-praia* (backshore): ocorre acima do limite máximo da maré e, em geral, é constituído por falésia, dunas eólicas ou terraços, com vegetação. O vento que sopra na praia transporta areia, algumas vezes para dentro da água, outras vezes para o continente, e constrói dunas eólicas.
* *Praia* (foreshore): acumulação arenosa da zona de espraiamento (*swash*), onde a quebra das ondas resulta em um movimento de alta energia (espraiamento da onda – movimento de vaivém) que transporta o

sedimento no regime de fluxo superior, resultando em estratificação e laminação plana ou conjunto de lâminas arenosas com baixo ângulo entre si, geralmente areia muito bem selecionada.

* *Antepraia* (shoreface): inclui a zona de surfe, com quebra das ondas, e ocorre abaixo do nível mais baixo das marés, portanto é sempre submersa. Mais afastada do continente existe ainda a zona *offshore*, ou costa afora, situada na plataforma continental, geralmente na zona de ação das ondas de tempestades.

A distribuição de energia das ondas ao longo da costa é o principal fator responsável pelo transporte de sedimentos litorâneos e pelos processos de erosão marinha e de acumulação e formação de praias. Quando as ondas de oscilação entram na plataforma continental mais rasa, com profundidades menores do que a metade do seu comprimento de onda, elas passam a interagir

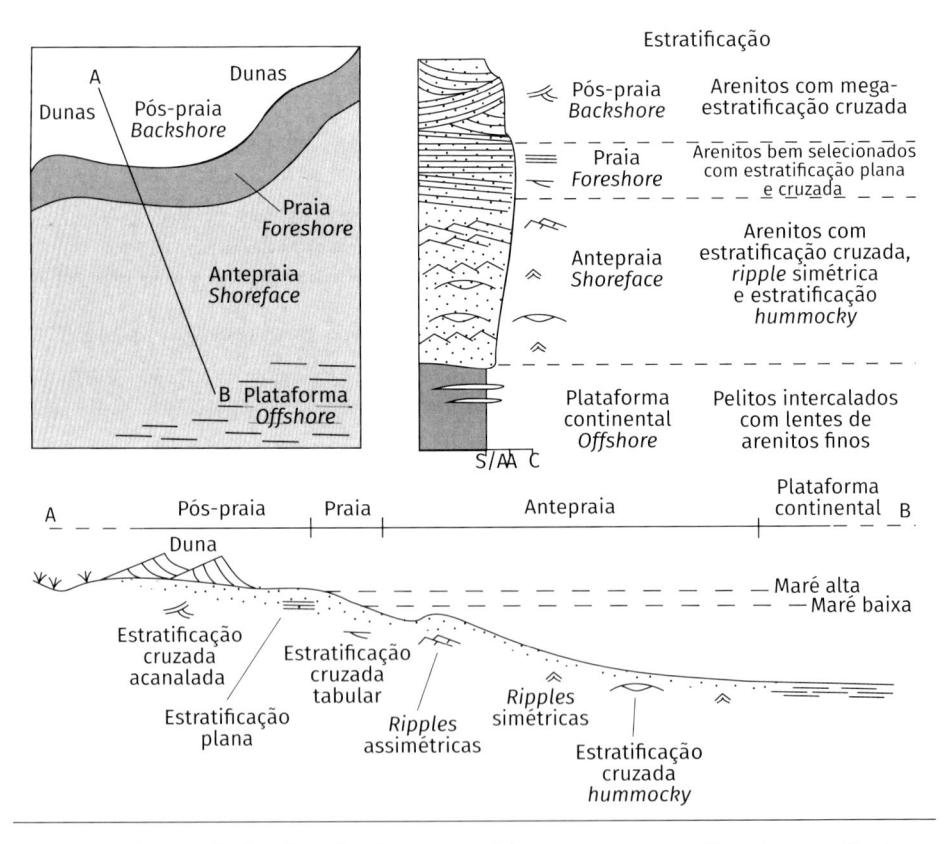

FIG. 7.13 *Sedimentação litorânea (praia e antepraia), com estruturas sedimentares no fundo arenoso e perfil colunar com fácies sedimentares típicas*
Fonte: adaptado de Della Fávera (2008) e Nichols (2009).

com o fundo marinho arenoso, desenvolvendo quebra e arrebentação. Quando se aproximam da costa, fazendo ângulo, desenvolvem refração, e a resultante do seu impacto na costa forma correntes litorâneas longitudinais que transportam sedimentos arenosos paralelos à costa.

Assim, quando a onda chega a porções mais rasas do litoral e interage com o fundo arenoso, ela inicialmente gera ondulações simétricas (*ripples* de ondas, *wave ripples*) de fluxo oscilatório. Aumentando a energia em direção à praia, serão produzidas ondulações maiores com cristas sinuosas ou retas e estratificações cruzadas acanaladas e tabulares (Fig. 7.14). Na face da praia (*foreshore*), em especial na zona de espraiamento, com alta energia, forma-se leito plano, do regime de fluxo superior. Forma-se, então, uma laminação paralela, levemente inclinada em direção ao mar, em geral com baixo ângulo entre conjuntos planos adjacentes, em arenitos muito bem selecionados. Na região de pós-praia podem ocorrer depósitos de berma (areias laminadas) e principalmente depósitos eólicos, com megaestratificações cruzadas (Fig. 7.14).

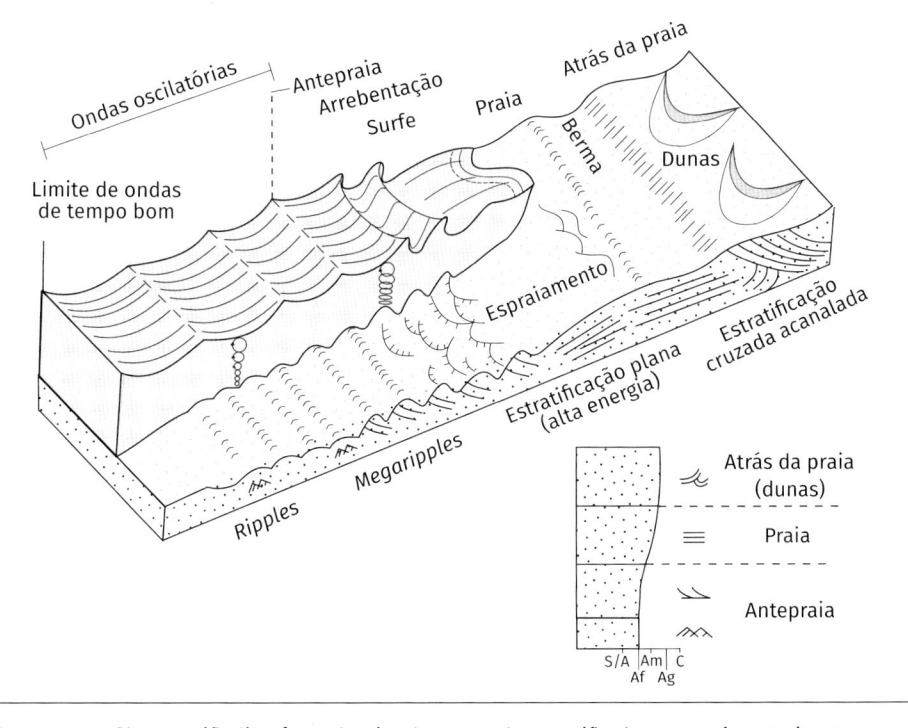

FIG. 7.14 *Perfil em região litorânea dominada por ondas. Região de antepraia e praia com estruturas sedimentares no fundo arenoso. Perfil colunar com fácies sedimentares típicas de praia progradante*
Fonte: adaptado de Reading e Collinson (1996) e Nichols (2009).

Em síntese, sedimentos de praia são arenitos (quartzo arenitos) bem selecionados, maturos. Em geral são arenitos finos, com *ripples* simétricas, estratificação cruzada de baixo ângulo, estratificação ou laminação plana, às vezes associados com arenito eólico (dunas atrás da praia).

Cordões litorâneos, lagunas e ilhas-barreira

Os cordões litorâneos são depósitos arenosos estreitos e alongados, formados no litoral pela ação de ondas e correntes litorâneas longitudinais, paralelas à costa. São constituídos a partir da areia trazida pelos rios do continente, que é descarregada em deltas e redistribuída na costa.

Lagunas são corpos de água rasa, salobra ou salgada, separados do mar por bancos arenosos, mantendo um canal de comunicação com o mar. Existem vários exemplos de lagunas no litoral do Brasil, com destaque para a Lagoa dos Patos (RS), com cerca de 100 km de extensão N-S, e para a Região dos Lagos, no Rio de Janeiro.

A ilha-barreira é uma ilha alongada situada paralela à praia e que a protege da ação de ondas, o que permite a formação de uma laguna com água bem tranquila atrás da ilha e antes do continente. Os elementos deposicionais mais comuns associados a ilhas-barreira são os pântanos e lagunas, as planícies de maré, os deltas de maré vazante, em geral mais bem desenvolvidos que os deltas de maré enchente, e os depósitos de transbordamentos (*washover*), construídos por tempestades, as quais provocam grandes ondas que, eventualmente, ultrapassam a ilha-barreira. Na parte da ilha-barreira voltada para o mar aberto, desenvolvem-se praias, e sobre elas são comuns as dunas eólicas, formadas pelo retrabalhamento da areia da praia pelo vento.

Exercícios de fixação

1. O que são deltas? Como os deltas podem ser classificados?
2. Quais os subambientes de um delta?
3. Explique a sedimentação e as fácies sedimentares que ocorrem nos três subambientes deltaicos.
4. Sintetize a sedimentação e as fácies sedimentares dos deltas dominados por rios, por ondas e por estuários.
5. Quais os processos sedimentares que predominam nas regiões litorâneas?
6. O que é planície de maré? Quais os processos sedimentares e as fácies que se formam nesse contexto?

7. O que é uma praia e como ela se forma? Quais fácies são diagnósticas para reconhecer um paleoambiente praial?
8. Desenhe dois perfis colunares com fácies sedimentares de planície de maré e de praia. Compare-os e tente explicar as diferenças considerando os processos sedimentares.
9. O sequenciamento de fácies sedimentares de praia tem grande ligação com o diagrama de regime de fluxo e formas de leito, conforme foi visto no Cap. 4. Como explicar essa relação?

Respostas

1. Deltas são feições sedimentares na desembocadura dos rios, onde fluxos confinados e desacelerantes depositam a carga sedimentar. Existem deltas construtivos, dominados pela ação do rio, e deltas destrutivos, nos quais processos de ondas e de marés tendem a competir com processos fluviais.
2. Planície deltaica (porção emersa), frente deltaica e pró-delta (porções submersas).
3. A planície deltaica é semelhante ao ambiente fluvial meandrante, com paleocanais (arenitos com estratificações cruzadas) e regiões entre canais (pelitos com greta de contração, turfa etc.). Na frente deltaica predomina a sedimentação subaquosa, radial, de lobos de suspensão, com formação de arenitos sigmoidais. No pró-delta ocorrem pelitos e arenitos finos de decantação e correntes fracas.
4. Delta dominado pelo rio mostra frente deltaica bem desenvolvida com arenitos sigmoidais e pró-delta arenopelítico. Delta dominado por onda apresenta frente deltaica interdigitada com depósitos de praia e também dunas eólicas atrás da praia. Delta dominado por marés possui barras arenosas de maré, submersas ou na forma de ilhas paralelas às correntes de maré enchente e vazante, com arenitos com estratificações cruzadas bidirecionais.
5. Nas regiões litorâneas predominam os processos de ondas e marés. As ondas são geradas pelos ventos, no mar profundo, e mostram movimentos oscilatórios que, ao chegar à costa, formam arrebentação, com alta energia. Formam as praias no litoral. As marés são resultado da atração gravitacional entre Terra, Lua e Sol, e formam as planícies de maré, regiões litorâneas planas, sob a influência de marés enchente e vazante.
6. Planícies de marés têm a parte inferior arenosa e a parte superior lamosa ou pelítica. A água do mar entra pelos canais de maré e forma arenitos com estratificações cruzadas bidirecionais; depois, extravasa do canal e inunda

a região entre os canais, que seca periodicamente. Pelitos com greta de contração é uma das fácies mais características. Pelitos com laminação *flaser*, ondulada e lenticular também ocorrem na planície superior.

7. As praias são resultado da ação das ondas, que retrabalham o sedimento trazido por deltas, empurrando areia de volta para a costa. Correntes litorâneas paralelas à costa também são importantes. Formam-se arenitos muito bem selecionados (quartzo arenitos) com estratificações cruzadas e estratificação plana nas regiões rasas de arrebentação e espraiamento, respectivamente, devido à ação das ondas no litoral.

8. Planície de maré é um litoral com muita lama e mangue. Praias formam cordões litorâneos com areia fina a grossa, bem selecionada. Planície de maré tem parte inferior arenosa com estratificações cruzadas bidirecionais e parte superior com pelitos e fácies heterolíticas, enquanto a praia tem areia com estratificação cruzada e estratificação plana.

9. A energia da onda aumenta progressivamente ao chegar à costa, formando no fundo arenoso *ripples* oscilatórias de início, e depois ondulações maiores de crista reta ou sinuosa, gerando estratificações cruzadas e, finalmente, na zona de espraiamento, de alta energia, estratificações e laminações planas, do regime de fluxo superior.

Leitura complementar

DOMINGUEZ, J. M. L.; BITTENCOURT, A. C. S. P. Zona Costeira do Estado da Bahia. In: BARBOSA, J. S. F. (coord.). *Geologia da Bahia*. Pesquisa e Atualização. Salvador: UFBA, 2012. Cap. XVII, p. 395-425.

ROSSETI, D. F.; DOMINGUEZ, J. M. L. Tabuleiros costeiros. Paleoambientes da Formação Barreiras. In: BARBOSA, J. S. F. (coord.). *Geologia da Bahia*. Pesquisa e Atualização. Salvador: UFBA, 2012. Cap. XVI, p. 365-393.

SILVA, I. R. Ambiente Costeiro. In: SILVA, A. J. C. L. P.; ARAGÃO, M. A. N. F.; MAGALHÃES, A. J. C. (ed.). *Ambientes de sedimentação siliciclástica do Brasil*. São Paulo: Beca, 2008. p. 212-223.

oito

Ambientes sedimentares marinhos

Os oceanos compreendem cerca de 70% da superfície da Terra e apresentam diversos ambientes fisiográficos (Fig. 8.1), como a plataforma continental, o talude, a bacia oceânica e a cadeia meso-oceânica.

A plataforma continental é a extensão submersa do continente, com pequena declividade, que se estende desde a região litorânea (antepraia) até a borda do talude, com profundidades variáveis. No Brasil, sua largura é variável, desde 300 km na foz do rio Amazonas até 200 km no litoral de São Paulo. Possui poucos quilômetros de largura quando próximo de cadeias montanhosas, como nos Andes. É subdividida em plataforma interna e externa, designadas como costa afora (*offshore*), e é o local da sedimentação nerítica ou de ambiente marinho raso. A plataforma continental foi formada pelas oscilações do nível dos mares no Quaternário.

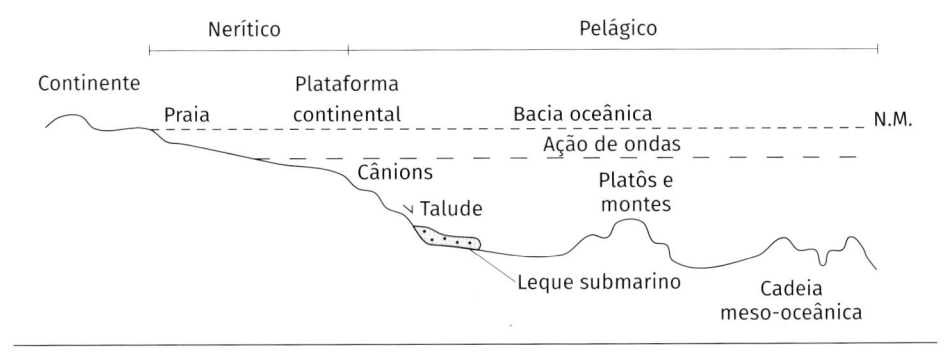

FIG. 8.1 *Compartimentação fisiográfica do fundo dos oceanos, com ênfase na plataforma continental, talude, com o local de formação de leque submarino, e a bacia oceânica*

O talude continental é a feição do relevo submarino, com declividade acentuada rumo ao fundo oceânico (planície abissal). Ele representa a transição crustal entre a crosta continental (mais espessa), constituída por granitoides, e a crosta oceânica, constituída por basaltos e gabros, com fina cobertura sedimentar. No talude continental ocorrem cânions e vales que permitem acesso de sedimentos ao oceano profundo. Na sua base, junto à bacia oceânica, ocorre o sopé continental, com importante sedimentação de leque submarino. O talude situa-se a cerca de 100 m a 150 m de profundidade de água, podendo chegar até 2.000 m ou 3.000 m na transição para a bacia oceânica.

A bacia oceânica (planície abissal) é uma área extensa e profunda dos oceanos, geralmente plana, às vezes com elevações (platôs e montes submarinos). Variando em profundidade, de 2 km até cerca de 5 km, corresponde ao sítio de sedimentação pelágica, com decantação de sedimentos biogênicos finos (vasas carbonáticas e silicosas) e argilas.

A cadeia meso-oceânica é o sítio de processos vulcânicos, hidrotermais e tectônicos formadores da crosta oceânica (sítio extensional gerador de rochas básicas e ultrabásicas).

Os principais tipos de sedimentos marinhos são:

* Sedimentos siliciclásticos, principalmente na plataforma continental, devido ao transporte eólico, glacial e fluvial (através de deltas). Ocorrem sedimentos da carga de tração (grânulos, areia) e da carga de suspensão (silte, argila). Ocorrem também sedimentos siliciclásticos grossos e finos, no leque submarino, formado por fluxos gravitacionais (avalanches) no mar profundo.
* Sedimentos carbonáticos ocorrem como calcários de águas rasas (sedimentos neríticos) na plataforma continental. Na bacia oceânica, os carbonatos aparecem como vasas, de origem biogênica, a partir da acumulação de carapaças carbonáticas, preferencialmente em alta latitude, com a água mais morna.
* Sedimentos autigênicos (evaporitos e fosforitos) são formados pela combinação de sedimentação, soterramento e diagênese.
* Sedimentos vulcanoclásticos também ocorrem no ambiente marinho, como depósitos piroclásticos (cinzas vulcânicas) e sedimentos vulcanoclásticos subaquosos ressedimentados, sobretudo próximo de vulcões submarinos e da cadeia meso-oceânica.

8.1 Plataforma continental (ambiente marinho raso)

Os sedimentos encontrados na plataforma continental têm várias origens; em geral, são provenientes do continente, pelo aporte de rios (deltas), influência glacial (geleiras descarregando sedimentos no mar) ou mesmo influência eólica (poeira soprada do continente para o mar).

As variações do nível dos mares no Quaternário (1,8 milhão de anos até a era recente) são muito importantes na origem dos sedimentos da plataforma continental. Em fases de mar baixo (em eventos regressivos, associados a glaciações durante o Pleistoceno), sedimentos litorâneos e fluviais prograram por muitos quilômetros, às vezes até a borda do talude, e nas fases transgressivas (pós-glaciais), com a subida do nível do mar, ocorre grande retrabalhamento desses sedimentos por ondas e correntes de marés.

Além disso, ocorrem na plataforma continental sedimentos carbonáticos que são autóctones, ou seja, produzidos na própria bacia marinha, em águas límpidas, quentes e oxigenadas, e intensamente retrabalhados por ondas e correntes marinhas.

A Fig. 8.2 apresenta os ambientes litorâneo e de plataforma continental. No litoral, destaca-se a zona de praia, com espraiamento de ondas (alta energia), e a de antepraia, com quebra e arrebentação de ondas, enquanto na plataforma continental ocorre a zona interna e a zona externa. Na praia e antepraia predominam amplamente os sedimentos arenosos, devido à alta energia da arrebentação das ondas. Na plataforma continental, ocorre ampla decantação de sedimentos finos (areia, silte e argila), com predomínio de pelitos (siltitos,

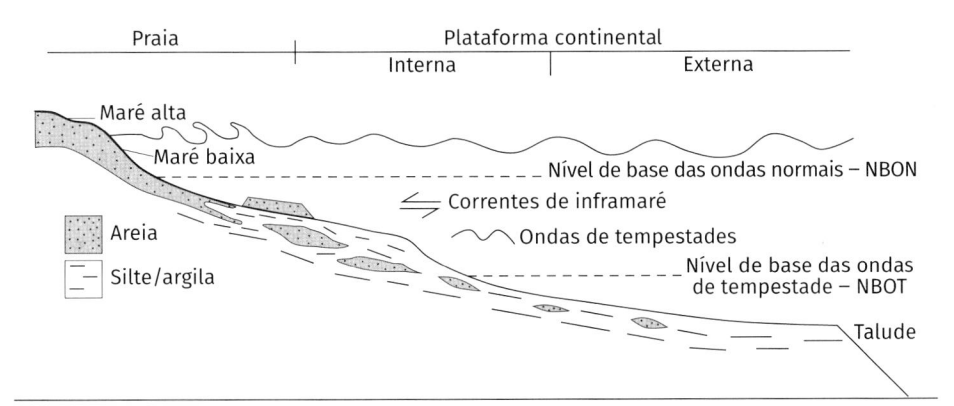

FIG. 8.2 *Ambiente plataformal (marinho raso) com nível de base de ondas normais (NBON), que influi na praia e antepraia, e nível de base de ondas de tempestades (NBOT), que afeta a plataforma. Correntes de inframaré e ondas de tempestades são os principais processos que impactam a plataforma continental*

folhelhos, ritmitos etc.) e acumulações arenosas mais localizadas. Uma das feições sedimentares mais comuns e frequentes na plataforma continental são as barras arenosas, uma lente arenosa imersa em pelitos, formada por correntes de inframaré ou ondas de tempestades (Fig. 8.2).

Com efeito, as correntes de inframaré e as ondas de tempestades são os principais agentes de sedimentação na plataforma continental. Observa-se na região litorânea os limites de maré alta e maré baixa e, na plataforma, os limites de ação de ondas normais e de ação de ondas de tempestades. Como as ondas de tempestades são maiores e mais altas (maior energia), elas atingem porções mais profundas na plataforma continental, onde as ondas normais não alcançam (Fig. 8.2).

8.1.1 Plataforma continental dominada por marés

Correntes marinhas geradas por marés influenciam a sedimentação em plataformas e mares rasos (epicontinentais). As barras de maré podem se formar longe de estuários, produzindo grandes bancos arenosos do tipo *sand ridges*, que são cordões arenosos lineares, em geral paralelos, curvos ou perpendiculares ao fluxo bidirecional da maré na inframaré – região sempre coberta pela água do mar e sujeita a correntes fracas de marés (Nichols, 2009). São areias bem selecionadas com distintas formas de leito em função das velocidades das correntes de marés, com destaque para lençóis de areias com *ripples*, ondulações de grande e médio porte com estratificação cruzada, às vezes com superfícies de reativação e *drapes* de argila. Mostram padrão variado de paleocorrentes, mas estratificação do tipo espinha de peixe (*herringbone*) não é comum. Correntes de marés podem ter grande efeito na plataforma continental, retrabalhando importantes acumulações de areias bem selecionadas. Lençóis de areia e cristas arenosas cobrem milhares de quilômetros quadrados no mar raso a medianamente profundo, como no Mar do Norte, entre a Inglaterra e a Holanda. Nessa ampla região de plataforma dominada por marés, a forma de leito predominante são cristas alongadas e perpendiculares à direção de maré dominante.

8.1.2 Plataforma continental dominada por ondas

As ondas de oscilação são formadas no alto-mar por ação de ventos. Ao chegar à região litorânea, elas ficam instáveis e quebram, gerando zonas de arrebentação com alta energia. As ondas de arrebentação ocorrem quando ondas de oscilação chegam à região litorânea, mais rasa, perdem o equilíbrio e geram arrebentação. Essa profundidade é cerca de metade do comprimento de onda das ondas incidentes na costa, sendo considerada o limite entre a antepraia e a plataforma continental interna.

Por sua vez, as ondas de tempestades são fenômenos episódicos causados por depressões barométricas e ventos intensos que geram grande poder erosivo e de transporte de sedimentos. São ondas altas, formadas por tempestades no mar, que afetam o fundo marinho em profundidades maiores do que as ondas normais, e também a região litorânea. Existe uma gradação entre onda normal, onda de tempestade (fenômeno meteorológico) e *tsunamis*, que são grandes ondas provocadas por terremotos ou vulcanismo.

Ondas de tempestade erodem o litoral e retornam com areia depositando barras de plataforma, que correspondem a lentes ou cordões arenosos imersos em pelitos, paralelos ou oblíquos à costa. Fases de mar baixo (regressão marinha) permitem progradação de sedimentos litorâneos, que também podem gerar barras de plataforma. Posteriormente, eles são recobertos por pelitos de fase transgressiva (subida do nível do mar). As barras arenosas de costa afora (*offshore bars*) mostram internamente fácies de tempestitos – arenitos com estratificação cruzada por ondas (*hummocky cross-bedding*).

Os tempestitos (Fig. 8.3) são depósitos arenossiltoargilosos formados na plataforma continental, na parte mais profunda, com dezenas de metros de profundidade, sujeita a ondas contrastantes, intensas e altas, por ocasião de tempestades. Um tempestito é formado por uma base erosiva, às vezes com marca de sola, arenito conglomerático gradado (Ta), arenito com estratificação plana (Tb), arenito com estratificação cruzada *hummocky* (às vezes estratificação convoluta e *ripples*) e pelitos bioturbados, às vezes também cimentados (tipo *hardgrounds*). Eles ocorrem na antepraia (*shoreface*), mostrando transição para depósito de plataforma continental (*offshore*).

A estratificação cruzada *hummoky* foi inicialmente proposta por Harms *et al.* (1975 apud Della Fávera, 2001). Em geral, possui de 1 m a 3 m, até mais, e altura de 50 cm a 1 m. Mostra intervalo basal conglomerático gradado (fósseis, intraclastos), estratificação plana e, principalmente, ondulações truncantes, convexidade na parte superior e truncamentos de baixo ângulo na parte inferior, com lâminas microgradadas (Walker; Plint, 1992). Ocorre em arenitos bem selecionados e carbonatos (calcarenitos), sendo resultante da combinação de fluxo oscilatório e unidirecional, provocado por grandes ondas de tempestades na plataforma continental.

Fácies de tempestitos podem ocorrer como proximais e distais (Fig. 8.3). Por exemplo, uma sucessão de camadas de arenitos finos, bem selecionados,

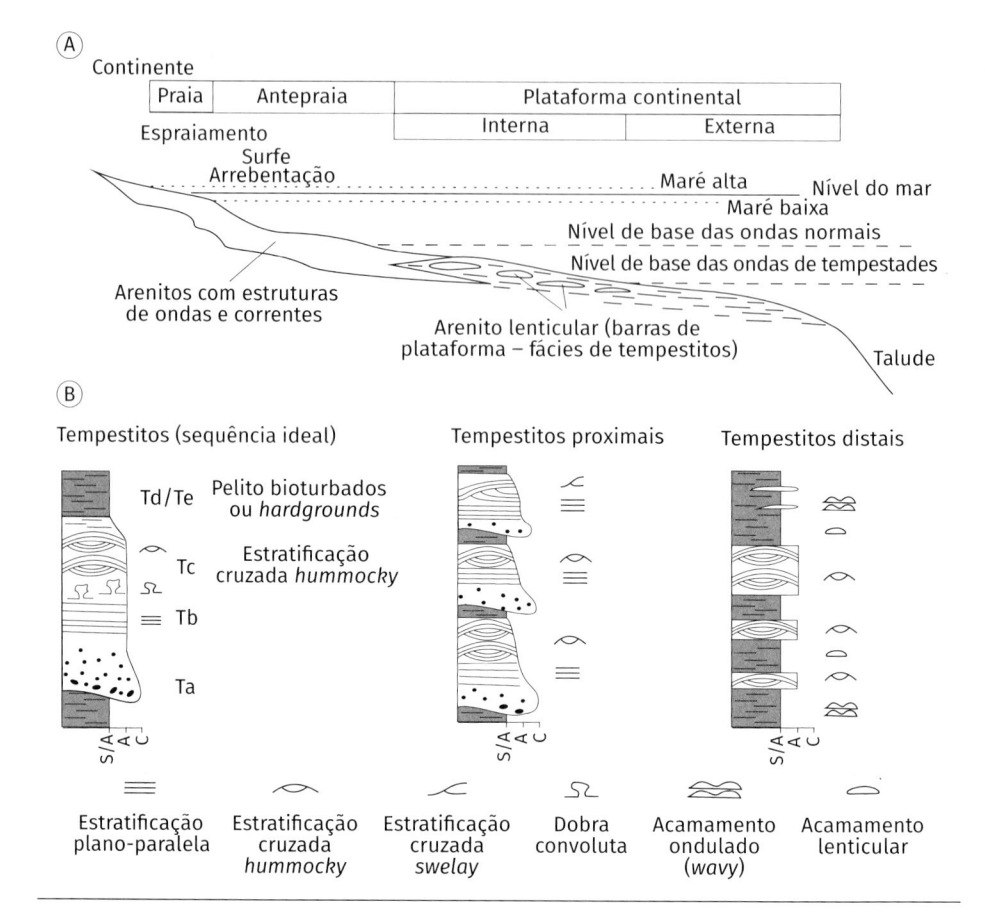

Fig. 8.3 *Sedimentação de barras de plataforma por ondas de tempestades: (A) arenitos lenticulares formados por ondas de tempestades na plataforma continental, e (B) sequência ideal completa das fácies de um tempestito com intervalos Tabcde. Perfil colunar com tempestitos proximais e distais*
Fonte: adaptado de Walker e Plint (1992), Della Fávera (2008) e Nichols (2009).

com estratificação *hummocky*, constitui depósitos proximais, com alta energia das ondas em função de tempestades, na porção mais espessa das barras de plataforma, com arenitos amalgamados e pouco pelito. Por outro lado, algumas poucas camadas de arenitos com estratificação *hummocky* imersos em pelitos mais espessos com estratificação lenticular e ondulada representam tempestitos distais, ou seja, depósitos de plataforma de baixa energia, com bastante carga de suspensão, relacionados a ondas fracas na plataforma continental.

Em geral, nas barras de plataforma os arenitos representam depósitos de tempestades e os pelitos constituem a decantação das fases de calmaria, que geralmente sucedem as tempestades. Na parte rasa da plataforma continental e sobretudo na antepraia, ocorrem *ripples* bidirecionais (*wave ripples*) com alto grau de simetria em sedimentos de areia fina, formados pelo fluxo oscilatório de ondas normais. Associadas aos *ripples* de onda podem ocorrer estratificações cruzadas *swaley*, com lâminas curvas, com o predomínio da concavidade, com raros domos preservados, principalmente na antepraia e na transição para a plataforma (Fig. 8.4).

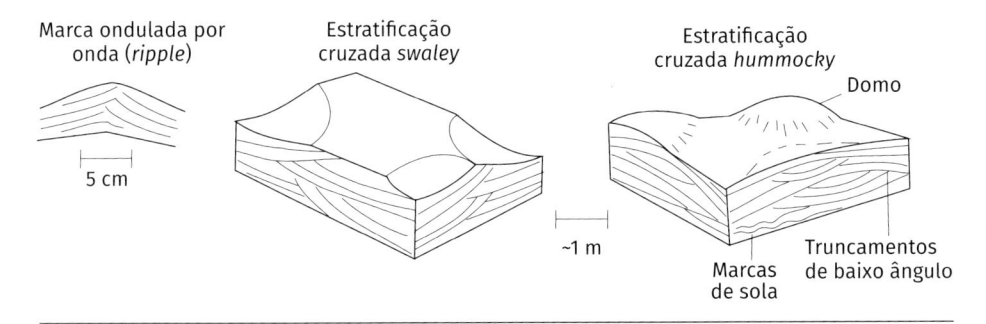

FIG. 8.4 *Estruturas sedimentares geradas por ação de ondas normais (ripple de ondas) e estruturas sedimentares de ondas de tempestades do tipo* swaley *e* hummocky

8.2 Leque submarino (ambiente marinho profundo)

O ambiente de leque submarino (*deep-sea fans*) situa-se na base do talude submarino e é local de intensos fluxos gravitacionais (avalanches submarinas). Constitui um cone de sedimentos siliciclásticos e/ou carbonáticos, depositados no ambiente marinho profundo, onde sedimentos instáveis escorregam e são depositados junto ao talude (sopé continental) a partir de fluxos gravitacionais de massa. Ocorre sedimentação com a desaceleração e desconfinamento do fluxo gravitacional (Fig. 8.5).

Algumas variáveis são importantes na formação de leques submarinos:

* Geometria da bacia: tamanho (grande ou pequena), tipo de bacia (margem passiva ou *foreland*), com empilhamento das fácies mais na horizontal ou vertical.
* Tectônica junto ao talude: possibilidade de geração de abalos sísmicos, que favorecem avalanches submarinas.
* Suprimento sedimentar do material movimentado pelo talude: volume/granulometria do material, que variam com as oscilações do nível do mar.
* Nível do mar: o nível do mar baixo (devido a uma regressão) favorece intensos fluxos gravitacionais no talude, com avalanches e correntes de turbidez, formando ruditos e turbiditos.

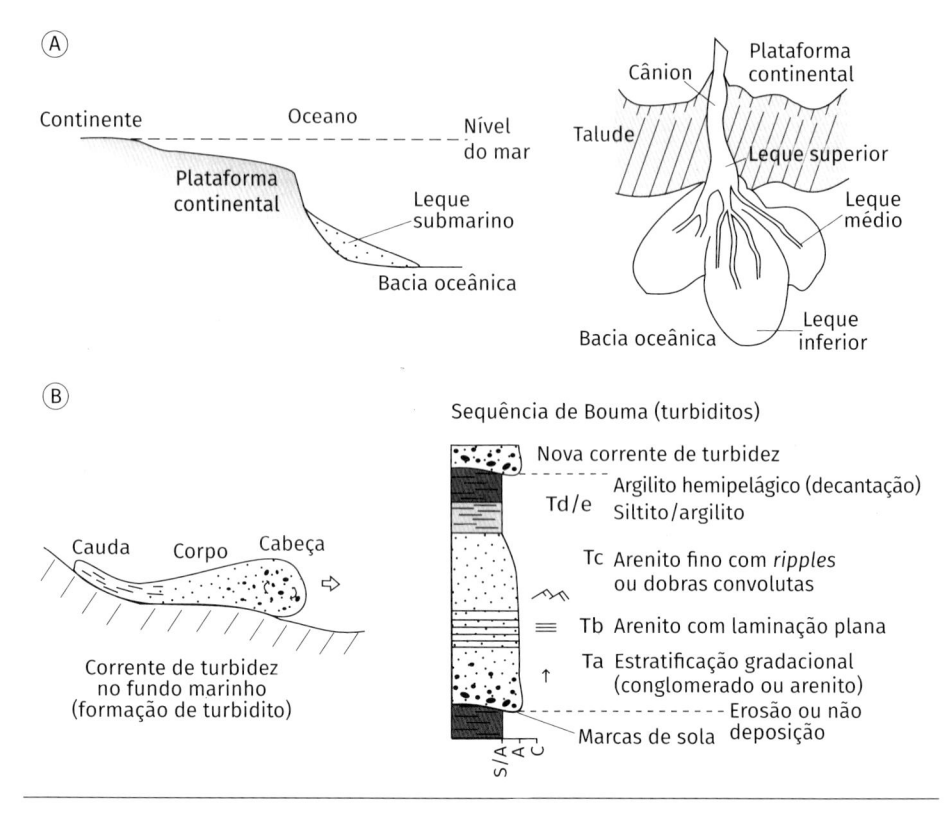

FIG. 8.5 (A) Formação de leque submarino na base do talude, com subdivisões: leque superior (região do cânion), leque médio e leque inferior ou externo. (B) Processos formadores do leque submarino: avalanches e correntes de turbidez e organização de um turbidito, com intervalos Ta, Tb, Tc, Td/e, conforme Bouma (1962)
Fonte: adaptado de Walker (1992) e D'Ávila et al. (2008).

O material movimentado pelo talude inclui: (i) queda de rochas (*rockfall*); (ii) deslizamentos (*slides*) de rochas coesivas; (iii) escorregamentos (*slumps*) de material deformável; (iv) avalanche de fluxos de detritos (*debris flow*), com cascalho, lama e fluxo laminar; (v) corrente de turbidez (fluxo turbulento), com cascalho, areia, silte e argila (Nichols, 2009).

8.2.1 Fluxos gravitacionais no ambiente marinho profundo

Os principais agentes de transporte sedimentar e sedimentação no ambiente marinho profundo são os fluxos gravitacionais formados por uma massa de sedimentos heterogêneos (cascalhos até argila) e fluido (água), com alta densidade (~2,0), que se desloca pela gravidade em declives. Com alta coesão devida à lama da matriz (fluxo laminar), os fluxos gravitacionais sedimentam na base dos declives submarinos, formando leques (cones) e lobos deposicionais. Além disso, apresentam caráter episódico (curta duração, instantâneo), com diversas transformações de fluxo, desde o estado laminar até o estado turbulento: com a entrada de água do ambiente, a massa pode diluir, formando, ao final, correntes de turbidez.

Segundo Lowe (1982) e D'Ávila *et al.* (2008), há três tipos de fluxos gravitacionais, detalhados na sequência.

Fluxo denso de reologia rúptil

Constituem fluxos gravitacionais de massa na forma de deslizamentos (*slides*) de rocha estruturada (intacta e coesa) em taludes íngremes. Pode ocorrer também escorregamentos (*slumps*), casos em que o material é pouco litificado e mostra deformações internas, como falhas e dobras. Se o deslocamento for grande, pode haver mistura com fluxos de detritos e formação de depósitos caóticos.

Fluxos densos plásticos

São fluxos gravitacionais de sedimentos, em geral detritos (*debris flow*) e lama (*mud flow*), com mistura de cascalho, areia, silte, argila e água. De alta densidade, eles ocorrem pelo cânion como avalanches e são muito importantes para a construção dos leques submarinos. A interação intergranular é dada pela argila, que aumenta a coesão. Assim, com muita argila, tem-se alta viscosidade e inibição da turbulência, e o fluxo é laminar.

A componente cisalhante da força peso supera as forças de resistência, ocorrendo o deslocamento em velocidade, isto é, a avalanche, que consegue carregar grandes matacões imersos na matriz siltoargilosa. Ocorre por distância limitada nos cânions submarinos devido ao congelamento coesivo da matriz e à sedimentação, formando diamictitos e conglomerados.

Os fluxos densos plásticos são diferenciados em fluxos de detritos coesivos (sustentação dos clastos pela matriz argilosa), que formam diamictitos e paraconglomerados, e fluxos de detritos não coesivos, com sustentação pela pressão dispersiva da matriz, que formam ortoconglomerados.

Fluxo denso fluidal

É um fluxo gravitacional com mistura de sedimentos e água, com densidade maior que o meio envolvente (entre 1,5 e 2,0), e com mecanismo de suporte e interação entre os grãos através do fluxo turbulento. Percorre milhares de quilômetros no fundo do mar, formando uma corrente de turbidez.

O fluxo turbulento leva os grãos finos para cima; com a diminuição da velocidade da corrente, sedimentam primeiro os grãos grossos, que se concentram na frente e na base, e por fim decantam os grãos finos, gerando camadas gradadas na horizontal e na vertical. Essa estratificação gradacional é a estrutura sedimentar diagnóstica e pode ocorrer como conglomerados gradados, arenitos e mesmo siltitos gradados, desde a porção proximal do leque, com sedimentos grossos, até a parte distal do leque submarino, com carga sedimentar mais fina, sobretudo pelitos e arenitos finos.

A corrente de turbidez ocorre em oceanos e lagos, a partir do fluxo gravitacional. Foi descoberta por Kuenen e Migliorini em 1950 (D'Ávila; Paim, 2003), que relacionaram correntes de turbidez a sedimentos gradados (com estratificação gradacional). Em 1962, ela foi caracterizada e mais bem compreendida por Arnold Bouma em experimentos laboratoriais.

Os turbiditos mostram a sequência ideal ou partes das sequências de Bouma da seguinte forma:

- Ta: conglomerado ou arenito grosso, mostrando estratificação gradacional (gradado);
- Tb: arenito com estratificação plana;
- Tc: arenito com *climbing ripples* (ondulações assimétricas cavalgantes);
- Td/e: siltito e pelito, por decantação dos finos da corrente de turbidez.

Bouma (1962 *apud* D'Ávila; Paim, 2003) também reconheceu que as diferentes fácies turbidíticas mostram uma distribuição da mais grossa para a mais fina, refletindo o decréscimo de energia, tanto vertical como horizontalmente.

Em geral, a corrente de turbidez é formada por (Fig. 8.5B): (i) cabeça, onde ocorre um fluxo circulatório e turbulento que erode o fundo submarino, gerando marcas de sola, e carrega os clastos maiores; (ii) corpo, que é a região central; e (iii) cauda, que carrega os sedimentos finos. Assim, a corrente de turbidez é um fluxo gravitacional desacelerante e sua sedimentação gera o turbidito (Fig. 8.5B), um depósito arenopelítico, às vezes conglomerático na base, com estratificação gradacional (Ta), estratificação plana (Tb), marcas onduladas assimétricas (Tc) e porção superior pelítica, de decantação (Td/e).

As correntes de turbidez podem apresentar alta ou baixa concentração, cada uma com suas próprias características, a saber:

- Alta concentração/densidade: cascalho, areia, silte, argila. Produz feições canalizadas, com alto poder erosivo. Deposita camadas espessas (metros) e lenticulares (preenchendo canais submarinos), preferencialmente em intervalos Ta, Tb da sequência de Bouma.

* Baixa concentração/densidade: areia, silte, argila. Produz camadas planas, com pequena espessura (centímetros) e baixo poder erosivo. Deposita preferencialmente intervalos Tcde, conforme Bouma (1962), como arenito com *ripples* assimétricos (Tc) e siltitos e argilitos no topo (Td/e).

8.2.2 Morfologia e fácies de um leque submarino

A sedimentação no ambiente marinho profundo forma leque submarino no sopé de taludes e cânions (Fig. 8.6), que pode ser subdividido em cânion, canais distributários ou canais submarinos e lobos deposicionais, e franja externa distal.

O cânion é uma feição erosiva e de transporte de sedimentos, preenchido por avalanches, que se depositam formando diversos tipos de ruditos (*debris flow*) e sedimentos hemipelágicos (pelitos). Os canais e lobos submarinos são transições entre avalanches diluídas e correntes de turbidez, e depositam turbiditos grossos (Ta, Tab), que preenchem canais e adquirem geometria lenticular. Lobos são feições deposicionais de acumulação de turbiditos na saída dos canais submarinos. Por fim, a franja distal se configura como camadas planas de arenito fino e pelito (turbiditos finos, clássicos, do tipo Tc, Tcde, Td/e).

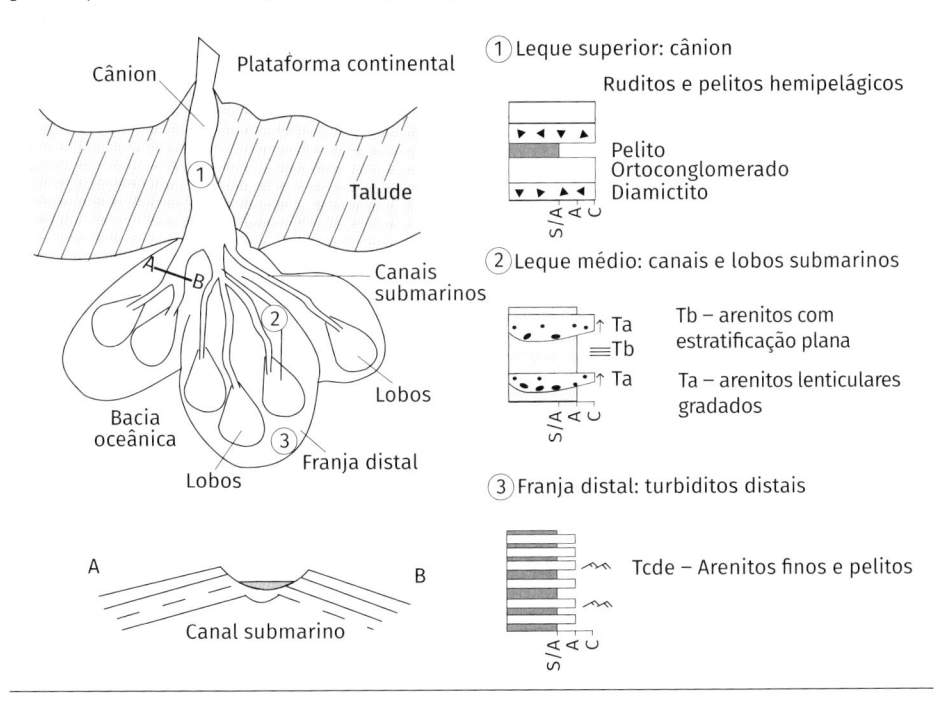

FIG. 8.6 *Morfologia e fácies sedimentares em ambiente de leque submarino*
Fonte: adaptado de Walker (1992) e Arnott (2010).

Assim, diferentes fácies se formam num contexto de leque submarino (Fig. 8.6), em função dos diferentes compartimentos na passagem do talude para a bacia oceânica e das transformações de fluxo, desde uma avalanche (*debris flow*) até correntes de turbidez diluídas distais:

* Fácies de leque superior (cânion): porção proximal, canalisada, do leque submarino. Formam-se diversos tipos de *debris flow* (conglomerados suportados por matriz e ortoconglomerados gradados) e diamictitos (*mud flow*). Pelitos podem ocorrer, depositados no intervalo entre avalanches sucessivas, às vezes com feições de escorregamentos (*slumps*).
* Fácies de leque médio: são os canais distributários submarinos e lobos deposicionais, percorridos por correntes de turbidez de alta concentração. Formam-se turbiditos proximais:
  * turbiditos de alta concentração (formando ciclos Tab);
  * conglomerado e arenito gradado, arenito com estratificação plana: ciclos Tab de Bouma, com feições canalizadas (geometria lenticular) e erosivas;
  * camadas arenosas e cascalhosas gradadas e lenticulares, preenchendo canais submarinos;
  * pelitos da carga de suspensão (decantação).
* Fácies de leque inferior: formam lobos e franja distal, com correntes de turbidez de baixa concentração (correntes diluídas). Sedimentam turbiditos finos distais, do tipo:
  * arenito médio/fino (maciço ou gradado ou com *ripples* assimétricos) e pelitos, em ciclos Tcde;
  * camadas planas, de pouca espessura (alguns centímetros ou decímetros);
  * turbiditos arenopelíticos, de baixa concentração, clássicos.

A evolução de um leque submarino com o tempo geológico e com eventos de transgressão e regressão (variação do nível do mar) pode resultar em perfil progradante ou retrogradante. O perfil progradante ocorre com a regressão, e é causado pelo avanço de fácies grossas do cânion sobre fácies de turbiditos finos distais, resultando em perfil vertical de engrossamento granulométrico para o topo. Com a retrogradação e subida do nível do mar (transgressão), ocorrem pelitos e turbiditos finos no topo, resultando em afinamento granulométrico em perfil colunar.

Dependendo do tipo e volume de suprimento e da presença de falhas ativas no talude (rampa), diferentes tipos de leques submarinos podem se formar (Fig. 8.7):

Ambientes sedimentares marinhos | 191

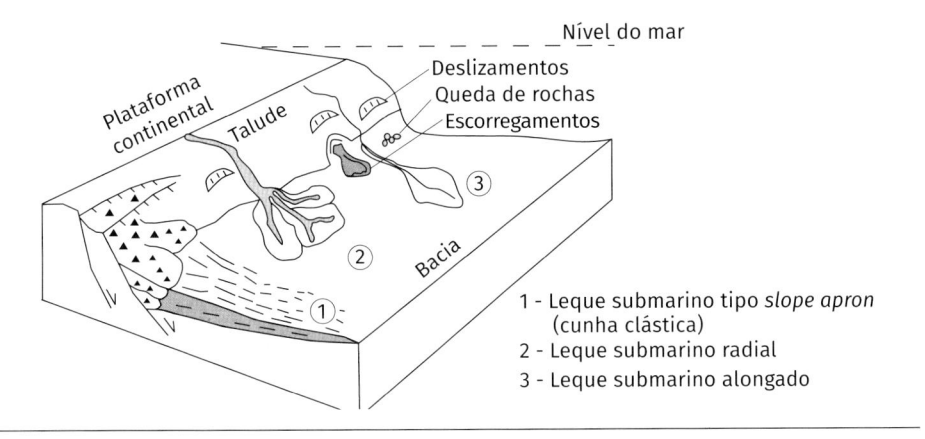

Fig. 8.7 *Tipos de leques submarinos:* slope apron *(avental ou cunha clástica subaquosa); radial, com múltiplos canais submarinos (modelo clássico); e leque submarino alongado*

* cunha clástica subaquosa (*debris apron* ou *slope apron*), com rampa formada por ruditos (diamictitos) que transicionam para turbiditos finos na bacia;
* leque submarino radial, modelo clássico, com cânion no talude e canais submarinos radiais;
* leque submarino alongado na bacia oceânica.

Além dessas variações morfológicas, ocorrem também variações granulométricas importantes, com sistemas de leques submarinos dominados por cascalhos (ruditos), por areia ou por lama (ou pelitos), a depender da energia do sistema e da variação do nível do mar (Arnott, 2010).

Lowe (1982) estudou com detalhe os diferentes fluxos gravitacionais, caracterizando mecanismos de suporte de grãos e propriedades reológicas a partir dos seguintes fluxos: fluxo de grãos (mecanismo de suporte por colisão entre grãos); fluxo de detritos (suporte pela coesão argilosa da matriz); fluxos fluidizados ou liquefeitos (com suporte por fluido intersticial), gerando arenitos maciços e com estruturas de perda de água (*dish* ou pilar); e corrente de turbidez (com suporte devido à turbulência), formando turbiditos proximais (Tab) e distais (Tcde).

Em função desses estudos e apoiado em vários trabalhos de campo na Itália, Mutti (1992) propôs uma classificação para as fácies turbidíticas, com nove tipos básicos (F1 até F9), relacionando-as a transformações de um fluxo gravitacional. As diversas fácies são entendidas como instantâneas de um processo contínuo de transporte e deposição, desde fluxos coesivos (F1), fluxos hiperconcentrados (F2), correntes de turbidez de alta densidade (F4 a F8) e correntes de turbidez distais, de baixa densidade (F9) (Fig. 8.8). Nesse processo, inicialmente um fluxo de detritos (avalanche) se transforma em fluxo hiperconcentrado (corrente de

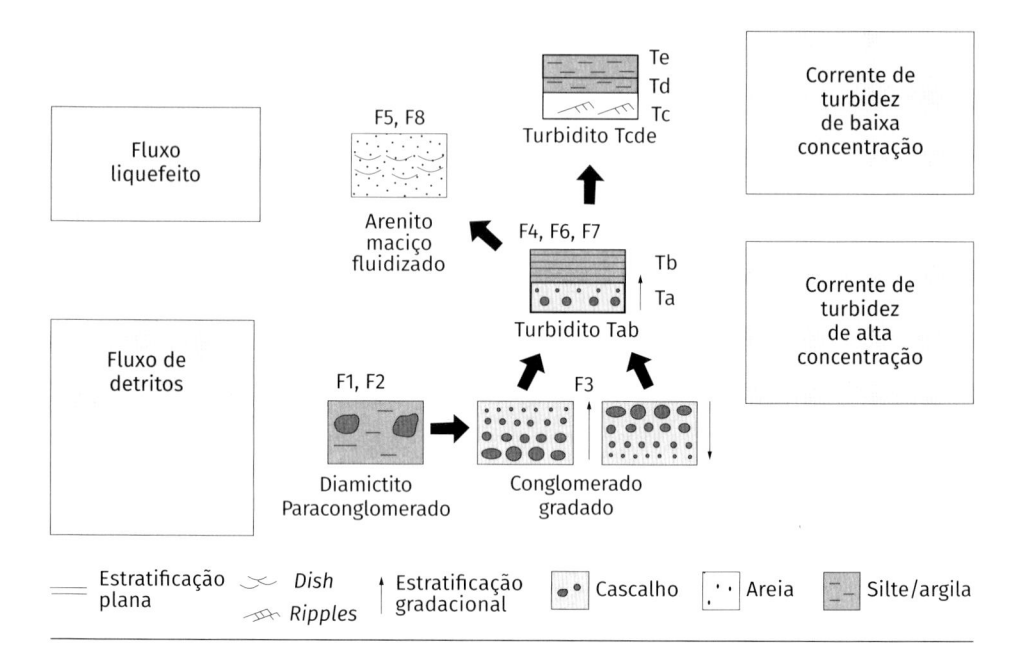

Fig. 8.8 *Transição entre diferentes tipos de fluxos gravitacionais, com destaque para a transição entre fluxos de detritos, correntes de turbidez e fluxos liquefeitos. As fácies turbidíticas de Mutti estão representadas, de F1 até F9*
Fonte: adaptado de Lowe (1982), Mutti (1992), D'Ávila e Paim (2003) e D'Ávila *et al.* (2008).

turbidez de alta concentração), depois em fluxo supercrítico, depois em fluxo subcrítico e, finalmente, em corrente de turbidez de baixa concentração (diluída).

Segundo esse modelo, a fácies F1 é um diamictito, a F2 é um paraconglomerado, e a F3 é um ortoconglomerado gradado. Após depositarem a carga mais pesada, as correntes hiperconcentradas geram fluxos supercríticos, depositando as fácies F4, F5 e F6. A fácies F4 representa arenitos grossos, seixosos, com tapetes de tração, mostrando estratificação plana; F5 são arenitos grossos, maciços e fluidizados (com feições de escape de fluidos); e F6 são arenitos grossos com estratificação plana (carpetes de tração), estratificação cruzada e *climbing ripples*, evidenciando características desacelerantes. Após um salto hidráulico, as correntes de turbidez subcríticas (mais diluídas) originam as fácies F7, F8 e F9, de granulometria mais fina. A fácies F7 é um arenito médio/fino com estratificação plana, depositado por fluxos altamente turbulentos. A F8 é um arenito fino e maciço, depositado por suspensão, com algumas feições de fluidização. Por fim, a F9 apresenta arenito fino e pelitos com estrutura de Bouma, desde Tb até Td/e, depositados por tração e suspensão por correntes de turbidez distais e diluídas. Alternativamente, também pode ocorrer na F9 arenitos imaturos, lamosos.

Correntes de turbidez de alta eficiência resultam em boa separação das diferentes granulometrias, separando as diferentes fácies horizontalmente e por grandes distâncias. Por outro lado, correntes de turbidez de baixa eficiência não separam bem as granulometrias distintas, resultando em sedimentos mal selecionados, em espaço curto e com fácies superpostas. Variações na inclinação (gradiente) do substrato, velocidades do fluxo submarino e suprimento de material insuficiente são variáveis na bacia que influenciam a eficiência das correntes de turbidez.

Por fim, vale mencionar que sistemas turbidíticos ocorrem também em outros ambientes de sedimentação, como em lagos profundos dominados por fluxos hiperpicnais (fluxos densos) ou em planícies de inundação de ambiente fluvial meandrante (em depósitos de rompimento de dique marginal). Sistemas turbidíticos também podem ocorrer em ambiente de pró-delta, dominado por inundações com fluxos de densidade, e em diferentes tipos de bacias sedimentares, como zonas *foredeep* de bacias do tipo *foreland*, em bacias extensionais de margem passiva e, ainda, em bacias compressivas associadas a zonas de subducção.

8.3 Ambiente marinho profundo pelágico

O ambiente marinho profundo abrange os leques submarinos próximos ao talude, com avalanches e correntes de turbidez, mas também engloba uma sedimentação fina que decanta lentamente no oceano profundo, chamada de sedimentação pelágica oceânica.

Essa sedimentação é constituída por partículas muito finas de silte, argila e sedimentos bioquímicos. Os materiais terrígenos são argilas castanhas e acinzentadas, que se acumulam no fundo do mar a baixas taxas de sedimentação, e siltes soprados pelo vento (sedimentos de *loess*, poeira eólica), provenientes do continente e que decantam no mar profundo. Entre os sedimentos pelágicos bioquímicos destacam-se as vasas carbonáticas, constituídas por carapaças de foraminíferos, pequenos animais unicelulares que flutuam nas águas do mar. Esses animais morrem na superfície e suas carapaças decantam, misturando-se com silte e formando as vazas carbonáticas, que ocorrem até 4 km de profundidade nos oceanos. A partir dessa profundidade o carbonato é dissolvido. Tal limite é chamado de profundidade de compensação carbonática (PCC), ou seja, abaixo dele ocorre a dissolução das carapaças carbonáticas, por se tratar de águas mais frias, com mais CO_2 dissolvido, e em pressões mais altas, sendo esses os principais fatores que afetam a solubilidade do carbonato.

Ocorrem ainda sedimentos bioquímicos silicosos, produzidos por acumulação (decantação) de carapaças silicosas de radiolários (organismos unicelulares que segregam carapaças silicosas) e diatomáceas (algas verdes). Durante o soterramento no fundo oceânico, as vasas silicosas são cimentadas e transformadas em silexitos ou chertes.

8.4 Ambientes de sedimentação de carbonatos

Em geral, carbonatos ocorrem nos subambientes transicional e marinho, formando planícies de marés, lagunas e estruturas recifais (recifes) (Fig. 8.9). A maior parte das sucessões carbonáticas no registro geológico são de carbonatos marinhos de água rasa e quente, em ambientes litorâneos e de plataforma continental, mas existem também carbonatos em ambiente lacustre e em ambiente marinho de águas profundas, constituindo leques submarinos a partir de fluxos gravitacionais carbonáticos, que formam turbiditos carbonáticos.

Existem vários exemplos de carbonatos modernos de águas rasas nas Bahamas, em Flórida (EUA), na costa oeste da Austrália (grande banco de corais) e em diversas ilhas no Oceano Pacífico. Esses locais contam com água rasa, tropical, recifes de corais, grande quantidade de areias calcárias e esqueletos calcários (bioclastos) e, ainda, formação de ooides pela ação de ondas, um ambiente que favorece a precipitação do $CaCO_3$ em pH alcalino.

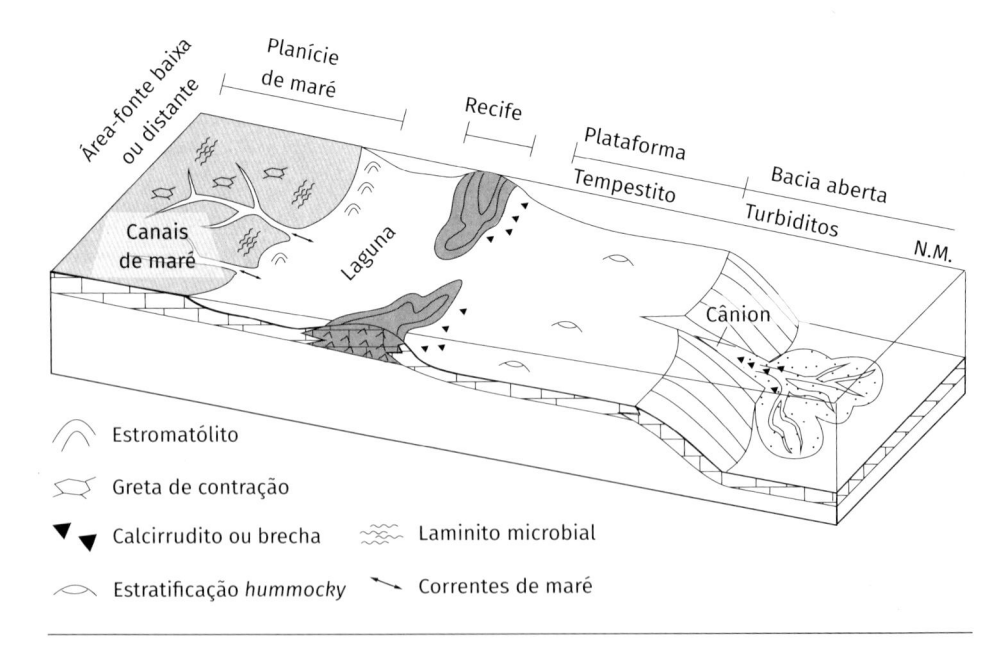

FIG. 8.9 *Ambientes de sedimentação de carbonatos: planície de maré, laguna, recife, plataforma e bacia aberta*

A descrição detalhada das fácies carbonáticas permite separar carbonatos químicos e bioquímicos em relação a carbonatos de retrabalhamento (ou ressedimentação), formados por erosão e sedimentação de carbonatos químicos originais. O estudo de fácies também possibilita o reconhecimento de carbonatos depositados em águas rasas (planície de maré e laguna) e carbonatos de águas mais profundas (plataforma marinha aberta, distal ou profunda).

Para melhor compreender as diversas fácies e os ambientes de sedimentação carbonáticos, faz-se aqui uma breve revisão sobre a classificação e nomenclatura das rochas carbonáticas. Em relação à granulometria, os carbonatos detríticos são divididos em:

* calcirrudito (> 2 mm);
* calcarenito (2-0,064 mm);
* calcilutito (< 0,064 mm).

Em relação aos componentes da rocha carbonática (Folk, 1959), dividem-se em:
* aloquímicos: intraclastos, ooides (pisoides), bioclastos, peloides;
* ortoquímicos: calcita espática (cimento pós-deposicional), micrito (matriz fina, sindeposicional).

A nomenclatura dos carbonatos, conforme Folk (1959), envolve a combinação de nomes de componentes aloquímicos com ortoquímicos, por exemplo: intraesparito, biomicrito, ooesparito etc. Ressalta-se que o biolitito se configura como construção recifal.

Há também a classificação pela textura deposicional da rocha carbonática (Dunham, 1962), que reflete a energia do ambiente deposicional. Quando o carbonato não apresenta lama e é suportado pelo grão, chama-se *grainstone*. Quando apresenta lama na forma de micrito, pode ser: *mudstone* (< 10% de grãos e muita lama micrítica), *wackestone* (> 10% de grãos, com predomínio de lama micrítica), ou *packstone* (> clastos – suportado pelo clasto carbonático, mas com lama significativa). Os *boundstones* apresentam estrutura recifal, com sedimento trapeado. Por fim, quando a textura deposicional não é reconhecida, trata-se de carbonatos cristalinos.

8.4.1 Plataformas carbonáticas e ambientes de sedimentação de carbonatos

A plataforma carbonática é um termo geral aplicado para espessas sucessões de carbonatos marinhos rasos, em geral com extensão de cerca de 10 km até

Plataforma barrada (orlada)

[Diagrama: Planície de maré — Laguna — Recifes — Shoal — N.M.]

Plataforma em rampa

[Diagrama: N.M.]

Plataforma isolada (alto-fundo)

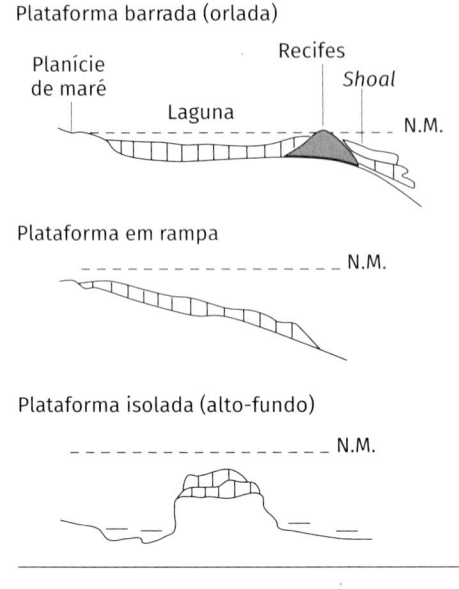

[Diagrama: N.M.]

FIG. 8.10 *Principais modelos de plataformas carbonáticas: orlada, rampa e isolada*
Fonte: adaptado de Tucker e Dias-Brito (2017).

150 km. São reconhecidos três tipos de plataformas carbonáticas relevantes (Fig. 8.10): plataforma orlada (com borda por recifes), plataforma em rampa de inclinação constante, e plataformas isoladas (alto-fundo).

A plataforma orlada ou com borda é coberta por lâmina de água rasa, mas apresenta quebra na margem externa, com aumento da declividade e água mais profunda. Recifes e corpos arenosos carbonáticos (*shoals*) formam a borda ou quebra da plataforma. A lâmina de água rasa recobre ampla laguna em direção ao continente, onde se desenvolve um ambiente de planície de maré ou ilha-barreira.

A plataforma carbonática em rampa tem uma superfície suavemente inclinada (< 1%), sem ruptura topográfica, constituindo uma bacia aberta. Possui rampa interna, próxima ao continente, de alta energia, que transiciona para uma rampa externa, com águas mais profundas e calmas, mas sujeita a ondas de tempestades. Na região costeira pode ocorrer ambiente ilha-barreira carbonático. Grandes recifes geralmente não são encontrados nesse tipo de plataforma, mas pequenas ocorrências ou manchas recifais podem aparecer.

Os alto-fundos ou plataformas isoladas são menores e circundados por águas profundas, no meio do oceano, normalmente longe dos continentes, portanto não recebem aporte de sedimentos continentais.

Em geral, em ambientes litorâneos, forma-se uma franja de recifes, com desenvolvimento de carbonatos biogênicos e estruturas de crescimento. Em direção ao continente forma-se uma laguna de águas rasas, influenciada por marés e ondas, com sedimentos carbonáticos de águas rasas e bastante fossilíferos. Lateralmente às lagunas desenvolve-se ampla planície de maré, com sedimento fino, lamoso (calcilutito), recortado por canais de maré (Figs. 8.9 e 8.11). Em regiões de clima úmido ocorrem canais bem desenvolvidos, enquanto em regiões de clima árido a planície de maré apresenta canais rasos e pouco desenvolvidos, com predomínio de evaporação. Em direção ao mar aberto, predominam carbonatos retrabalhados por ondas de tempestades ou correntes de turbidez (calcirruditos e calcarenitos). As ondas de tempestade erodem os recifes e distribuem grande quantidade de grãos carbonáticos no fundo marinho, que, litificados, vão originar esses carbonatos clásticos.

Carbonatos de canais de planície de maré, especialmente da zona intermaré, são calcarenitos formados por correntes bidirecionais do tipo espinha de peixe (*herringbone*). Lateralmente, entre os canais de maré, ocorrem calcilutitos laminados com gretas de contração (*wackestones* e *mudstones*) devido ao ressecamento na planície, e laminitos microbiais (calcários biogênicos do tipo laminito microbial). Estruturas de ressecamento, como *tepees*, e estruturas do tipo olhos de pássaros (*bird eyes*), devidas à liberação de gases, também podem ocorrer. Bioturbação é comum. Em regiões de clima árido, gipsita-anidrita e possivelmente halita se desenvolvem no sedimento e podem ser preservadas como pseudomorfos. Nas partes mais profundas dos canais de maré (inframaré), podem ocorrer calcários oolíticos (*grainstones*) em águas mais movimentadas, formando *shoals*, com estratificações cruzadas bidirecionais (Fig. 8.11).

A laguna, região de água rasa, afetada por ação de ondas e marés, é uma área protegida por barreira recifal ou ilha-barreira carbonática. A salinidade da água da laguna é muito variável, desde água normal até hipersalina. Nela predominam lamas carbonáticas peloidais (*wackestones* e *mudstones*) intensamente bioturbadas, associadas ou intercaladas com sedimentos retrabalhados por tempestades. Calcários estromatolíticos também podem aparecer.

Areias carbonáticas do tipo *shoal* ocorrem em locais de atividades de ondas e marés, seja na barreira recifal, seja em praias, na região costeira. São areias carbonáticas com ooides e bioclastos (*grainstones*), com estratificações cruzadas frequentes, inclusive do tipo espinha de peixe, devido à ação de marés.

Construções recifais (*buildups*) são corpos carbonáticos relevantes, bioconstruídos, que ocorrem como manchas, pináculo, atol ou barreira. Bioherma ou biostroma também são termos utilizados para recifes. Muitos grupos de invertebrados contribuíram para o crescimento recifal nas eras Paleozoica e Mesozoica, com destaque para os estromatoporoides (Ordoviciano-Devoniano), os corais rugosos no Siluriano-Carbonífero, as algas filoides no Carbonífero-Permiano, as esponjas no Triássico-Jurássico, e os bivalves no Cretáceo (Tucker; Dias-Brito, 2017). No Pré-Cambriano, as cianobactérias e os micróbios foram os construtores de biohermas e recifes. Atualmente, esse papel pertence aos corais e algas.

Pode-se individualizar três domínios distintos nos recifes carbonáticos: (i) pré-recife ou frente recifal; (ii) crista recifal; e (iii) pós-recife, que se associa com

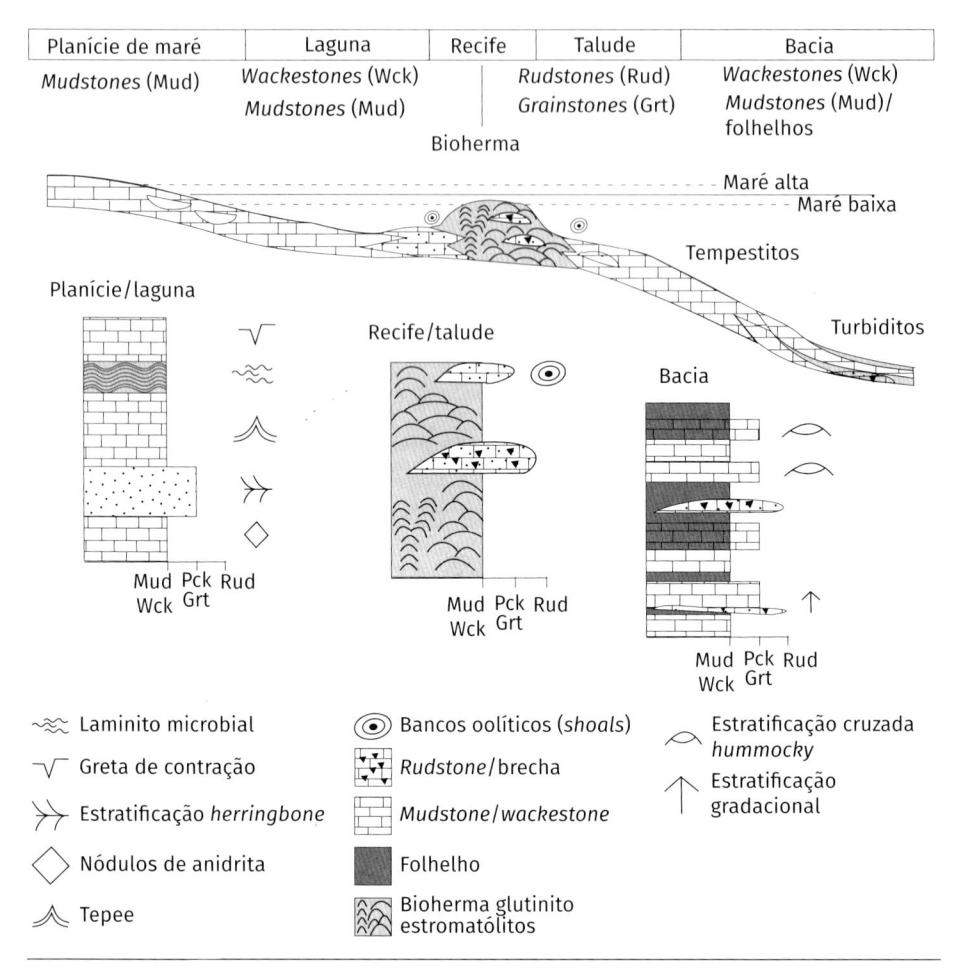

Planície de maré	Laguna	Recife	Talude	Bacia
Mudstones (Mud)	*Wackestones* (Wck) *Mudstones* (Mud)	Bioherma	*Rudstones* (Rud) *Grainstones* (Grt)	*Wackestones* (Wck) *Mudstones* (Mud)/ folhelhos

FIG. 8.11 *Fácies e ambientes de sedimentação de carbonatos*
Fonte: adaptado de Nichols (2009) e Tucker e Dias-Brito (2017).

a laguna. Na frente recifal ocorrem *rudstones* (calcirruditos, brechas carbonáticas) e *grainstones*, devido à ação importante de ondas no talude íngreme. A crista é o local de maior crescimento orgânico, e o pós-recife pode mostrar fragmentos do recife que transicionam para sedimentos finos, lamosos, da laguna.

Na bacia aberta ou plataforma predominam carbonatos de retrabalhamento (ressedimentação), com formação de carbonatos detríticos pela ação de ondas normais e de tempestades, correntes de maré (sobretudo inframaré) e correntes de densidade ou de turbidez (Fig. 8.11). Calcarenitos (*grainstones*, *wackestones*) com estratificação cruzada por ondas (*hummocky*) constituem fácies de ressedimentação por ondas de tempestades. Fluxos gravitacionais de massa (deslizamentos e escorregamentos) com queda de blocos pelo talude e também fluxos gravitacionais de sedimentos carbonáticos alimentam a bacia profunda. Megabrechas com matacões angulosos de carbonatos de águas rasas são encontrados em margens de plataformas carbonáticas. Também ocorrem debritos (diamictitos ou conglomerados) carbonáticos, caóticos ou desorganizados, ou com gradação normal ou inversa. Calcarenitos (*wackestones*, *packstones*) mostrando estratificação gradacional (turbidito) podem ocorrer, intercalados com calcilutitos (*mudstones*) e folhelhos hemipelágicos. Predomina a alimentação múltipla a partir da margem da plataforma carbonática, do tipo *debris apron* ou cunha clástica de talude, mais do que o modelo clássico de leque submarino, com um cânion alimentador e canais submarinos radiais.

Exercícios de fixação

1. Desenhe uma margem continental, com plataforma e bacia oceânica, e indique os processos sedimentares que atuam em cada contexto.
2. Desenhe uma barra de plataforma. Explique como ela se forma e defina as fácies de tempestitos, que a caracterizam.
3. Como se formam os leques submarinos? Quais as fácies sedimentares nos cânions, parte média e inferior dos leques submarinos?
4. Explique a formação e atuação de fluxos gravitacionais que formam os leques submarinos. Como ocorre a transformação de uma avalanche submarina em corrente de turbidez?
5. Observe atentamente a Fig. 8.8, sobre a transição entre diversos fluxos gravitacionais. Leia a bibliografia fornecida e resuma esses processos importantes da sedimentação turbidítica.
6. Quais os principais sedimentos pelágicos que ocorrem nas bacias oceânicas profundas?
7. Quais os ambientes de sedimentação de carbonatos?
8. Como distinguir um calcário depositado em água rasa em relação a um calcário depositado em água mais profunda?
9. Quais as fácies sedimentares de carbonatos de planície de maré?
10. Quais fácies sedimentares de carbonatos de ressedimentação predominam nas bacias abertas e profundas?
11. Quais as fácies sedimentares próximas de um recife carbonático?

Respostas

1. Observe a plataforma continental na Fig. 8.1, onde ocorre importante sedimentação marinha sob ação de ondas normais e, principalmente, ondas

de tempestades. Observe também o talude e a bacia oceânica, onde acontece sedimentação gravitacional do ambiente de leque submarino. Assim, na região litorânea o processo principal é a ação de ondas normais e de tempestades. Na plataforma continental ocorrem ondas de tempestades, mais altas, que conseguem atingir maiores profundidades. Correntes de inframaré também são importantes nas plataformas continentais.

2. Barras de plataforma são lentes arenosas depositadas por ondas de tempestades no mar. Formam-se fluxos intensos que depositam as lentes arenosas com fácies de tempestitos, que são: arenitos gradados e/ou com estratificação plana, arenitos com estratificação *hummocky*, e ainda pelitos decantados na fase de calmaria, que sucede as tempestades.

3. O talude é sujeito a processos erosivos submarinos, com geração de cânions e fluxos gravitacionais intensos (avalanches submarinas). Formam-se fluxos de detritos no cânion (conglomerados, diamictitos) e depósitos por correntes de turbidez (turbiditos proximais e distais) na bacia oceânica. Conglomerados ou arenitos com estratificação gradacional preenchem canais submarinos no fundo do mar.

4. As avalanches (*debris flow* e *mud flow*) submarinas vão gradualmente se diluindo, transformando-se em fluxos turbulentos, e formam a corrente de turbidez, que se deposita com desaceleração, formando turbiditos proximais (arenoconglomeráticos, que preenchem canais submarinos) e distais (arenossiltoargilosos da franja distal).

5. Inicialmente, um fluxo de detritos (avalanche) se transforma em fluxo hiperconcentrado (corrente de turbidez de alta concentração), depois em fluxo supercrítico, depois em fluxo subcrítico e, finalmente, em corrente de turbidez de baixa concentração (diluída). Turbiditos grossos proximais (Tab), turbiditos finos distais (Tcde) e arenitos maciços, fluidizados, formam-se a partir das transformações de fluxos submarinos.

6. A sedimentação pelágica ocorre na bacia oceânica profunda, sendo siliciclástica muito fina, na forma de decantação de silte e argila. A sedimentação biogênica ocorre na forma de vasas carbonáticas e silicosas.

7. Os ambientes de sedimentação de carbonatos marinhos são planície de maré, laguna, recife e plataforma aberta.

8. Carbonatos de águas rasas são depósitos de planície de maré, do tipo *mudstones* ou calcilutitos, com gretas de contração, laminitos microbiais, às vezes com nódulos de anidrita, e estruturas tipo *tepees*, devido à evaporação e ressecamento. Carbonatos de águas profundas incluem fácies de

tempestitos, calcarenitos com *hummocky*, e ainda turbiditos carbonáticos (calcarenitos com estratificação gradacional).
9. A planície de maré compreende canais e regiões planas entre os canais. Nos canais, a maré enchente e vazante pode formar calcarenitos com estratificação cruzada espinha de peixe (*herringbone*). Entre os canais formam-se *mudstones* ou calcilutitos com gretas de contração, nódulos de minerais evaporíticos e laminitos microbiais.
10. Fácies de tempestitos e de turbiditos, calcários detríticos ressedimentados por ondas de tempestades ou por fluxos gravitacionais do tipo corrente de turbidez.
11. Depósitos de *grainstones* com estratificações cruzadas (tipo *shoal*), depósitos de calcirruditos na frente do recife, devido à ação erosiva das ondas sobre o recife, e depósitos finos, bem estratificados na laguna, protegidos da ação da onda, incluindo *mudstones* e *wackestones*.

Leitura complementar

DOMINGUEZ, J. M. L.; NUNES, A. S.; REBOUÇAS, R. C.; SILVA, R. P.; FREIRE, A. F. M.; POGGIO, C. A. Plataforma Continental. *In*: BARBOSA, J. S. F. (coord.). *Geologia da Bahia*. Pesquisa e Atualização. Salvador: CBPM-UFBA, 2012. Cap. XVIII, p. 427-496.

POMEROL, C.; LAGABRIELLE, Y.; RENARD, M.; GUILLOT, S. *Princípios de Geologia*: técnicas, modelos e teorias. 14. ed. Porto Alegre: Bookman, 2013. Caps. 30, 31, 32 e 33, p. 729-805.

nove

Bacias sedimentares: origem e evolução

9.1 Noções de tectônica de placas

A teoria unificadora da tectônica de placas, proposta entre 1963 e 1968, integrou diversas teorias sobre deriva continental e espalhamento de fundo oceânico, sismicidade e geomagnetismo, propostas ao longo das primeiras décadas do século XX, até 1962.

Segundo a tectônica de placas, a Terra é dividida em diversas placas litosféricas rígidas, constituídas por crosta e manto superior. A espessura da litosfera é variável, de 40 km a 70 km abaixo dos oceanos e de 100 km até 150 km nos continentes. As placas rígidas de litosfera estão sobre a astenosfera, camada de baixa viscosidade da estrutura da Terra (material dúctil), e se movem lentamente, carreadas por correntes de convecção existentes na astenosfera. Na superfície, essas placas litosféricas possuem dimensões variáveis, de 10^4 a 10^8 km^2, e são separadas por limites ou junções. As seis maiores placas tectônicas são as Placas Americana, Africana, Antártica, Índica, Euro-asiática e Pacífica.

A litosfera e a astenosfera mostram reologia muito diferente. A litosfera, envoltória externa da estrutura da Terra, possui baixa temperatura, alta viscosidade, e não participa da convecção. Já a astenosfera possui baixa viscosidade e comporta-se como fluido quando submetida a longos esforços, constituindo a camada intermediária da estrutura da Terra que vai gerar magma por fusão parcial.

As correntes de convecção mantélica (ou da astenosfera) representam o mecanismo motor da movimentação das placas tectônicas. O processo é similar ao que acontece ao ferver água em uma panela: o material mantélico quente e menos denso sobe para porções mais rasas, enquanto materiais mais frios e densos afundam, criando, assim, correntes de convecção. Essas correntes permitem que o material dúctil flua através de limbo ascendente e limbo descendente. No limbo ascendente ocorre fusão parcial, aumento da temperatura e diminuição da densidade, fazendo com que o material dúctil suba, pressionando a litosfera, favorecendo movimentos extensionais na superfície. No limbo descendente, o material dúctil ocorre com menor temperatura e maior densidade, gerando movimento inverso. O material mantélico sob pressão no limbo ascendente *empurra* a placa tectônica, e o afundamento do material menos quente e denso, na outra extremidade, a *puxa* (Fig. 9.1).

Nos limites das placas tectônicas, que ocorrem sob ação de esforços extensionais e compressionais, existem três tipos de margens ou junções: divergente, convergente e direcional:

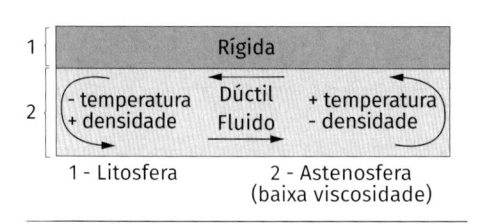

FIG. 9.1 *Estrutura da Terra e formação de correntes de convecção na astenosfera*

* Margem divergente ou construtiva: apresenta forças extensionais horizontais de afastamento das placas, gerando bacias sedimentares do tipo rifte, aulacógeno e de margem passiva, assim como dorsal ou cadeia meso-oceânica e crosta oceânica.
* Margem convergente ou destrutiva (gerando consumo da litosfera): ocorrem forças horizontais compressivas que geram subducção, em que uma das placas (a mais densa) mergulha em relação à outra placa, sendo parcialmente consumida. Existem dois tipos básicos de zonas de subducção: Andino ou Cordilheirano e Arco de Ilhas (Mar do Japão). Diversas bacias sedimentares ocorrem, associadas a arcos magmáticos. Progressivamente, a subducção pode evoluir, com o tempo, para uma colisão entre duas placas continentais, resultando em grande deformação e geração de cadeia de montanhas ou orógenos. Bacias sedimentares do tipo *foreland* ocorrem em resposta à formação da cadeia de montanhas.
* Margem conservativa ou direcional: apresenta movimento lateral entre placas tectônicas (nem geração, nem consumo de litosfera). Ocorrem falhas transformantes.

A teoria da tectônica de placas estabeleceu algumas premissas: (i) existe o espalhamento do fundo oceânico nas dorsais meso-oceânicas, com geração de magma basáltico e formação de crosta oceânica; e (ii) a Terra possui superfície constante, ou seja, as taxas de geração (margens divergentes) são as mesmas de consumo litosférico (margens convergentes) que ocorre na subducção.

9.2 Classificação de bacias sedimentares

Ao redor do mundo e também no Brasil são encontrados diversos tipos de bacias sedimentares, atualmente classificadas conforme a dinâmica da tectônica de placas (Quadro 9.1). Existem bacias tipo rifte e de margens passivas que se formam por esforços extensionais em margens divergentes. Há também bacias sedimentares ligadas a arcos magmáticos (antearco, atrás do arco, e retroarco) em margens convergentes dominadas por zonas de subducção. Em zonas orogênicas ou em cadeias de montanhas formadas por colisão continental, ocorrem ainda as bacias *foreland* (ou de antepaís). Além dessas, existem as bacias intraplacas ou intracratônicas, que ocorrem distantes das margens das placas.

Quadro 9.1 Classificação das bacias sedimentares

Bacias extensionais	Rifte, rifte-*sag*, aulacógeno e margem passiva
Bacias compressionais: subducção (formação de arcos magmáticos)	Arcos magmáticos: antearco (*forearc basin*) e atrás do arco (*back-arc basin*)
Bacias compressionais: colisão entre continentes	Bacias *foreland*: retroarco e *foreland* periférica
Bacias intraplacas	Interior das placas (continente)

Fonte: Miall (2000) e Nichols (2009).

No Brasil ocorrem bacias sedimentares intraplaca (paleozoicas e mesozoicas) e bacias rifte e de margem passiva (mesocenozoicas) (Mohriak, 2003; Milani *et al.*, 2007). Bacias sedimentares proterozoicas ocorrem desde extensionais (rifte, rifte-*sag*, aulacógenos, de margem passiva) até compressionais, ligadas a arcos magmáticos (na frente e atrás do arco magmático) e do tipo *foreland* (bacia retroarco e *foreland* periférica), geralmente deformadas (com dobras e falhas) e metamorfizadas (Uhlein *et al.*, 2024).

Com frequência, o tipo genético ou estilo tectônico das bacias sedimentares podem se modificar com o tempo geológico. Um exemplo é a bacia do São Francisco, em Minas Gerais e na Bahia, que iniciou como bacia rifte-*sag*, no Mesoproterozoico, evoluiu para bacia *foreland* (Grupo Bambuí) no final do Neoproterozoico, e foi reativada no Cretáceo como bacia rifte (Uhlein *et al.*, 2022). Outro exemplo é a bacia do Acre, que inicialmente foi uma sinéclise paleozoica, intracratônica, dentro do supercontinente Gondwana; durante o Mesocenozoico, com a instalação da cordilheira dos Andes, transformou-se em bacia *foreland*. A bacia do São Francisco e a bacia do Acre são exemplos de bacias policíclicas.

Bacias sedimentares em margens divergentes
Bacias tipo rifte

Em regiões com ascensão de magma devida a anomalias mantélicas, ocorrem esforços extensionais intraplacas ao longo de zonas de fraqueza crustal. São geradas diversas falhas tectônicas que conduzem ao afinamento da crosta e até da litosfera (Fig. 9.2). Podem ocorrer falhas normais (com descida do muro ou capa), com plano de falha íngreme e até lístrico (com baixo mergulho), formando estruturas como *grabens* (bacias estreitas, limitadas por falhas), *horst* (bloco elevado) e riftes (sistemas de *grabens* interligados, simétricos ou assimétricos). Estudos modernos de geofísica mostraram que os riftes são geralmente do tipo *hemigraben* ou leque imbricado distensivo, com falhas normais que se ligam a zonas de cisalhamento extensional (*detachment*). Ocorre intensa subsidência mecânica, devido à ação das falhas normais, e elevada espessura dos sedimentos continentais (3 km a 10 km), que podem preencher *grabens* e, sobretudo, riftes. Sedimentos continentais como leques aluviais (adjacentes às rampas de falhas), além de ambientes fluviais, lacustres e eólicos, predominam nessas bacias sedimentares. Pode ocorrer transgressão (subida do nível do mar), com sedimentos de ambiente marinho raso no topo da estratigrafia da bacia sedimentar, que então recebe o nome de bacia rifte-*sag*. Vulcanismo pode ocorrer, com diques e *sills*, e também lavas com vulcões, principalmente de composição basáltica/riolítica.

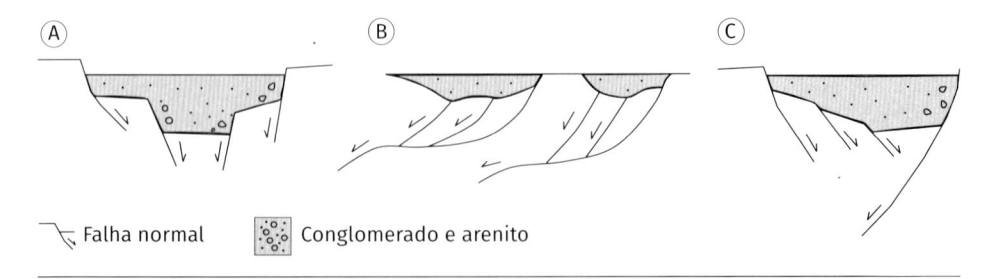

FIG. 9.2 *Estrutura de bacias extensionais tipo rifte e aulacógeno: (A) rifte simétrico; (B) leque imbricado com falhas normais lístricas e* detachment *extensional; (C)* hemigraben *com borda falhada de maior rejeito (formação de conglomerados) e borda flexural*

Um exemplo moderno de fragmentação de crosta continental por esforços tectônicos divergentes é o sistema de riftes do leste africano, que se estende da região do Mar Vermelho, Etiópia, Tanzânia, até o sul do Quênia, com cerca de 5.000 km, e está dividindo a Placa Africana em duas (Miall, 2000).

Aulacógeno é semelhante a um rifte, apenas gerado em braço abortado de uma junção tríplice (Fig. 9.2). Quando ocorre uma separação continental, as forças extensionais desenvolvem uma junção tríplice, com formação de riftes. Dois braços vão evoluir para margem passiva, enquanto o terceiro braço vai constituir um aulacógeno, abortando a separação crustal.

Bacia de margem continental tipo Atlântico ou de margem passiva

Representa a evolução de uma bacia sedimentar do tipo rifte, com ruptura total da crosta continental para gerar duas placas tectônicas separadas por uma dorsal meso-oceânica, com geração de crosta oceânica (Fig. 9.3). A bacia de margem passiva gerada pela separação continental possui subsidência dominada por mecanismos termais, com resfriamento da borda da placa e densificação e afundamento. A sedimentação é deltaica e marinha, desde rasa, com plataforma carbonática, até profunda, com leque submarino e turbiditos. Podem ocorrer falhas de crescimento em deltas, deslizamentos junto ao talude, tectônica de domos de sal (Golfo do México, bacia de Santos) e plataforma carbonática (tipo Bahamas).

Como exemplo, podem ser citados os continentes sul-americano e africano, os quais iniciaram a sua separação através da formação de bacias tipo rifte (~130 milhões de anos atrás), que se transformaram com sucesso em bacias de margem passiva. As bacias sedimentares de Santos, Campos, Espírito Santo, Sergipe-Alagoas, Potiguar e outras, situadas na plataforma continental, mostram uma fase

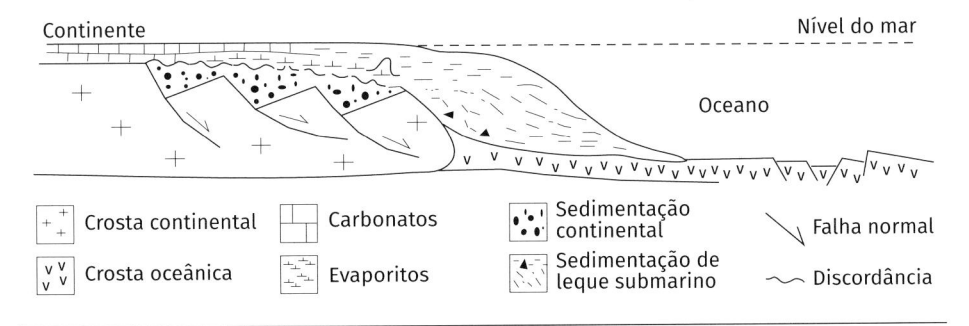

Fig. 9.3 *Bacia de margem passiva com sedimentação continental na base (fase rifte) e sedimentação marinha de água rasa e profunda, em parte sobre crosta oceânica*

rifte, relacionada à separação do supercontinente Gondwana, e outra fase de margem passiva, com espessa sedimentação cenozoica (Della Fávera, 2001).

Bacias sedimentares em limites convergentes

Em limites de placas convergentes, inicialmente ocorre subducção, com uma placa mais densa mergulhando por baixo de outra placa menos densa. Nos limites entre placa oceânica e placa continental, a placa oceânica, mais densa, irá subductar em relação à placa continental. Com a evolução do consumo de crosta oceânica, pode acontecer uma colisão entre duas placas continentais, fato que provocará intenso espessamento crustal e soerguimento de cadeias de montanhas (por exemplo, o Monte Everest e a cadeia do Himalaia no Nepal).

Nas zonas de subducção entre placas oceânica e continental, ocorrem arcos magmáticos, com geração de magma cálcio-alcalino. Existem dois tipos básicos de subducção: o modelo Andino e o modelo Arco de Ilhas (Fig. 9.4). O modelo Andino forma arco magmático na placa continental e bacias sedimentares na frente do arco (região da fossa, próximo à zona de subducção) e bacia sedimentar de retroarco, do outro lado, sobre a crosta continental. O modelo Arco de Ilhas gera arco magmático na forma de ilhas alinhadas no meio do oceano e apresenta bacias sedimentares características na frente (*forearc*) e atrás do arco (*back-arc*) (Miall, 2000).

A seguir são detalhados os principais elementos tectônicos das zonas de subducção e cinturões colisionais, com ênfase nas bacias sedimentares (Miall, 2000):

* *Fossa*: estreita e profunda calha submarina, de 8 km a 11 km de profundidade, preenchida por sedimentos derivados do arco (turbiditos) e

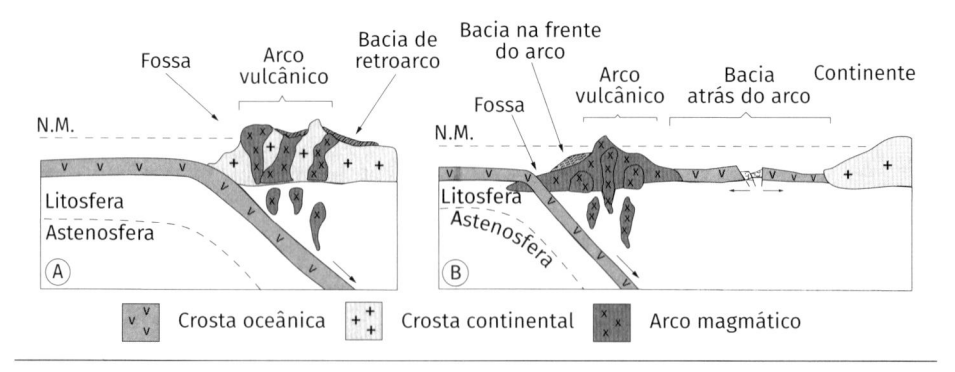

FIG. 9.4 *Bacias sedimentares em limites convergentes (A) modelo Andino ou Cordilheirano, com bacia intra-arco e retroarco; (B) modelo Arco de Ilhas ou Mar do Japão, com bacias antearco* (forearc) *e atrás do arco insular* (back-arc)

sedimentos pelágicos da crosta oceânica. À medida que a subducção acontece, sedimentos marinhos depositados sobre a crosta oceânica são "raspados" e deformados, formando complexos de subducção, com *mélanges*, ofiólitos e cinturões metamórficos pares.

* *Bacia na frente do arco* (forearc basin): apresenta, na base, sedimentos de ambiente marinho profundo (leque submarino) e, no topo, sedimentos de ambiente marinho raso ou não marinhos (delta). Possui elevada espessura sedimentar (6 km a 15 km) e alto gradiente geotermal, devido à proximidade com o arco magmático. Predominam arenitos imaturos do tipo arenito lítico e grauvacas (*wackes*), com vulcanismo frequente (lavas e rochas vulcanoclásticas).
* *Arco magmático*: local de vulcanismo andesítico a riolítico, de composição calcioalcalina, devido à fusão parcial da placa em subducção.
* *Bacia atrás do arco* (back-arc basin) *ou bacia marginal*: ocorre sobre crosta continental ou oceânica, sendo extensional ou compressional, a depender de fatores como a inclinação do ângulo de subducção. Conta com sedimentos de ambiente marinho profundo na base (leque submarino com detritos vulcânicos) e argilas pelágicas e sedimentos marinhos no topo. Pode apresentar falhas normais com sedimentação diferencial lateral, com duas proveniências distintas: do arco magmático e da crosta continental.
* *Bacia de retroarco* (foreland): associada a orógenos do tipo andino, situa-se entre a faixa móvel (cadeia de montanhas) e o cráton (placa de crosta continental). Bacias *foreland* (ou antepaís) também ocorrem em colisões continentais, com formação de cadeias de montanhas, erosão intensa e sedimentação adjacente. São bacias sedimentares sin- a pós-orogênicas, com subsidência flexural controlada pelo peso do espessamento crustal do orógeno e por sua própria pilha sedimentar. São preenchidas por sedimentos derivados das montanhas soerguidas e possui espessura máxima na ordem de 3 km a 6 km. Mostram sedimentos de ambiente marinho profundo, na base, e marinho raso a deltaico e até continental, no topo, com tectonismo sindeposicional e discordâncias internas.

Bacias intraplacas (intracratônicas)

São bacias sedimentares que não ocorrem em limites de placas tectônicas, pelo contrário, ocorrem no interior das placas. Apresentam formas ovais ou circulares, em planta, com espessura de 3 km a 5 km e, geralmente, sem fase de rifteamento basal. A subsidência está relacionada a um desequilíbrio térmico do manto, com densificação da litosfera e progressivo afundamento crustal. O padrão sedimentar está relacionado a variações do nível do mar (transgressões e regressões): predominam sistemas siliciclásticos e carbonáticos, com estruturas dominadas por ondas e marés. Altos estruturais (locais com soerguimento do embasamento) formam sub-bacias (Milani et al., 2007).

Nas bacias intracratônicas do Brasil, a subsidência e a sedimentação iniciaram no Ordoviciano, em especial nas bacias do Solimões, Amazonas, Parnaíba e Paraná, prosseguindo no Devoniano (Pereira et al., 2012). Sedimentação glacial foi extensiva no Permocarbonífero. Ocorreu importante sedimentação desértica no Mesozoico, culminando com o magmatismo basáltico jurássico-cretáceo, precursor da ruptura do supercontinente Gondwana.

Exercícios de fixação

1. Explique a composição e reologia da litosfera e da astenosfera.
2. O que são correntes de convecção e onde ocorrem? Qual a sua importância?
3. Resuma as margens extensionais, compressionais e conservativas das placas tectônicas.
4. Apresente e compare as bacias sedimentares extensionais.
5. Pesquise e faça uma síntese sobre os riftes do leste da África.
6. Pesquise sobre a bacia de Santos e explique a fase rifte e de margem passiva dessa importante bacia sedimentar petrolífera do Brasil.
7. Apresente a nomenclatura e compare as bacias sedimentares desenvolvidas em margens convergentes.
8. Consultando a bibliografia, faça um resumo sobre as bacias sedimentares intraplacas, em especial as sinéclises paleozoicas do Brasil.
9. Leia e pesquise sobre a bacia do São Francisco e tente entender as modificações evolutivas da bacia, desde rifte e *foreland* no Proterozoico até rifte novamente no Cretáceo.
10. Explique o conceito de bacia sedimentar policíclica e explique por que a bacia do Acre é classificada como tal.

Respostas

1. Litosfera é a camada superior da estrutura da Terra, rígida e constituída por crosta e manto superior, que flutua sobre a astenosfera, que é a camada dúctil, por onde fluem correntes de convecção.
2. Correntes de convecção ascendem com maior temperatura e menor densidade, favorecendo a ruptura crustal e a formação de riftes na superfície.

Elas afundam quando esfriam e ficam mais densas, favorecendo a subducção. Os limbos descendente e ascendente das correntes de subducção permitem o movimento das placas tectônicas (porções da litosfera).

3. Margens extensionais geram riftes, com estiramento crustal e formação de falhas normais, com diversas geometrias. Já margens compressionais geram zonas de subducção, que podem evoluir para colisões continentais, com falhas de empurrão. Por fim, margens conservativas mostram falhas transformantes.
4. Rifte são bacias extensionais geradas com afinamento crustal; aulacógenos são braços abortados de junções tríplices; e margem passiva ocorre quando o continente foi fraturado e deslocado, com formação de crosta oceânica entre os dois continentes separados.
5. Riftes do leste da África são feições extensionais cenozoicas (Paleógeno), com falhas normais, vulcões e sedimentação continental, incluindo grandes lagos, desenvolvidos desde o Quênia, ao sul, até o Mar Vermelho, ao norte. Compreendem uma tentativa de ruptura da Placa Africana e são fonte de abalos sísmicos (terremotos).
6. A bacia de Santos se formou a partir da separação do supercontinente Gondwana, com formação da América do Sul e da África. Ela possui uma fase inicial de rifte, outra fase pós-rifte e, ainda, uma fase de margem passiva, com a formação do Oceano Atlântico. É a principal bacia sedimentar petrolífera do Brasil.
7. Margens convergentes envolvem subducção e colisão continental. Bacias sedimentares associadas à subducção são bacias de antearco (*forearc*) e atrás do arco magmático (*back-arc*). Iniciam a sedimentação com leque submarino, depois marinho raso e, finalmente, no topo, sedimentos deltaicos, com muitas intercalações vulcânicas. Bacias colisionais são as bacias *foreland*, com sedimentos marinhos na base e sedimentos continentais no topo.
8. Sinéclises paleozoicas compreendem as bacias intracratônicas que se desenvolveram dentro do supercontinente Gondwana. A bacia do Paraná, do Solimões, Amazonas, Parnaíba e Piauí-Maranhão são exemplos de sinéclises no Brasil.
9. A bacia sedimentar do São Francisco (MG-BA) iniciou como rifte-*sag* no Mesoproterozoico, com a formação do Supergrupo Espinhaço; no Neoproterozoico, evolui como bacia *foreland*, em função da orogênese da Faixa ou Orógeno Brasília e da sedimentação do Grupo Bambuí; e termina como bacia rifte no Cretáceo, com a separação Brasil-África.

10. Bacias policíclicas mudam de classe e estilo tectônico conforme o tempo geológico. A bacia do São Francisco é um exemplo de bacia policíclica. A bacia do Acre começou como bacia intracratônica no Paleozoico e depois, com a ascensão da cordilheira dos Andes, transformou-se em bacia *foreland*.

Leitura complementar

MOHRIAK, W. Bacias da margem continental divergente. *In*: HASUY, Y.; CARNEIRO, C. D. R.; ALMEIDA, F. F. M.; BARTORELLI, A. (ed.). *Geologia do Brasil*. São Paulo: Beca, 2012. p. 466-480.

PRESS, F.; SIEVER, R.; GROTZINGER, J.; JORDAN, T. H. Tectônica de placas: a teoria unificadora. *In*: PRESS, F.; SIEVER, R.; GROTZINGER, J.; JORDAN, T. H. *Para entender a Terra*. Tradução: Rualdo Menegat *et al.* (UFRGS). 4. ed. Porto Alegre: Bookman, 2006. Cap. 2, p. 47-73.

RAJA-GABAGLIA, G. P.; MILANI, E. J. (coord.). *Origem e evolução das bacias sedimentares*. 2. ed. Rio de Janeiro: Petrobras S.A., 1991. Caps. 1, 3 e 4, p. 15-30, 49-74 e 75-97.

exercícios de integração

1. Leia com atenção a descrição da fácies ou da associação de fácies sedimentares siliciclásticas do quadro a seguir e identifique os ambientes deposicionais. Depois, no mapa da Fig. 1, indique e reconheça os diferentes ambientes deposicionais.

Quadro 1 Fácies sedimentares de rochas siliciclásticas e respectivos ambientes deposicionais

Descrição da fácies	Ambiente deposicional
A. Brecha suportada por clasto, com calhaus e matacões, matriz arcoziana, maciça. Diamictito com clastos subangulosos, matriz siltoargilosa.	
B. Conglomerado suportado por clasto, matriz arenosa, intercalações de arcózio grosso, conglomerático, com estratificações cruzadas.	
C. Conglomerado suportado por clasto, calhaus e seixos subarredondados imbricados, estratificação cruzada.	
D. Arenito lítico com estratificação cruzada, intercalações espessas de siltito e lamito com gretas de contração e fragmentos vegetais, níveis de paleossolos.	
E. Arenito grosso, lítico ou subarcozeano, estratificação sigmoidal, estratificação cruzada e estrutura de fluidização.	
F. Arenito fino, com *ripples* cavalgantes, intercalado com pelitos de laminação ondulada (*wavy*) e lenticular (*linsen*).	
G. Arenito maturo com megaestratificação cruzada acanalada e tabular.	

Quadro 1 (continuação)

Descrição da fácies	Ambiente deposicional
H. Quartzo arenito maturo com estratificação plana, lineação de partição, e estratificação cruzada de baixo ângulo.	
I. Siltito laminado e folhelho com fósseis marinhos, bioturbação.	
J. Diamictito com clastos subangulosos e ortoconglomerado com estratificação gradacional.	
K. Arenito grosso, gradado, arenito fino com laminação plana, intercalações pelíticas.	

Desenhe os contatos entre as fácies (representadas pelas letras A a K) no mapa e reconheça os ambientes de sedimentação descritos. Observando a geometria do mapa dos ambientes de sedimentação, localize a área-fonte e

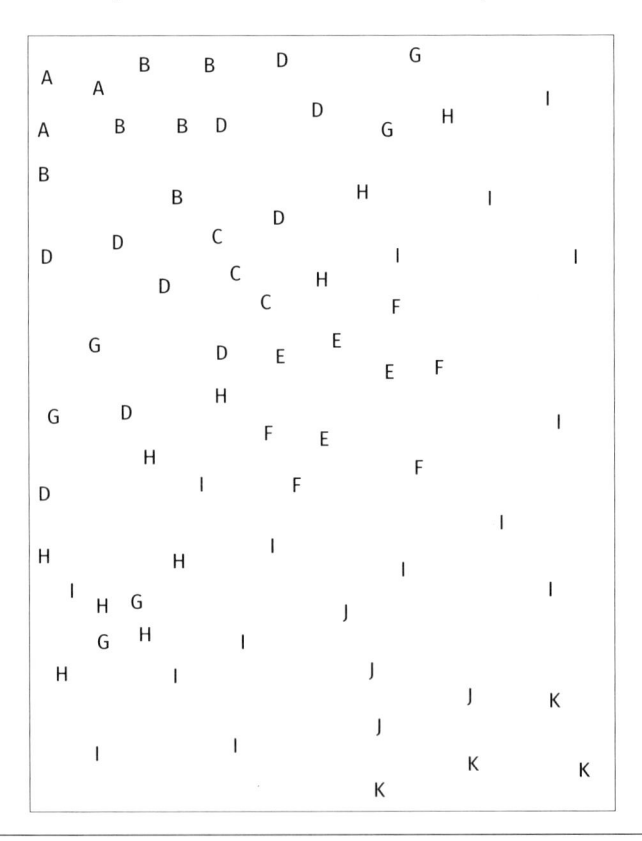

FIG. 1 *Mapa de fácies sedimentares siliciclásticas para representar ambientes de sedimentação*

a proveniência sedimentar (indique com seta), assim como a porção mais profunda da bacia sedimentar.

2. Observe a fácies ou associação de fácies carbonáticas descrita no quadro a seguir e relacione-a ao ambiente de sedimentação. Identifique os ambientes deposicionais carbonáticos no mapa da Fig. 2.

Quadro 2 Fácies sedimentares carbonáticas e respectivos ambientes deposicionais

Descrição das fácies carbonáticas	Ambientes de sedimentação
A. *Mudstone* com greta de contração; laminito microbial com *tepee*.	
B. *Grainstone/packstone* com estratificação cruzada espinha de peixe (*herringbone*).	
C. *Mudstone* com nódulos de gipsita/anidrita.	
D. Estromatólitos colunares e dômicos; corais com estruturas de crescimento.	
E. *Grainstones* oolíticos com estratificação cruzada.	
F. *Rudstones* (calcirruditos) maciços e estratificados.	
G. *Grainstones/wackestones* com estratificação cruzada *hummocky*.	

No mapa, reconheça os limites entre as fácies e identifique os ambientes deposicionais carbonáticos. Estabeleça a paleogeografia, reconheça a direção do continente e a região profunda da bacia carbonática.

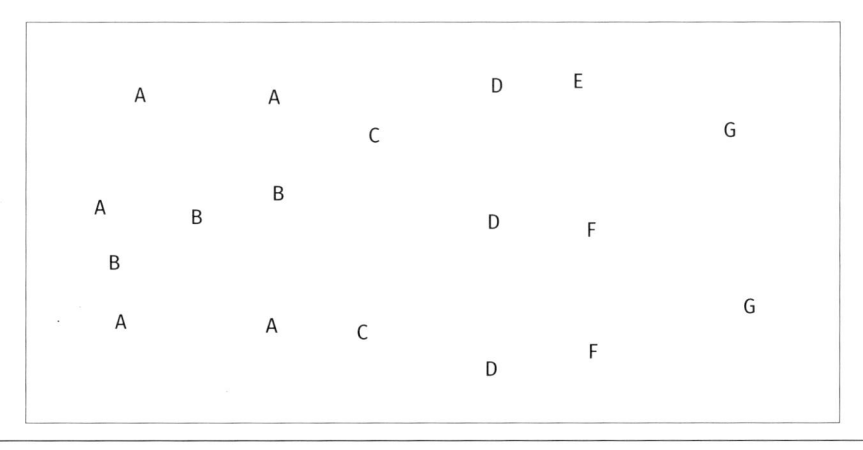

FIG. 2 *Mapa de fácies sedimentares carbonáticas para representar ambientes de sedimentação carbonáticos*

3. Analise com atenção os diversos perfis colunares da Fig. 3, que mostra diferentes fácies sedimentares. Com ajuda das descrições a seguir, interprete os processos sedimentares e reconheça o paleoambiente deposicional.

* **Perfil A**: conglomerado maciço na base (Cm), com clastos subangulosos, matacão e calhau; arenito cascalhoso com estratificação cruzada acanalada (Aa), brecha suportada por clasto (Br); diamictito maciço (Dm); arenito conglomerático com estratificação cruzada tabular (At); conglomerado gradado (Cg).
  Processos sedimentares:..
  Paleoambiente deposicional: ....

* **Perfil B**: conglomerado suportado por clasto, maciço, seixos subarredondados (Cm); arenito grosso com estratificação plana (Ap); arenito com estratificação cruzada acanalada (Aa); arenito com estratificação cruzada tabular (At); arenito com *ripples* (Ar); pelitos maciços, laminados, com greta de contração (Pm, Pl, Pg), nível de paleossolo, marcas de raízes.

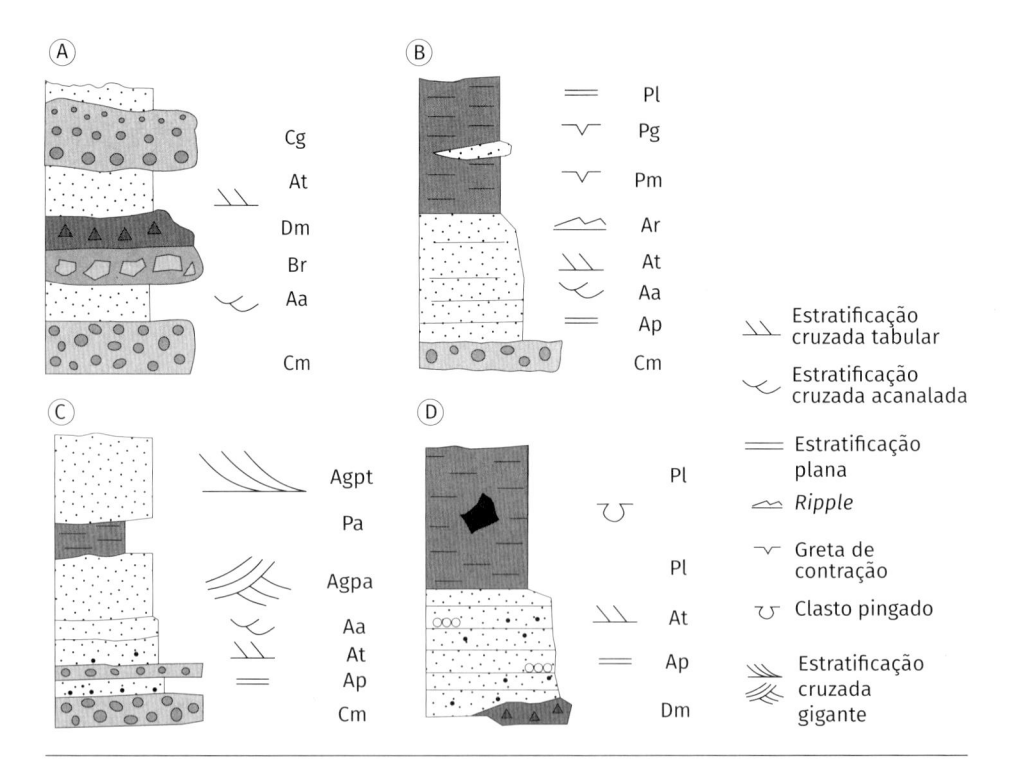

FIG. 3 *Perfis colunares com fácies sedimentares*

Processos sedimentares:..
Paleoambiente deposicional: ....

* **Perfil C:** conglomerado clasto suportado, seixos e calhaus, maciço (Cm); arenito cascalhoso com estratificação plana (Ap); conglomerado suportado por clasto; arenitos grossos, conglomeráticos, com estratificação cruzada tabular e acanalada (At, Aa) de pequeno porte; arenito bem selecionado, com bimodalidade, estratificação cruzada gigante (Agpa); pelitos com nódulos de anidrita (Pa); arenito muito bem selecionado, com estratificação cruzada de grande porte, tabular (Agpt).
Processos sedimentares:..
Paleoambiente deposicional: ....

* **Perfil D:** diamictito maciço, lenticular (Dm); arenitos grossos, conglomeráticos, com estratificação plana e cruzada (Ap, At); lentes de conglomerados, pelitos laminados (Pl), às vezes clastos isolados, caídos ou pingados.
Processos sedimentares:..
Paleoambiente deposicional: ....

4. Na Fig. 4 observe atentamente as fácies sedimentares, complete com os processos e indique o paleoambiente deposicional.

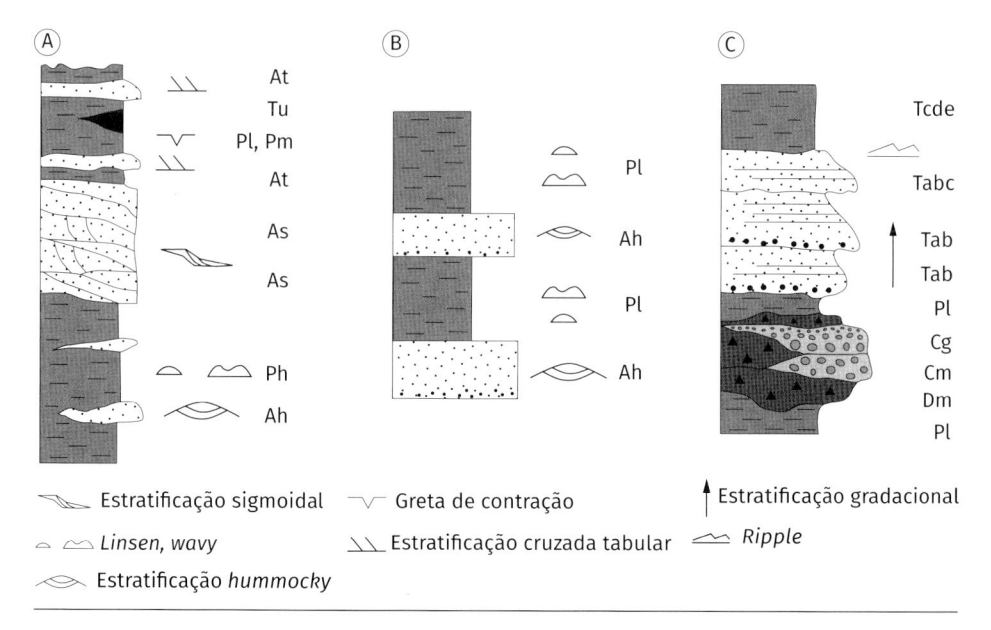

FIG. 4 *Perfis colunares com fácies sedimentares*

* **Perfil A**: na base ocorrem arenitos bem selecionados com estratificações hummocky (Ah); pelitos laminados com fácies heterolíticas (flaser, ondulada, lenticular) (Ph); arenitos médios a grossos com estratificação sigmoidal (As), estratificações cruzadas e climbing ripples; pelitos maciços e laminados (Pm, Pl), com gretas de contração; lentes de turfa (Tu) ou carvão; e arenitos com estratificações cruzadas tabulares (At).
Processos sedimentares:..
Paleoambiente deposicional: ....
Três conjuntos ou associações de fácies são reconhecidos: pelitos e arenito na base, arenitos sigmoidais na parte média, e pelitos com gretas e arenitos no topo. Quais os nomes dos subambientes que podem ser reconhecidos? O sequenciamento vertical das fácies se deve a uma transgressão ou regressão?

* **Perfil B**: arenitos bem selecionados, gradados, com estratificação cruzada hummocky (Ah); pelitos laminados heterolíticos (Pl); arenitos com estratificação cruzada por ondas (hummocky), pelitos com estratificação ondulada (wavy) e lenticular (linsen) (Pl).
Processos sedimentares:..
Paleoambiente deposicional: ....

* **Perfil C**: pelito laminado (Pl); diamictito maciço (Dm); conglomerado suportado por clasto, maciço (Cm); conglomerado com estratificação gradacional normal (Cg); arenitos grossos, com estratificação gradacional e estratificação plana (Tab); arenito fino com climbing ripples e pelitos (Tcde).
Processos sedimentares:..
Paleoambiente deposicional: ....
Existem, no perfil colunar, diferentes fácies na vertical: ruditos na base, arenitos turbidíticos e turbiditos distais no topo. Quais os subambientes identificados? O sequenciamento vertical das fácies se deve a uma transgressão ou regressão?

5. Revise os conceitos adquiridos e tente responder às seguintes questões:
   a] As fácies sedimentares de leque aluvial são relativamente semelhantes às facies fluviais de canais entrelaçados. Como diferenciá-las? Quais são os parâmetros que permitem distinguir a sedimentação de leque aluvial da sedimentação fluvial de alta energia?

b] Sedimentação lacustre produz diversas fácies, como arenitos, pelitos e carbonatos, que são semelhantes às fácies sedimentares marinhas. Como diferenciar os dois paleoambientes deposicionais?

c] Sedimentação fluvial pode ocorrer associada à sedimentação eólica em áreas continentais. Como separar arenito fluvial dos arenitos eólicos?

d] Deltas ocorrem na desembocadura dos rios, com mares ou lagos. Como diferenciar as fácies e os processos de sedimentação que ocorrem em deltas dominados pelo rio dos processos que ocorrem em estuários, que são ambientes dominados pela ação da maré?

e] Sedimentação glaciomarinha envolve a formação de várias camadas de diamictitos que transicionam para arenitos e pelitos distais, depositados na plataforma continental. Em parte, esse contexto sedimentar é semelhante às fácies de ambiente marinho profundo, ou leque submarino. Como diferenciar a sedimentação glaciomarinha da sedimentação de leque submarino?

Respostas

1. Nome dos ambientes siliciclásticos: (A) leque aluvial; (B) leque aluvial distal; (C) canal fluvial; (D) planície de inundação; (E) frente deltaica; (F) pró-delta; (G) eólico; (H) praia e ilha-barreira; (I) plataforma interna; (J) leque submarino proximal (cânion); (K) leque submarino (turbiditos).

2. Nome dos ambientes carbonáticos: (A) planície de maré; (B) canal de maré; (C) laguna; (D) recife; (E) banco carbonático tipo *shoal*; (F) frente de recife; (G) plataforma, com ação de ondas de tempestades.

3. Na figura:
   Perfil A: processos de fluxos gravitacionais e de tração em leque aluvial.
   Perfil B: processos de tração e acreção vertical em ambientes fluviais meandrantes. Canal, barra em pontal e planície de inundação.
   Perfil C: processos de tração fluviais e eólicos (ação do vento). Ambiente de rios efêmeros na base (*wadi*), campo de dunas (eólico) e *playa* (lago de deserto).
   Perfil D: processos glaciais continentais, tilito, ambiente fluvioglacial e glaciolacustre, com clasto caído de *iceberg*. Ambiente glacial.

4. Na figura:
   Perfil A: processos de tração e suspensão, corrente desacelerante. Ambiente deltaico, com três subambientes: pró-delta (base), frente deltaica e planície deltaica. Perfil vertical produzido por progradação

(avanço) do delta, com regressão do mar (rebaixamento gradual do nível do mar).

Perfil B: fluxos combinados (oscilatórios e unidirecionais) em tempestades na plataforma continental. Ambiente marinho raso (plataforma interna) ou *offshore*.

Perfil C: fluxos gravitacionais subaquosos (fluxo de detritos e correntes de turbidez). Ambiente: leque submarino. Três subambientes podem ser reconhecidos: cânions, canais submarinos e franja ou leque turbidítico distal. Perfil vertical granodecrescente, produzido por evento transgressivo (subida do nível do mar) e/ou diminuição do suprimento, com a chegada de material pelo cânion.

5. As respostas estão listadas na sequência:
   a] Leques aluviais formados por fluxos gravitacionais mostram muitos ruditos, com clastos de matacões e calhaus angulosos, geralmente desorganizados, e camadas mais espessas de ruditos em relação a outras fácies. Fácies fluviais apresentam conglomerados mais organizados, clastos menores e mais arredondados e espessura predominante de arenitos em relação aos conglomerados.
   b] O ambiente lacustre apresenta conteúdo paleontológico (fósseis de água doce), menor expressão em área (em geral, lagos são menores) e relação interdigitada de ambientes lacustres com depósitos continentais, especialmente fluviais e eólicos.
   c] Arenito fluvial é cascalhoso, mal selecionado, e apresenta estratificações cruzadas menores. Arenito eólico é bem selecionado, apresenta bimodalidade, grãos foscos e bem arredondados (ação do vento) e estratificações cruzadas de grande porte.
   d] Deltas dominados pela ação do rio são alongados em planta, mostram planície deltaica com paleocanais fluviais, frente deltaica subaquosa expressiva e pró-delta com eventuais depósitos de inundações. Estuários são franjados, com várias ilhas na desembocadura do rio alongadas pelas correntes de maré, e apresentam planície de maré na área continental, reduzidas frentes deltaicas formadas por barras de maré, e depósitos de carga de suspensão predominando no pró-delta.
   e] O gelo na plataforma continental traz muito suprimento e produz fácies sedimentares comparáveis a depósitos de leques submarinos. Entretanto, podem apresentar arenitos retrabalhados por ondas de tempestades, pelitos com clastos pingados ou isolados (caídos de

icebergs), assim como clastos angulosos estriados pela ação do gelo e eventuais estrias glaciais em rochas mais antigas. Essas características não ocorrem em leques submarinos.

referências bibliográficas

Cap. 1

GIANNINI, P. C. F.; RICCOMINI, C. Sedimentos e processos sedimentares. *In*: TEIXEIRA, W.; TOLEDO, M. C. M.; FAIRCHILD, T.; TAIOLI, F. (org.). *Decifrando a Terra*. São Paulo: Oficina de Textos, 2000. Cap. 9, p. 167-190.

POMEROL, C.; LAGABRIELLE, Y.; RENARD, M.; GUILLOT, S. *Princípios de Geologia*: técnicas, modelos, teorias. 14. ed. Porto Alegre: Bookman, 2013. Caps. 27 e 28, p. 654-708, e Cap. 31, p. 757-768.

SUGUIO, K. *Geologia sedimentar*. São Paulo: Blucher, 2003. Caps. 2 e 3, p. 11-42.

Cap. 2

FLÜGEL, E. *Microfacies of Carbonate Rocks*: Analysis, Interpretation and Application. 2. ed. Heidelberg: Springer, 2010. 1006 p.

FÖLLMI, K. B. The phosphorus cycle, phosphogenesis and marine phosphate-rich deposits. *Earth-Science Reviews*, v. 40, n. 1-2, p. 55-124, 1996. DOI: 10.1016/0012-8252(95)00049-6.

GIANNINI, P. C. F. Depósitos e rochas sedimentares. *In*: TEIXEIRA, W.; TOLEDO, M. C. M.; FAIRCHILD, T. R.; TAIOLI, F. *Decifrando a Terra*. São Paulo: Oficina de Textos, 2000. Cap. 14, p. 285-304.

KLEIN, C. Some Precambrian Banded Iron-Formations (BIFs) from around the World: Their Age, Geologic Setting, Mineralogy, Metamorphism, Geochemistry and Origin. *American Mineralogist*, v. 90, p. 1473-1499, 2005. DOI: 10.2138/am.2005.1871.

MOHRIAK, W.; SZATMARI, P.; ANJOS, S. M. C. Sedimentação de evaporitos. *In*: MOHRIAK, W.; SZATMARI, P.; ANJOS, S. M. C. (ed.). *Sal*: Geologia e Tectônica. São Paulo: Beca, 2008. Cap. III, p. 64-89.

POMEROL, C.; LAGABRIELLE, Y.; RENARD, M.; GUILLOT, S. Sedimentação da matéria orgânica. In: POMEROL, C.; LAGABRIELLE, Y.; RENARD, M.; GUILLOT, S. *Princípios de Geologia*: técnicas, modelos e teorias. 14. ed. Porto Alegre: Bookman, 2013. Cap. 33, p. 790-805.

PRESS, F.; SIEVER, R.; GROTZINGER, J.; JORDAN, T. H. Sedimentos e rochas sedimentares. In: PRESS, F.; SIEVER, R.; GROTZINGER, J.; JORDAN, T. H. *Para entender a Terra*. Tradução: Rualdo Menegat et al. (UFRGS). 4. ed. Porto Alegre: Bookman, 2006. Cap. 8, p. 195-224.

PUFAHL, P. K. Bioelemental Sediments. In: JAMES, N. P.; DALRYMPLE, R. W. (ed.). *Facies models 4*. Canadá: Geological Association of Canada, 2010. p. 477-504.

SUGUIO, K. Tipos de rochas sedimentares. In: SUGUIO, K. *Geologia sedimentar*. São Paulo: Blücher, 2003. Cap. 7, p. 161-204.

TERRA, G. J. S.; SPADINI, A. R.; FRANÇA, A. B.; SOMBRA, C. L.; ZAMBONATO, E. E.; JUSCHAKS, L. C. S.; ARIENTI, L. M.; ERTHAL, M. M.; BLAUTH, M.; FRANCO, M. P.; MATSUDA, N. S.; SILVA, N. G. C.; MORETTI-JR., P. A.; D'ÁVILA, R. S. F.; SOUZA, R. S.; TONIETTO, S. N.; ANJOS, S. M. C.; CAMPINHO, V. S.; WINTER, W. R. Classificação de rochas carbonáticas aplicável às bacias sedimentares brasileiras. *Bol. Geociências da Petrobrás*, v. 18, n. 1, p. 9-29, 2010.

TUCKER, M. E.; DIAS-BRITO, D. *Petrologia Sedimentar Carbonática*. Iniciação com base no registro geológico do Brasil. Rio Claro: Unespetro, 2017. 208 p.

TUCKER, M. E. Tipos de rochas sedimentares. In: TUCKER, M. E. *Rochas sedimentares*: guia geológico de campo. Tradução: Rualdo Menegat (UFRGS). 4. ed. Porto Alegre: Bookman, 2014. Cap. 3, p. 45-103.

WARREN, J. K. Evaporites through time: tectonic, climatic and eustatic controls in marine and non-marine deposits. *Earth-Science Reviews*, v. 98, p. 217-268, 2010.

Cap. 3

FLÜGEL, E. *Microfacies of carbonate rocks*: analysis, interpretation and application. 2. ed. Berlin, Heidelberg: Springer-Verlag, 2010. 984 p.

MOHRIAK, W.; SZATMARI, P.; ANJOS, S. M. C. *Sal*: Geologia e Tectônica. Exemplos nas Bacias Brasileiras. São Paulo: Beca, 2008. 448 p.

REMUS, M. V. D.; SOUZA, R. S.; CUPERTINO, J. A.; DE ROS, L. F.; DANI, N.; VIGNOL-LELARGE, M. L. Proveniência sedimentar: métodos e técnicas analíticas aplicadas. *Revista Brasileira de Geociências*, v. 38, n. 2 (suplemento), p. 166-185, 2008.

SUGUIO, K. As propriedades dos sedimentos. In: SUGUIO, K. *Geologia sedimentar*. São Paulo: Blücher, 2003. Cap. 5, p. 57-83.

TUCKER, M. E. *Rochas sedimentares*: guia geológico de campo. Tradução: Rualdo Menegat (UFRGS). 4. ed. Porto Alegre: Bookman, 2014. p. 105-127.

TUCKER, M. E. *Sedimentary Petrology*: an introduction to the origin of sedimentary rocks. New York: Wiley, 1991. 259 p.

WARREN, J. K. Dolomite: occurrence, evolution and economically important associations. *Earth-Science Reviews*, v. 52, p. 1-81, 2000.

WENTWORTH, C. K. A scale grade and class terms for clastic sediments. *Journal of Geology*, v. 30, p. 377-392, 1922.

REFERÊNCIAS BIBLIOGRÁFICAS

Cap. 4
COLLINSON, J.; MOUNTNEY, N.; THOMPSON, D. *Sedimentary Structures*. 3. ed. Terra Publishing, 2006. 348 p.

FRITZ, W. J.; MOORE, J. N. *Basics of physical stratigraphy and sedimentology*. London: John Wiley & Sons, 1988. 371 p.

NICHOLS, G. *Sedimentology and Stratigraphy*. 2. ed. Oxford: Blackwell Science, 2009. 419 p.

POMEROL, C.; LAGABRIELLE, Y.; RENARD, M.; GUILLOT, S. *Princípios de Geologia*: técnicas, modelos e teorias. 14. ed. Porto Alegre: Bookman, 2013.

TUCKER, M. E. *Rochas sedimentares*: guia geológico de campo. Tradução: Rualdo Menegat (UFRGS). 4. ed. Porto Alegre: Bookman, 2014. 324 p.

Cap. 5
HOLZ, M. *Estratigrafia de sequências*. Histórico, princípios e aplicações. Rio de Janeiro: Interciência, 2012. 258 p.

MIALL, A. D. *Stratigraphy*: a modern synthesis. Cham, Switzerland: Springer, 2016. 454 p.

NICHOLS, G. Field sedimentology, facies and environments. In: NICHOLS, G. *Sedimentology and Stratigraphy*. 2. ed. Oxford: Wiley-Blackwell, 2009. Cap. 5, p. 69-86.

TUCKER, M. E. *Rochas sedimentares*: guia geológico de campo. Tradução: Rualdo Menegat (UFRGS). 4. ed. Porto Alegre: Bookman, 2014. p. 1-33 e 257-270.

WALKER, R. G. Facies and Facies Models. General Introduction. In: WALKER, R. G. (ed.). *Facies Models*. Canada: Geoscience Canada, 1979. p. 1-8.

Cap. 6
ASSINE, M. L. Ambientes de Leques Aluviais. In: SILVA, A. J. C. L. P.; ARAGÃO, M. A. N. F.; MAGALHÃES, A. J. C. (ed.). *Ambientes de Sedimentação Siliciclástica do Brasil*. São Paulo: Beca, 2008. p. 52-71.

ASSINE, M. L.; VESELY, F. F. Ambientes Glaciais. In: SILVA, A. J. C. L. P.; ARAGÃO, M. A. N. F.; MAGALHÃES, A. J. C. (ed.). *Ambientes de Sedimentação Siliciclástica do Brasil*. São Paulo: Beca, 2008. p. 24-51.

BOUMA, A. H. *Sedimentology of some flysch deposits*. Amsterdam: Elsevier, 1962. 168 p.

DELLA FÁVERA, J. C. *Fundamentos de Estratigrafia Moderna*. Rio de Janeiro: Ed. UERJ, 2001. 263 p.

EYLES, N.; EYLES, C. H. Glacial Depositional System. In: WALKER, R. G.; JAMES, N. P. (ed.). *Facies Models*: Response to Sea Level Changes. Geol. Ass. Canada, 1992. Cap. 5, p. 73-100.

FARIAS, F.; SZATMARI, P.; BAHNIUKB, A.; FRANÇA, A. B. Evaporitic carbonates in the pre-salt of Santos Basin – Genesis and tectonic implications. *Marine and Petroleum Geology*, v. 105, p. 251-272, 2019.

GIANNINI, P. C. F.; ASSINE, M. L.; SAWAKUCHI, A. O. Ambientes Eólicos. In: SILVA, A. J. C. L. P.; ARAGÃO, M. A. N. F.; MAGALHÃES, A. J. C. (ed.). *Ambientes de Sedimentação Siliciclástica do Brasil*. São Paulo: Beca, 2008. p. 72-101.

KOCUREK, G. Desert eolian systems. In: READING, H. G. *Sedimentary environments*: process, facies and stratigraphy. Oxford: Blackwell, 1996. p. 125-153.

MIALL, A. D. Alluvial deposits. *In*: WALKER, R. G.; JAMES, N. P. (ed.). *Facies Models*: response to sea level changes. Geol. Ass. Canada, 1992. p. 119-142.

NEUMANN, V. H.; ARAGÃO, M. A. N. F.; VALENÇA, L. M. M.; LEAL, J. P. Ambientes Lacustres. *In*: SILVA, A. J. C. L. P.; ARAGÃO, M. A. N. F.; MAGALHÃES, A. J. C. (ed.). *Ambientes de Sedimentação Siliciclástica do Brasil*. São Paulo: Beca, 2008. p. 132-169.

NICHOLS, G. *Sedimentology and Stratigraphy*. 2. ed. Oxford: Blackwell, 2009. 419 p.

POMEROL, C.; LAGABRIELLE, Y.; RENARD, M.; GUILLOT, S. *Princípios de Geologia*: técnicas, modelos e teorias. Tradução: M. L. V. Lelarge e P. F. C. Lelarge. 14. ed. Porto Alegre: Bookman, 2013. 1017 p. Caps. 29, 30, 31 e 32.

PRESS, F.; SIEVER, R.; GROTZINGER, J.; JORDAN, T. H. *Para Entender a Terra*. Tradução: Rualdo Menegat *et al*. (UFRGS). 4. ed. Porto Alegre: Bookman, 2006. Caps. 14, 15, 16 e 17, p. 341-448.

READING, H. G. *Sedimentary Environments*: processes, facies and stratigraphy. 3. ed. Oxford: Blackwell, 1996. 704 p.

RICCOMINI, C.; GIANNINI, P. C. F.; MANCINI, F. Rios e processos aluviais. *In*: TEIXEIRA, W.; TOLEDO, M. C. M.; FAIRCHILD, T. R.; TAIOLI, F. (ed.). *Decifrando a Terra*. São Paulo: Oficina de Textos, 2000. Cap. 10, p. 191-214.

ROCHA-CAMPOS, A. C.; SANTOS, P. R. Ação Geológica do Gelo. *In*: TEIXEIRA, W.; TOLEDO, M. C. M.; FAIRCHILD, T. R.; TAIOLI, F. (ed.). *Decifrando a Terra*. São Paulo: Oficina de Textos, 2000. Cap. 11, p. 215-246.

RUST, B. R. Coarse alluvial deposits. *In*: WALKER, R. G. (ed.). *Facies Models*. Geoscience Canada, 1979. p. 9-22.

SCHERER, C. M. Ambientes Fluviais. *In*: SILVA, A. J. C. L. P.; ARAGÃO, M. A. N. F.; MAGALHÃES, A. J. C. (ed.). *Ambientes de Sedimentação Siliciclástica do Brasil*. São Paulo: Beca, 2008. p. 102-130.

SUGUIO, K. *Geologia Sedimentar*. São Paulo: Blücher, 2003. 400 p.

UHLEIN, G. J.; UHLEIN, A. Late Cryogenian and late Paleozoic ice ages on the São Francisco craton, east Brazil. *Front. Earth Sci.*, v. 10, 2022. DOI: 10.3389/feart.2022.900101.

Cap. 7

CASTRO, J. C.; CASTRO, M. R. Deltas. *In*: SILVA, A. J. C. L. P.; ARAGÃO, M. A. N. F.; MAGALHÃES, A. J. C. (ed.). *Ambientes de sedimentação siliciclástica do Brasil*. São Paulo: Beca, 2008. p. 170-192.

DALRYMPLE, R. W. Tidal depositional systems. *In*: WALKER, R. G.; JAMES, N. P. (ed.). *Facies Models*, Response to sea level change. Geol. Assoc. of Canada Publications, 1992. p. 195-218.

DELLA FÁVERA, J. C. Ambientes marinhos rasos. *In*: SILVA, A. J. C. L. P.; ARAGÃO, M. A. N. F.; MAGALHÃES, A. J. C. (ed.). *Ambientes de sedimentação siliciclástica do Brasil*. São Paulo: Beca, 2008. p. 224-243.

DELLA FÁVERA, J. C. *Elementos de estratigrafia moderna*. Rio de Janeiro: Ed. UERJ, 2001. 263 p.

NICHOLS, G. *Sedimentology and Stratigraphy*. 2. ed. Oxford: Blackwell, 2009. 419 p.

READING, H. G.; COLLINSON, J. D. Clastic coasts. *In*: READING, H. G. (ed.). *Sedimentary Environments*: Processes, Facies and Stratigraphy. Oxford: Blackwell Science, 1996. p. 154-231.

ROSSETI, D. Estuários. In: SILVA, A. J. C. L. P.; ARAGÃO, M. A. N. F.; MAGALHÃES, A. J. C. (ed.). Ambientes de Sedimentação Siliciclástica do Brasil. São Paulo: Beca, 2008. p. 194-211.

SUGUIO, K. Geologia Sedimentar. São Paulo: Blücher, 2003. 400 p.

Cap. 8

ARNOTT, R. W. C. Deep-Marine sediments and Sedimentary Systems. In: JAMES, N. P.; DALRYMPLE, R. W. (ed.). Facies Models 4. Canadá: Geological Association of Canada, 2010. p. 295-322.

BOUMA, A. H. Sedimentology of some flysch deposits. Amsterdam: Elsevier, 1962. 168 p.

D'ÁVILA, R. S. F.; ARIENTI, L. M.; ARAGÃO, M. A. N. F.; VESELY, F. F.; SANTOS, S. F.; VOELKER, H. E.; VIANA, A. R.; KOWSMAN, R. O.; MOREIRA, J. L. P.; COURA, A. P. P.; PAIM, P. S. G.; MATOS, R. S.; MACHADO, L. C. R. Ambientes marinhos profundos e sistemas turbidíticos. In: SILVA, A. J. C. L. P.; ARAGÃO, M. A. N. F.; MAGALHÃES, A. J. C. (ed.). Ambientes de sedimentação siliciclástica do Brasil. São Paulo: Beca, 2008. p. 244-301.

D'ÁVILA, R. S. F.; PAIM, P. S. G. Mecanismos de transporte e deposição de turbiditos. In: PAIM, P. S. G.; FACCINI, U. F.; NETTO, R. G. Geometria, arquitetura e heterogeneidades de corpos sedimentares: estudos de casos. São Leopoldo: Unisinos, 2003. p. 93-121.

DELLA FÁVERA, J. G. Ambiente marinho raso. In: SILVA, A. J. C. L. P.; ARAGÃO, M. A. N. F.; MAGALHÃES, A. J. C. (ed.). Ambientes de sedimentação siliciclástica do Brasil. São Paulo: Beca, 2008. p. 224-243.

DELLA FÁVERA, J. G. Fundamentos de estratigrafia moderna. Rio de Janeiro: Ed. UERJ, 2001. 263 p.

DUNHAM R. J. Classification of carbonate rocks according to their depositional texture. In: HAM, W. E. (ed.). Classification of Carbonate Rocks: a symposium. Tulsa: American Association of Petroleum Geologists Memoir, 1962. p. 108-121.

FOLK, R. L. Practical, petrographic classification of limestones. American Association of Petroleum Geologist Bulletin, v. 43, p. 1-38, 1959.

LOWE, D. R. Sediment gravity flows: II. Depositional models with special reference to the deposits of high-density turbidite currents. Journal of Sedimentary Petrology, v. 52, p. 279-297, 1982.

MUTTI, E. Turbidite Sandstones. Milão: Agip, 1992. 275 p.

NICHOLS, G. Sedimentology and Stratigraphy. 2. ed. Oxford: Blackwell, 2009. 419 p.

TUCKER, M. E.; DIAS-BRITO, D. Petrologia Sedimentar Carbonática. Iniciação com base no registro geológico do Brasil. Rio Claro: Unespetro, 2017. 208 p.

WALKER, R. G.; PLINT, A. G. Wave and storm dominated shallow marine systems. In: WALKER, R. G.; JAMES, N. P. (ed.). Facies Models: Response to Sea Level Change. Canadá: Geological Association of Canada, 1992. p. 219-238.

WALKER, R. G. Turbidites and Submarine fans. In: WALKER, R. G.; JAMES, N. P. (ed.). Facies Models: Response to Sea Level Change. Canadá: Geological Association of Canada, 1992. p. 239-275.

Cap. 9

DELLA FÁVERA, J. C. *Elementos de estratigrafia moderna*. Rio de Janeiro: Ed. UERJ, 2001. 263 p.

MIALL, A. D. Sedimentation and plate tectonics. *In*: MIALL, A. D. *Principles of the Sedimentary Basin Analysis*. 3. ed. Berlin: Springer, 2000. Cap. 9, p. 467-577.

MILANI, E. J.; RANGEL, H. D.; BUENO, G. V.; STICA, J. M.; WINTER, W. R.; CAIXETA, J. M.; PESSOA NETO, O. C. Bacias Sedimentares Brasileiras – Cartas Estratigráficas. *Bol. Geociências da Petrobras*, v. 15, n. 2, 2007.

MOHRIAK, W. U. Bacias Sedimentares da Margem Continental Brasileira. *In*: BIZZI, L. A. et al. (ed.). *Geologia, tectônica e recursos minerais do Brasil*. v. 3. CPRM – Serviço Geológico do Brasil, 2003. p. 87-165.

NICHOLS, G. Sedimentary basins. *In*: NICHOLS, G. *Sedimentology and Stratigraphy*. 2. ed. Oxford: Wiley-Blackwell, 2009. p. 381-397.

PEREIRA, E.; CARNEIRO, C. D. R.; BERGAMASCHI, S.; ALMEIDA, F. F. M. Evolução das sinéclises paleozoicas: províncias Solimões, Amazonas, Parnaíba e Paraná. *In*: HASUY, Y.; CARNEIRO, C. D. R.; ALMEIDA, F. F. M.; BARTORELLI, A. (ed.). *Geologia do Brasil*. São Paulo: Beca, 2012. p. 374-394.

UHLEIN, A.; SANCHEZ, E. A. M.; UHLEIN, G. J.; BITTENCOURT, J. S.; COSTA, D. F. G. Bacia do São Francisco: Estratigrafia e Paleontologia. *In*: CORECCO, L. (ed.). *Paleontologia do Brasil*: paleoecologia e paleoambientes. Rio de Janeiro: Interciência, 2022. Cap. 10, p. 287-350.

UHLEIN, A.; UHLEIN, G. J.; CAXITO, F. A.; MOURA, S. A. Wrapping a Craton: A Review of Neoproterozoic Fold Belts Surrounding the São Francisco Craton, Eastern Brazil. *Minerals*, v. 14, n. 43, 2024. DOI: 10.3390/min14010043.

documentação fotográfica: ilustrando fácies dos paleoambientes de sedimentação

Leque aluvial

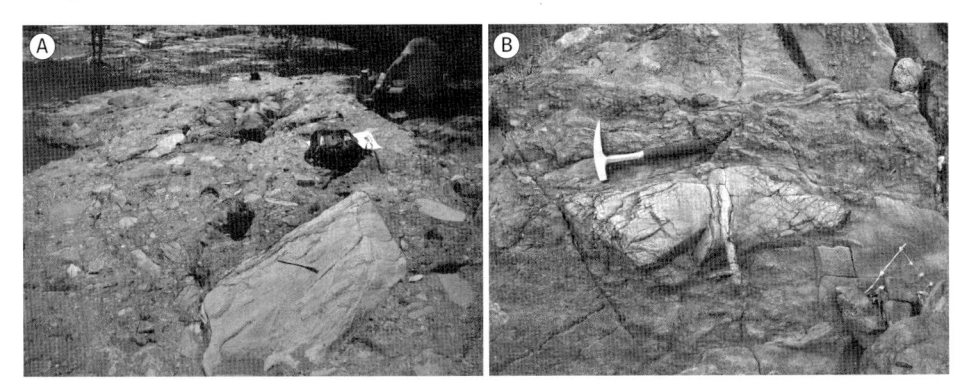

Fig. 1 *Leque aluvial dominado por fluxos gravitacionais mostra ruditos (brechas, conglomerados, diamictitos) como principais fácies sedimentares. (A) Conglomerado suportado por clasto, com matacões, calhaus e seixos angulosos a subarredondados, matriz arenosa. (B) Diamictito com matacão e seixo, matriz siltoargilosa predominante. Formação Carrancas, Grupo Bambuí (MG). Veja Uhlein et al. (2016) e Souza et al. (2019a)*

Fluvial entrelaçado

Fig. 2 *Ambiente fluvial de alta energia, canais rasos, elevada carga de tração. (A) Camadas ou lentes de conglomerados suportados por clasto com predomínio de calhaus e seixos subarredondados, matriz arenosa. Intercalações de arenitos grossos, com estratificação plana e cruzada. Formação Tombador, Chapada Diamantina (BA). Veja Magalhães et al. (2014, 2015a). (B) Metarenitos com estratificação cruzada acanalada. Formação São João da Chapada, Supergrupo Espinhaço, região de Diamantina (MG). Veja Martins-Neto (2000) e Uhlein et al. (2017a). Veja também a sedimentação fluvial entrelaçada na bacia do Araripe (Jurássico-Cretáceo) em Fambrini et al. (2011)*

Ambiente fluvial meandrante

FIG. 3 *Ambiente fluvial de baixa energia, canal profundo e sinuoso, com formação de barra em pontal e planície de inundação. (A) Pelitos (ritmito, siltito, argilito maciço e lamito). (B) Pelito com greta de contração (ressecamento periódico). (C) Arenitos com estratificação plana e cruzada. (D) Arenitos com marcas onduladas (ripples) assimétricas. Veja Uhlein et al. (2017a) e Scherer (2008). Veja também Scherer et al. (2000) para a identificação de barras em pontal em paleoambientes fluviais*

Ambiente eólico

FIG. 4 *Ação do vento na formação de dunas subaéreas. (A) Arenito com megaestratificação cruzada acanalada. Formação Galho do Miguel, Supergrupo Espinhaço, Mesoproterozoico. (B) Estratificação cruzada de grande porte. Formação Tombador, Chapada Diamantina (BA). (C) Bimodalidade, alternância de lâminas de areia grossa e fina, devida à queda de grãos. (D) Duna eólica recente, com fluxo de grãos na face mais inclinada (lee side). Lençóis Maranhenses (MA). Veja Uhlein* et al. *(2017a), Basilici* et al. *(2021), Pedreira (1997) e Pedreira e Rocha (2002). Veja também Scherer e Lavina (2005) para sedimentação fluvioeólica (Formação Guará, Jurássico) e Scherer (2000) para a formação de dunas eólicas na Formação Botucatu (Cretáceo), ambos na Bacia do Paraná. Exemplo de sedimentação fluvioeólica no Grupo Urucuia (Cretáceo Superior) da Bacia Sanfranciscana é encontrado em Spigolon e Alvarenga (2002)*

Ambiente lacustre

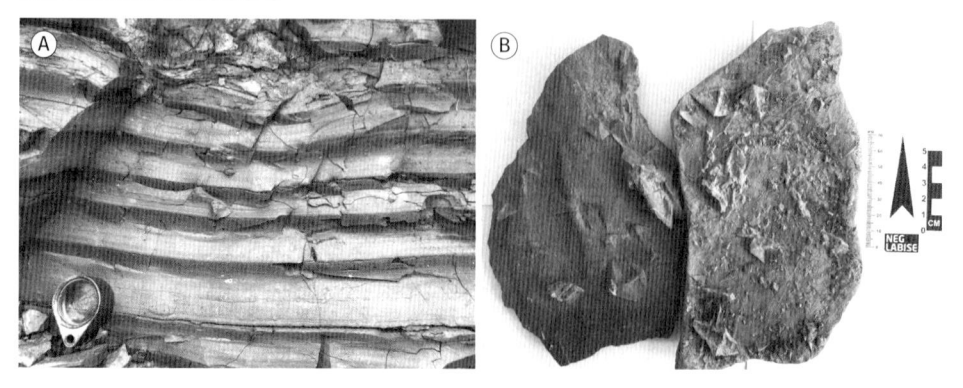

Fig. 5 Corpo de água sem conexão com o mar. (A) Ritmitos turbidíticos depositados em paleolago glacial (notar pequenos clastos caídos ou pingados). Grupo Santa Fé, Bacia Sanfranciscana (MG). Veja Uhlein e Uhlein (2022). (B) Siltito com pseudomorfos de gipsita, substituída por calcita, depositado em paleolago desértico (tipo playa). Grupo Areado, Cretáceo da Bacia Sanfranciscana. Veja Mescolotti et al. (2019). Exemplos de sedimentação gravitacional em lagos rasos e profundos (Cretáceo) da bacia de Alagoas são encontrados em Arienti (2006)

Ambiente glacial

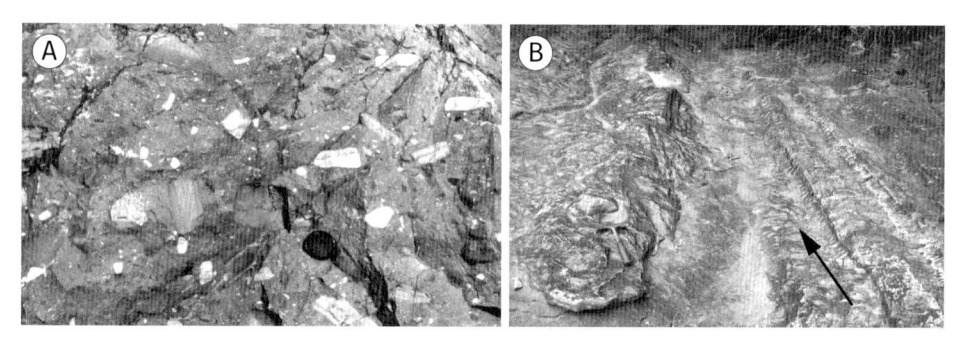

Fig. 6 Ação geológica do gelo nos continentes e mares. (A) Diamictito glaciomarinho da Formação Jequitaí (MG), Neoproterozoico. (B) Sulcos de erosão glacial e diamictito da Formação Jequitaí (embaixo do martelo) na Serra do Cabral (MG). A seta preta indica o movimento do gelo

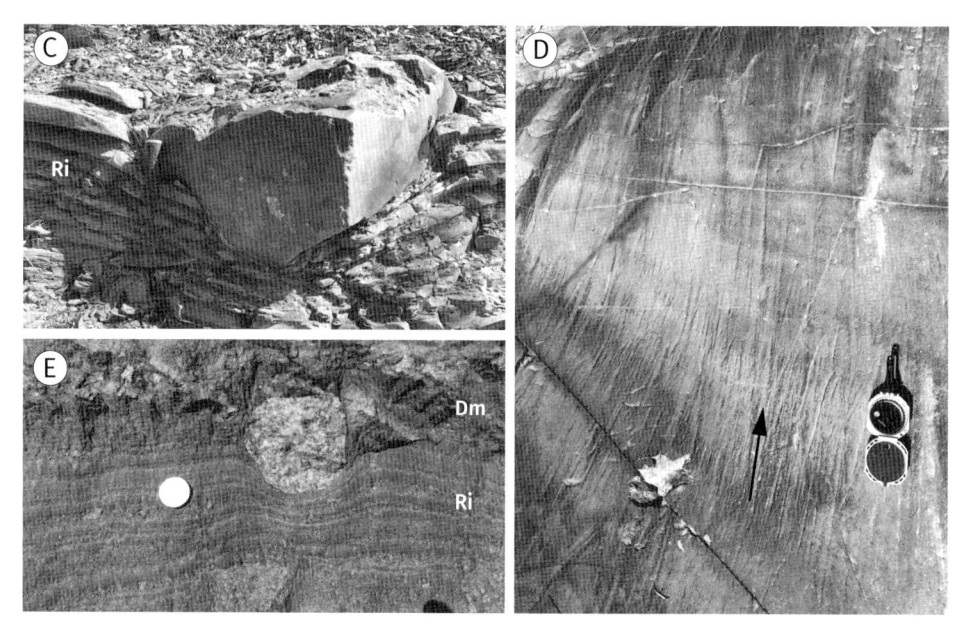

Fig. 6 (cont.) (C) Ritmitos (Ri) lacustres, turbidíticos, com matacão caído de icebergs, glaciação Permocarbonífera do Grupo Santa Fé, bacia Sanfranciscana. (D) Estrias de abrasão glacial na região de Santa Fé (MG). A seta indica o movimento do gelo.
(E) Intercalação de diamictito (Dm) e ritmito (Ri) em sequência glaciomarinha da Formação Bebedouro, Chapada Diamantina (BA). Clasto de granito em destaque, possivelmente caído de icebergs. Veja Uhlein e Uhlein (2022) e Cukrov, Alvarenga e Uhlein (2005).
Veja Guimarães (1996) para a Formação Bebedouro, e Rosa et al. (2021) para sedimentação glacial na bacia do Paraná

Ambiente deltaico

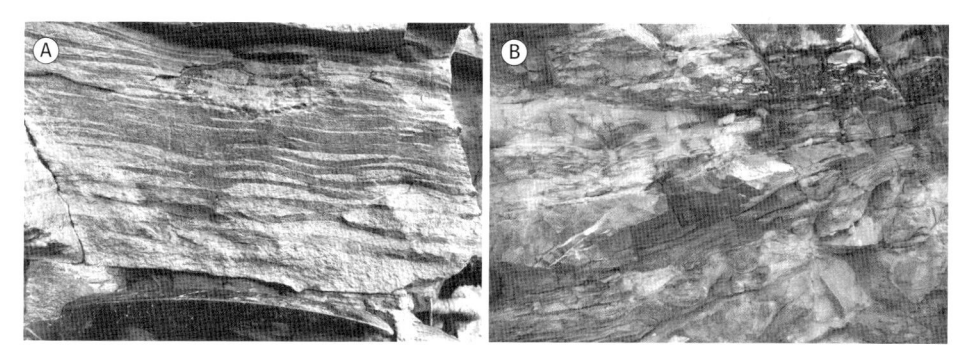

Fig. 7 Feições sedimentares subaquosas de deltas. (A) Estratificação flaser, lenticular e ondulada (fácies heterolíticas) em arenitos finos e pelitos de pró-delta. (B) Arenito sigmoidal de frente deltaica. Formação Morro do Chapéu, Chapada Diamantina (BA). Veja Pedreira (1997) e Souza et al. (2019b). Exemplos de sedimentação deltaica no Mesoproterozoico (Formação Açuruá, Chapada Diamantina), no Paleozoico (bacia do Paraná, Formação Rio Bonito) e no Mioceno (bacia de São Luis, Maranhão) são apresentados em Magalhães et al. (2015b), Holz (2003) e Rosseti (2000), respectivamente

Ambiente de praia

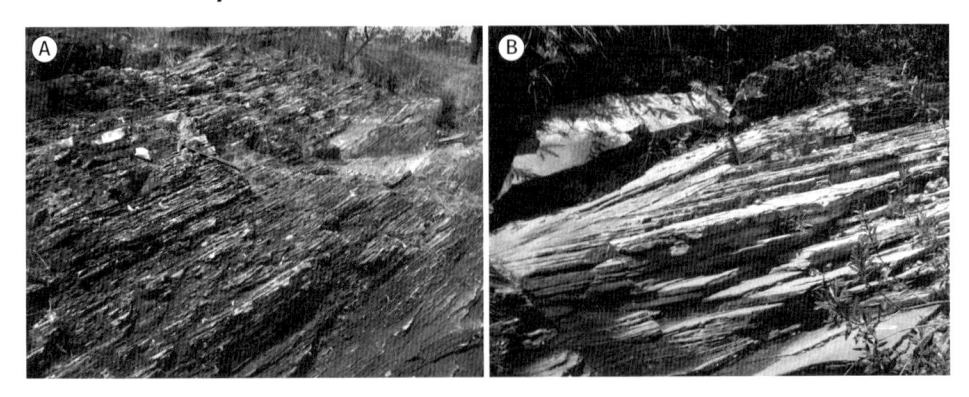

Fig. 8 *Sedimentação arenosa litorânea, por ação de ondas. (A) Metarenitos bem selecionados, com estratificação plana. (B) Metarenitos com estratificação cruzada de baixo ângulo. Formação Córrego dos Borges, Supergrupo Espinhaço. Veja Uhlein et al. (2017a) e Santos et al. (2015)*

Ambiente de planície de maré

Fig. 9 *Regiões litorâneas com influência das marés. (A) Visão geral da planície de maré inferior (Inf), arenosa, e planície de maré superior (Sup), pelítica, na região de Morro do Chapéu (Serra Martim Afonso), Chapada Diamantina (BA). (B) Estratificação cruzada bidirecional (herringbone) em arenito, Morro do Chapéu (BA). (C) Arenito muito fino e pelito, com estratificação ondulada e lenticular (fácies heterolíticas) na zona intermaré. (D) Estratificação lenticular com arenito muito fino e pelito, gretas de contração em corte vertical, na planície de maré superior. Veja Pedreira (1997) e Souza et al. (2019b)*

Ambiente marinho plataformal

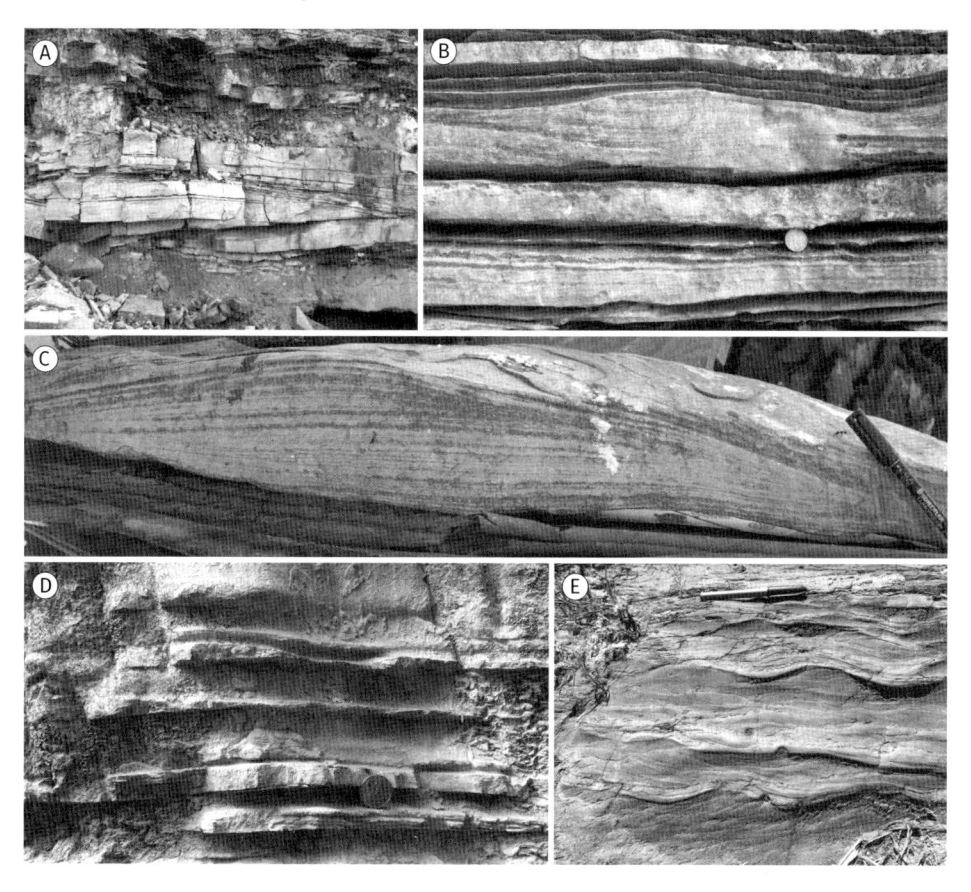

Fig. 10 *Sedimentação plataformal sob ação de ondas e marés. (A) Estratificação cruzada por ondas de tempestades (hummocky) em arenito fino. Formação Caboclo, Chapada Diamantina (BA). (B) Estratificação hummocky em calcarenito. Formação Sete Lagoas, Grupo Bambuí, Januária (MG). (C) Estratificação hummocky em arenito, amostra didática no CIEG-CPRM de Morro do Chapéu (BA). (D) Fácies heterolíticas (ondulada e lenticular) em pelitos da Formação Caboclo, Chapada Diamantina (BA). (E) Marcas onduladas de ondas (wave ripples) na Formação Três Marias, Grupo Bambuí (MG). Veja Pedreira (1997), Uhlein (2017) e Uhlein et al. (2017b)*

Ambiente marinho profundo (leque submarino)

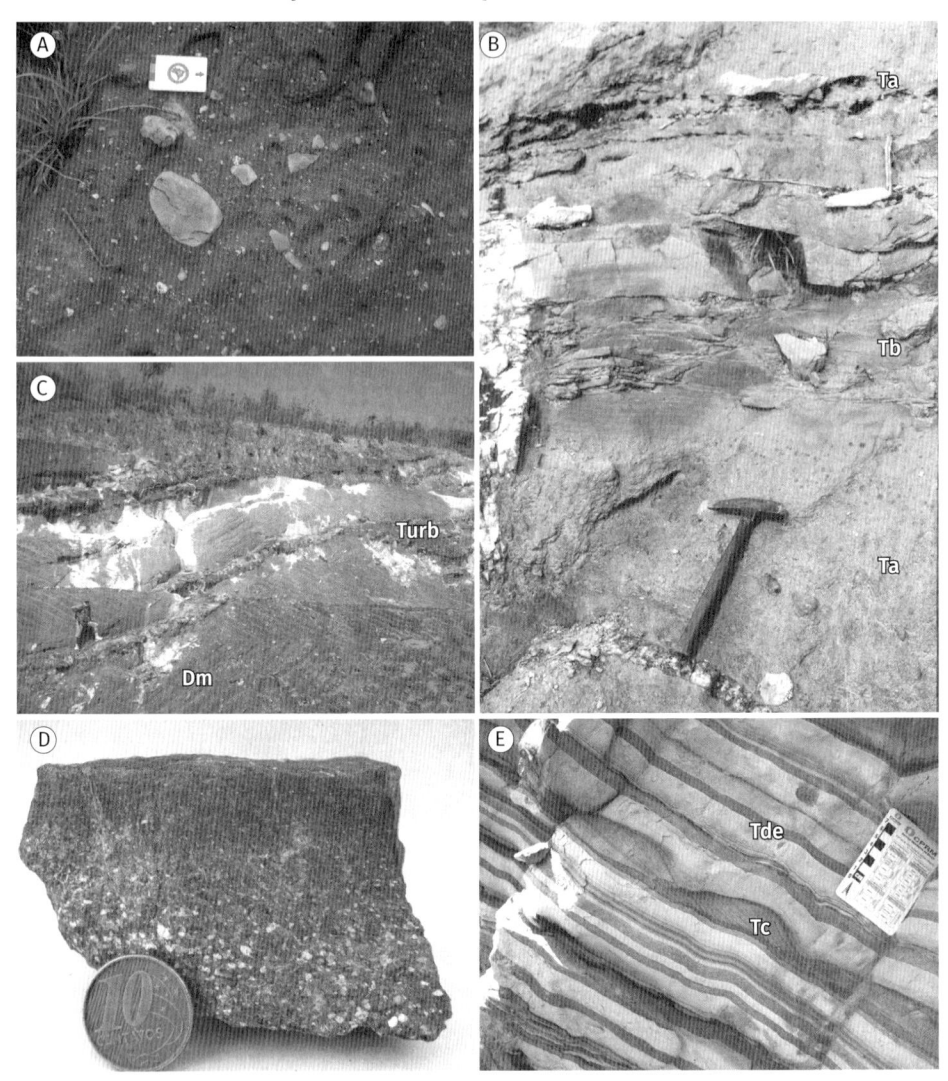

Fig. 11 Sedimentação por fluxos gravitacionais subaquosos. (A) Diamictito, formado por sedimentação de fluxos de detritos (debris flow). (B) Turbidito proximal (Tab), com estratificação gradacional (base) e estratificação plana (topo), formado por sedimentação de corrente de turbidez de alta densidade. (C) Diamictitos (Dm) intercalados em turbiditos lenticulares (Turb). Formação Nova Aurora, Grupo Macaúbas, Neoproterozoico (MG). (D) Arenito conglomerático com estratificação gradacional. Formação Lagoa Formosa, Grupo Bambuí (MG). (E) Turbiditos distais (Tcde), formados por ripples assimétricas e decantação de finos, sedimentação a partir de correntes de turbidez de baixa densidade. Formação Salinas, Grupo Macaúbas. Veja Uhlein, Trompette e Alvarenga (1999) e Costa, Alkmim e Muzzi-Magalhães (2018). Veja Fonseca (2004) para sedimentação gravitacional subaquosa em bacia foreland, e Vesely e Assine (2006) para sedimentação turbidítica associada a episódio de deglaciação na bacia do Paraná

Ambientes e fácies carbonáticas

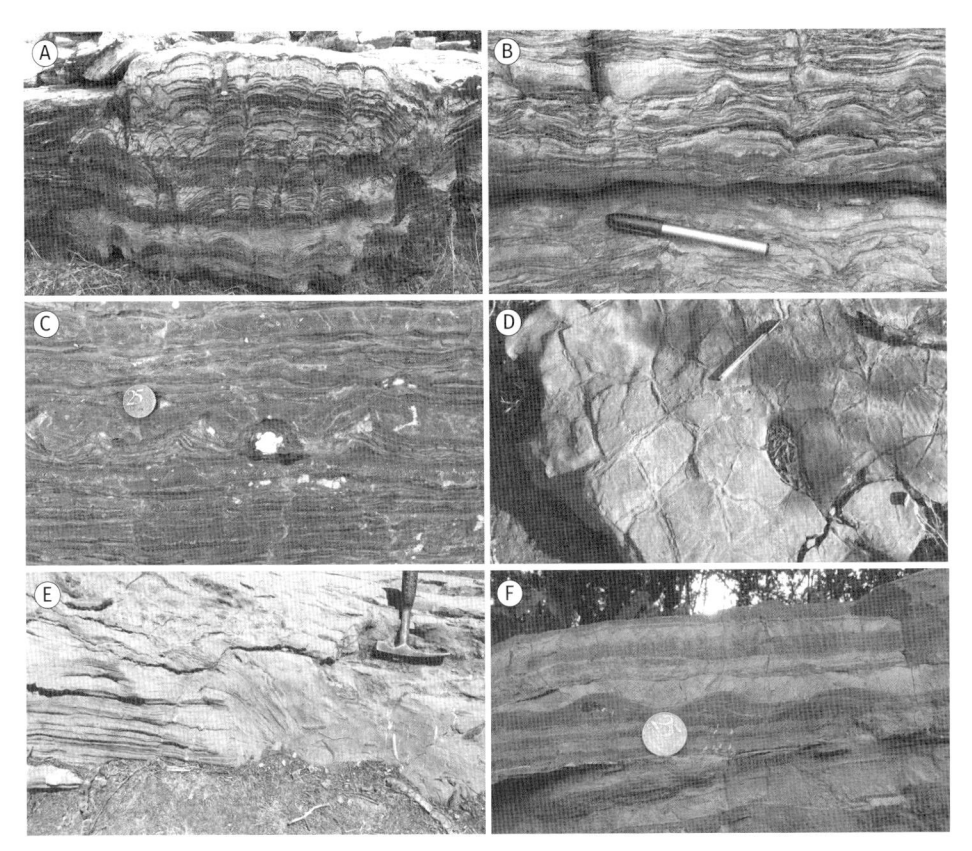

FIG. 12 *Ambientes carbonáticos de água rasa. (A) Estromatólito de grandes dimensões formando bioherma. Fazenda Arrecife, Neoproterozoico, Chapada Diamantina (BA). (B) Laminitos microbiais da Formação Lagoa do Jacaré, Grupo Bambuí (MG). (C) Laminitos microbiais com estrutura* tepee *(ressecamento) e possível pseudomorfo de mineral evaporítico. Grupo Una, Neoproterozoico, Chapada Diamantina. (D) Greta de contração em mudstones de planície de maré. Formação Lagoa do Jacaré, Grupo Bambuí (MG). (E) Paleocanal na planície de maré, carbonatos do Grupo Una, povoado de Ipanema, Irecê, Chapada Diamantina (BA). (F) Marcas onduladas simétricas (ação de ondas – wave ripples) em calcarenitos da Formação Lagoa do Jacaré, Grupo Bambuí. Veja Uhlein (2017), Moura (2021), Srivastava e Rocha (2002), Souza, Brito e Silva (1993) e Santana et al. (2021)*

Referências bibliográficas

ARIENTI, L. M. Depósitos de fluxos gravitacionais da Formação Maceió, Bacia de Alagoas, Nordeste do Brasil. *Bol. Geoc. da Petrobras*, v. 14, p. 357-385, 2006.

BASILICI, G.; MESQUITA, A. F.; MOUNTNEY, N. P.; SOARES, M. V. T.; JANOCKO, J.; COLOMBERA, L. A Mesoproterozoic hybrid dry-wet aeolian system: Galho do Miguel Formation, SE Brazil. *Precambrian Research*, v. 359, 106216, 2021.

COSTA, F. G. D.; ALKMIM, F. F.; MUZZI-MAGALHÃES, P. The Ediacaran Salinas turbidites, Aracuaí Orogen, MG: Tectonics and sedimentation interplay in a syn-orogenic basin. *Braz. J. Geol.*, v. 48, p. 783-804, 2018.

CUKROV, N.; ALVARENGA, C. J. S.; UHLEIN, A. Litofácies da glaciação neoproterozoica nas porções sul do Cráton do São Francisco: exemplos de Jequitaí (MG) e Cristalina (GO). *Rev. Bras. Geociências*, v. 35, n. 1, p. 69-76, 2005.

FAMBRINI, G. L.; LEMOS, D. R. de; TESSER Jr., S.; ARAÚJO, J. T. de; SILVA-FILHO, W. F. da; SOUZA, B. Y. C. de; NEUMANN, V. H. de M. L. Estratigrafia, arquitetura deposicional e faciologia da formação Missão Velha (Neojurássico-Eocretáceo) na área-tipo, bacia do Araripe, nordeste do Brasil: exemplo de sedimentação de estágio de início de rifte a clímax de rifte. *Geologia USP – Série Científica*, v. 11, n. 2, p. 55-87, 2011 DOI: 10.5327/Z1519-874X2011000200004.

FONSECA, M. M. *Sistemas deposicionais e estratigrafia de sequências da bacia de Itajaí (SC) e detalhamento do Complexo Turbidítico de Apiúna*. 149 f. 2004. Tese (Doutorado) – Unisinos, São Leopoldo (RS), 2004.

GUIMARÃES, J. T. *Sedimentologia, estratigrafia e ambientes de sedimentação da Formação Bebedouro, BA, Brasil*. 155 f. 1996. Dissertação (Mestrado) – Universidade Federal da Bahia, Salvador, 1996.

HOLZ, M. Sequence stratigraphy of a lagoonal estuarine system – an example from the Lower Permian Rio Bonito Formation, Paraná basin, Brazil. *Sedimentary Geology*, v. 162, n. 4/3, p. 301-327, 2003.

MAGALHÃES, A. J. C.; RAJA GABAGLIA, G. P.; SCHERER, C. M. S.; BÁLLICO, M. B.; GUADAGNIN, F.; BENTO FREIRE, E.; SILVA BORN, L. R.; CATUNEANU, O. Sequence hierarchy in a Mesoproterozoic interior sag basin: from basin fill to reservoir scale, the Tombador Formation, Chapada Diamantina Basin, Brazil. *Basin Res.*, v. 28, p. 393-432, 2015a.

MAGALHÃES, A. J. C.; SCHERER, C. M. S.; RAJA GABAGLIA, G. P.; BÁLLICO, M. B.; CATUNEANU, O. Unincised fluvial and tide-dominated estuarine systems from the Mesoproterozoic Lower Tombador Formation, Chapada Diamantina basin, Brazil. *J. S. Am. Earth Sci.*, v. 56, p. 68-90, 2014.

MAGALHÃES, A. J. C.; SCHERER, C. M. S.; RAJA GABAGLIA, G. P.; CATUNEANU, O. Mesoproterozoic delta systems of the Açuruá Formation, Chapada Diamantina, Brazil. *Precambrian Research*, v. 257, p. 1-21, 2015b.

MARTINS-NETO, M. A. Tectonics and sedimentation in a Proterozoic Rift-Sag Basin (Espinhaço Basin, Southeastern Brazil). *Precambrian Research*, v. 103, p. 147-173, 2000.

MESCOLOTTI, P. C.; VAREJÃO, F. G.; WARREN, L. V.; LADEIRA, F. S. B.; GIANNINI, P. C. F.; ASSINE, M. L. The sedimentary record of wet and dry eolian systems in the Cretaceous of Southeast Brazil: stratigraphic and paleogeographic significance. *Braz. J. Geol.*, v. 49, n. 3, e20190057, 2019.

MOURA, S. A. *Estratigrafia de sequências de alta resolução e evolução paleoambiental dos carbonatos de água rasa da Formação Lagoa do Jacaré (Ediacarano). Grupo Bambuí, Brasil*. 148 f. 2021. Dissertação (Mestrado em Geologia) – Universidade Federal de Minas Gerais, Belo Horizonte, 2021.

PEDREIRA, A. J.; ROCHA, A. J. D. Serra do Tombador, Chapada Diamantina, BA. Registro de um deserto proterozóico. SIGEP 31. In: SCHOBBENHAUS et al. (ed.). *Sítios Geológicos e Paleontológicos do Brasil*. v. 1. Brasília: Sigep, 2002.

PEDREIRA, J. A. Sistemas Deposicionais da Chapada Diamantina Centro-Oriental, Bahia. *RBGeociências*, v. 27, n. 3, p. 229-240, 1997.

ROSA, E. L. M.; VESELY, F. F.; ISBELL, J. L.; FEDORCHUK, N. As geleiras carboníferas no sul do Brasil. *Bol. Paranaense de Geociências*, v. 78, p. 24-43, 2021.

ROSSETI, D. F. Influence of low amplitude/high frequency relative sea level changes in a wave-dominated stuary (Miocene), Sao Luis Basin, northern Brazil. *Sedimentary Geology*, v. 133, n. 3-4, p. 295-324, 2000.

SANTANA, A.; CHEMALE, F.; SCHERER, C.; GUADAGNIN, F.; PEREIRA, C.; SANTOS, J. O. S. Paleogeographic constraints on source area and depositional systems in the Neoproterozoic Irecê Basin, São Francisco Craton. *Journal of South American Earth Sciences*, v. 109, p. 103330, 2021.

SANTOS, M. D.; CHEMALE JR., F.; DUSSIN, I. A.; MARTINS, M. D. S.; QUEIROGA, G.; PINTO, R. T. R.; SANTOS, A. N.; ARMSTRONG, R. Provenance and paleogeographic reconstruction of a mesoproterozoic intracratonic sag basin (Upper Espinhaço Basin, Brazil). *Sediment. Geology*, v. 318, p. 40-57, 2015.

SCHERER, C. M. S. Ambientes Fluviais. In: PEDREIRA DA SILVA, A. J. C. L.; ARAGÃO, M. A. N. F.; MAGALHÃES, A. J. C. (org.). *Ambientes de Sedimentação do Brasil*. Rio de Janeiro: Petrobras, 2008. p. 102-130.

SCHERER, C. M. S. Eolian dunes of the Botucatu Formation (Cretaceous) in Southernmost Brazil: morphology and origin. *Sedimentary Geology*, v. 137, p. 63-84, 2000.

SCHERER, C. M. S.; LAVINA, E. L. C.; FONSECA, M. M.; SANTOS, L. A. O. Barras em pontal em depósitos fluviais antigos: exemplos no registro geológico sul-riograndense. *Pesquisas*, v. 27, n. 1, p. 78-88, 2000.

SCHERER, C. M. S.; LAVINA, E. L. C. Sedimentary cycles and facies architecture of eolian-fluvial strata of the Upper Jurassic Guará Formations, Southern Brazil. *Sedimentology*, v. 52, p. 1323-1341, 2005.

SOUZA, E. G.; SCHERER, C. M. S.; CHEMALE, F.; BÁLLICO, M. B.; REIS, A. D.; ROSSETI, L. M. M. Paleoenvironment and age constraints of Paleoproterozoic alluvial fans in the Sao Francisco Craton, Brazil. *Journal South American Earth Sciences*, v. 91, p. 173-187, 2019a.

SOUZA, E. G.; SCHERER, C. M. S.; REIS, A. D.; BÁLLICO, M. B.; FERRONATTO, J. P. F.; BOFILL, L. M.; KIFUMBI, C. Sequence stratigraphy of the mixed wave-tidal-dominated Mesoproterozoic sedimentary succession in Chapada Diamantina Basin, Espinhaço Supergroup, NE/Brazil. *Precambrian Research*, v. 327, p. 103-120, 2019b.

SOUZA, S. L.; BRITO, P. C. R.; SILVA, R. W. S. *Sedimentologia, estratigrafia e recursos minerais da Formação Salitre na Bacia de Irecê*. Salvador: CBPM, 1993. 36 p. (Série Arquivos Abertos, n. 2).

SPIGOLON, A. L. D.; ALVARENGA, C. J. S. Fácies e elementos arquiteturais resultantes de mudanças climáticas em um ambiente desértico: Grupo Urucuia, Neocretáceo, Bacia Sanfranciscana. *Revista Brasileira de Geociências*, v. 32, n. 4, p. 579-586, 2002.

SRIVASTAVA, N.; ROCHA, A. J. D. Fazenda Arrecife (BA). Estromatólitos Neoproterozoicos. SIGEP 061. In: SCHOBBENHAUS et al. (ed.). *Sítios Geológicos e Paleontológicos do Brasil*. v. 1. Brasília, DF: DNPM/CPRM, 2002. p. 63-71.

UHLEIN, G. J. *Análise de bacia sedimentar e quimioestratigrafia do Grupo Bambuí em Minas Gerais*. 125 f. 2017. Tese (Doutorado em Geologia) – Universidade Federal de Minas Gerais, Belo Horizonte, 2017.

UHLEIN, A.; ERSINZON, F.; UHLEIN, G. J.; ALCÂNTARA, D. G. Estratigrafia e sistemas deposicionais do Supergrupo Espinhaço e Grupos Bambuí e Macaúbas: roteiro de campo na Serra do Espinhaço Meridional (MG). *Revista Terrae Didatica*, v. 13, n. 3, p. 244-257, 2017a.

UHLEIN, A.; TROMPETTE, R.; ALVARENGA, C. Neoproterozoic glacial and gravitational sedimentation on a continental rifted margin: the Jequitaí-Macaúbas sequence (Minas Gerais, Brazil). *J. S. Am. Earth Sci.*, v. 12, p. 435-451, 1999.

UHLEIN, G. J.; UHLEIN, A.; HALVERSON, G. P.; STEVENSON, R.; CAXITO, F. A.; COX, G. M.; CARVALHO, J. F. M. G. The Carrancas Formation, Bambuí Group: A record of pre-Marinoan sedimentation on the southern São Francisco craton, Brazil. *J. S. Am. Earth Sci.*, v. 71, p. 1-16, 2016.

UHLEIN, G. J.; UHLEIN, A. Late Cryogenian and late Paleozoic ice ages on the São Francisco craton, east Brazil. *Front. Earth Sci.*, v. 10, 2022. DOI: 10.3389/feart.2022.900101.

UHLEIN, G. J.; UHLEIN, A.; STEVENSON, R.; HALVERSON, G. P.; CAXITO, F. A.; COX, G. M. Early to late Ediacaran conglomeratic wedges from a complete foreland basin cycle in the southwest São Francisco Craton, Bambuí Group, Brazil. *Precambrian Res.*, v. 299, p. 101-116, 2017b.

VESELY, F. F.; ASSINE, M. L. Deglaciation sequences in the Permo-Carboniferous Itararé Group, Paraná basin, Southern Brazil. *Journal of South American Earth Science*, v. 22, p. 156-168, 2006.